"사고력 확장과 다차원적 사고로 창의성 창출을 위한 지침서"

공학과 인문사회과학의 융합통섭

Convergence and Consilience of Humanities and Social Science on Engineering

김영호 저
Y.H.KIM Eng. & Mfg. Int. Consultant, Representative
한양대학교 공학대학원 겸임교수
서울대학교 엔지니어링개발연구센터 EDRC 전문위원

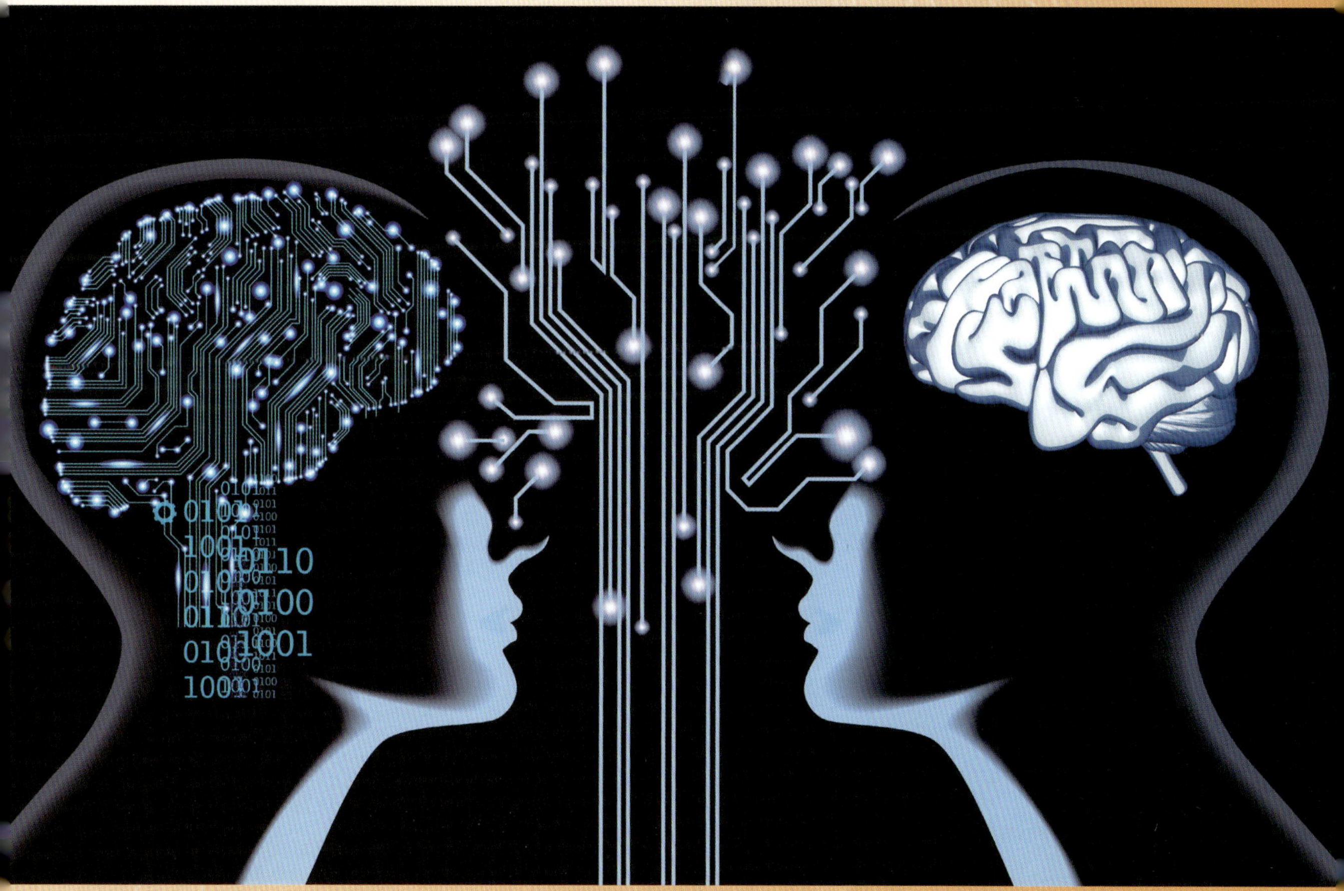

도서출판 아진
A-JIN

"내가 가는 길을 그가 아시나니 그가 나를 단련하신 후에는
내가 순금 같이 되어 나오리라 (욥23 : 10)"

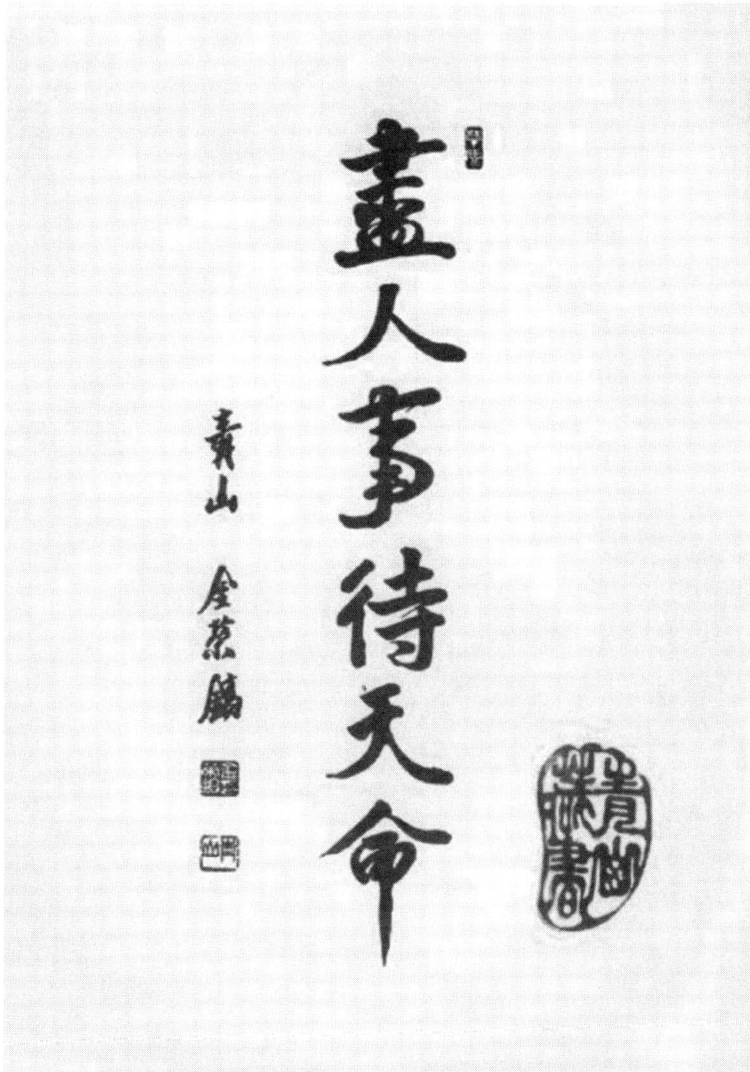

저자의 친필 좌우명:

진인사대천명 (盡人事待天命, Do your best and leave the rest to God.)
'인간으로서 할 수 있는 마지막 단계까지 실행했으나, 그 해답을 구하지 못할 때는 신(神)에게 맡겨 그 해답을 구하도록 한다.' 라는 능동적 메시지.
비전과 TARGET을 정복하기 위해서는 이 단계까지 실행해야 한다고 본다.

내가 가는 길에 힘이 된 부모님과 사랑하는 아내, 김영숙과

나의 분신 두 딸 내외: 혜윤과 이영배, 그리고 수정과 고광호에게……

Y.H.KIM (YoungHo Kim)
Eng. & Mfg. Int. Consultant, Representative

필자의 1998년 창업회사 로고(logo)와 회사명

●남해화학㈜, 여수 제7비료공장 전경, 출처: 미국 합작회사 Agrico Williams World, Pamphlet에서 발췌

●2002 CHISA 유럽국제학회 논문발표 후 만찬, 왼쪽부터 Meshalkin 러시아 교수, 저자, Selda양, Istanbul 대학 부교수와 논문발표 기념

●2002 CHISA 유럽국제학회 논문발표 신청누락 되었던(스토리 본문참조) Selda양이 PhD학위를 받고 지도교수와 기념 촬영한 모습

●공정설계안전에 대한 연구논문을 보내준 미국, Agrico사의 Mr. MacArthur와 저자, 제7비료공장 재직 시 방과 후 Mr. MacArthur와 인문사회과학적 대화/토론을 즐길 때 모습

●제6차 멜버른 화학공학 세계학회(WCCE6)
논문발표 후 동행한 처와 함께 만찬석상에서
포즈를 취한 저자

●제9차 서울 화학공학 세계학회(WCCE9)
논문발표 후 논문발표장 앞에서
포즈를 취한 저자

●K 대학 행복론 교과목 수업, "캠퍼스 봄나들이
야외수업" 후 2팀 기념촬영 2012년 4월 19일

●한국화학공학회 2018년 Spring Symposium에
서"공학과 인문사회과학의 융합" 이란 주제로 학술
논문을 발표하는 일부 모습 2018년 4월 26일

"젊게 사는 비결은 항상 배우고 공부하는 것이다.

포용력과 장엄과 태연함을 물의 유연성을, 마음에 태양을, 얼굴에 미소를,

그리고 용기와 신념과 철학을 마음 속에 각인하며 실행실천에 옮긴다."

저자 서재의 책상 앞에 붙인 글

I. 저자 김영호 교수가 공학인 에게 주는 선서
(공학인의 행복을 위한 기도)

· 철학적/윤리적 판단기준을 마음에 새기며, 그것을 비춰볼 거울을 만들게 하소서.

· 원칙을 준수하며 양심적/신념적 Leadership을 발휘케 하소서.

· 안전문화/정책을 입안, 실행토록 하여 모두를 위험에서 벗어나게 하소서.

· 상호간의 의사소통을 할 수 있게 하여, 정도를 걷게 하소서.

· 역경에서 강인함을 보이며 설득력 있는 구성원들이 되게 하소서.

· 불의에 대하여 비판할 수 있게 하여, 구성원들이 변화를 추구하게 하소서.

· 용기 있는 자가 되어 구성원 모두가 지혜로운 길을 택하게 하여 주어서.

· 인간존중과 지구촌 보호에 역점을 두는 지도자가 되게 하소서.

· 창의력 바탕 위에 성장하며 인류에 공헌할 수 있는 의사결정권자가 되게 하소서.

II. 저자 김영호 교수가 정의한 공학철학과 공학윤리

공학철학 정의:

공학과정의 활동을 철학적/윤리적 바탕에서 의사결정을 할 수 있게 함으로써,
공학적 재해를 예방, 최소화 할 수 있게 하고, 공학과정의 활동에서 어떤 선택을 하는 것이 Human Error를 실질적으로 최소화할 수 있는지 논증하고 설득하는 학문이다.
(저자 김영호 KAIST 인문사회과학과 대우교수 공학철학 교과목 강의에서 정의)

공학철학이 있는 공학자들은 이 학문을 통해서 문제해결과 창의성창출을 위해 의사결정권자들로 하여금 자율성을 높이고 양심과 신념 있는 판단 속에 소신껏 의사결정을 할 수 있도록 하여 인류에 공헌하도록 유도한다.

공학윤리 정의:

공학철학 과정을 통하여 유도된 결론을 공학활동에 적용 실행할 때, 양심과 신념 있는 철학적 판단에 따라 실천하는 용기 있는 행동이며, 사회와 연관 짓는 공학 활동을 철학적/윤리적 판단기준에 의거하여 의사결정 할 수 있게 함으로써 판단오류에 의한 공학적 재해를 예방, 최소화하고 부정적 요소들을 정의롭게 제거하는 학문이다.

(저자 김영호 KAIST 인문사회과학과 대우교수 "공학철학" 교과목 강의에서 정의)

의사결정권자들의 공학윤리에 바탕 한 철학적 판단과 실행은 공학적 재해를 예방, 최소화할 수 있게 하고, 국가사회인류를 재해로부터 해방하고 보호할 수 있는 공헌을 하게 된다.

III. 저자 김영호 교수가 전하는 공학인의 의사결정

의사결정권자들은 공학철학과 공학윤리에 바탕 하여 심사 숙고한 과정을 거쳐 의사결정을 해야 하는 데, 아래에 언급한 철학적/윤리적 판단기준 6가지를 바탕으로 하여 의사결정을 하도록 한다.

즉, 판단기준 6가지는:

· 철학적 마인드 (Keeping philosophic mind)
· 윤리적 실행 (Ethical action)
· 신념 있는 행동 (Action in beliefs)
· 정직/양심 있는 행동 (Honest/Conscientious action)
· 용기 있는 주장과 설득 (Emphasizing and persuading courage)
· 인류에 공헌 여부이다. (Contribution to human beings)

공학철학과 공학윤리에 위배되는 사항에 대하여는 그 어떠한 경우에든 실행해서는 안되며, 운영 매뉴얼에 명기된 사항들은 여과 없이 실행하도록 하고, 매뉴얼에 따라 운영 해 본 결과 모순점이 발견되면 그 즉시 수정 해 나가도록 한다.

들어가기

저자는 1971년 대학졸업 이래로 40여년간 국내. 외 대단위 화학공장에서 Manager와 International Consultant로서 전문적인 업무를 수행 해 왔습니다. 특히, 한. 미 합작회사인 제4비료공장(진해화학)과 제7비료공장(남해화학)에서 공장건설, 프로젝트 사업추진관리, 시운전 및 성능보장시험, 생산의 정상화, 생산공정개선, 공정개량기술설계, 공정안전위험성 평가, 공정사고조사 등의 기술관리 업무를 추진하는 부서들을 담당 해 왔습니다.
필자가 * "Y.H.K.' s Three plus Five Theory" 에 바탕 하여 업무를 추진한 결과 담당 프로젝트들의 성능보장(Performance guarantee test)을 완벽하게 수행할 수 있었습니다. 저자는 위에서 언급한 제반 실무업무들을 담당 해 오면서 화학공장 전반에 걸쳐 발생 하는 문제점들에 대해 그 근본원인(Root Cause/Contributing Cause)들이 무엇인가 연구하고 검토하여 왔습니다. 그래서 다양한 실무경험 (Practical Hands-on Experience)들을 익힐 수 있었고 국. 내외에서 Technical Consulting과 Coaching실무를 해 낼 수 있었습니다.
이에 바탕 하여 필자의 전문서적; 화학공장의 건설과 관리 (제5판 2017년)와 화학 공장의 응용설계와 건설(제3판 2015년)을 집필하였습니다.
또한 KAIST인문사회과학부에서 공학철학과 행복론, POSTECH Engineering 대학원에서 화학장치설계와 화학공정공학, 그리고 한양대 공학대학원에서 화학플랜트 설계특론 등을 강의히었습니다. 또한, 산. 학계의 공정안전설계 및 기술, Engineering의 제반 설계능력을 부여하기 위해서, Technical & Engineering Consulting과Coaching 특강을 해 왔습니다.
"Y.H.K.'s Three plus Five Theory"는 새로운 업무나 사업을 추진할 때, Three는 · 전문분야, · 인문사회과학분야 융합통섭, · 盡人事待天命의 영역까지 노력해야 하며, 아울러 Five는 · 폭넓고, · 깊이 있게, · 정확하고, · 세밀하게, 그리고 · 총체적으로 검토분석을 하고 업무 및 사업을 추진해 나가야 한다는 뜻이고, Y.H.K.는 저자 영문성명(YoungHo Kim)의 Initial Name 임.
저자는:

- 대만의 Formosa Group, Nan Ya Chemical Corp. 에서는 공장 기본설계와 상세설계 도서 검토, 공장건설 및 시운전, 성능보장과 생산의 정상화, 공정안전 진단 PSRME 및 Safety Auditing등의 자문
- 인도의 OSWAL Chemical & Fertilizers Corp. 에서는 인산공장의 기본/상세설계 도서 review 및 생산의 정상화 등 자문
- 인도의 GNVFC Fertilizers Co. Ltd.에서는 공장전반의 공정 안전진단 PSRME 및 Safety Auditing등의 자문
- DuPont (Korea) Inc. 에서는 대우조선 등 산업체들의 Safety Auditing 등의 Technical Consulting과

Coaching업무를 수행하는 과정에서 문제점들을 해결 해 왔습니다.
그간 저자는 후학들에게 Science와 Technology를 Humanism에 입각하여 인류에 공헌해야 한다는 철학에 바탕을 두고 지도 해 왔습니다.
저자는 오랜 세월 동안 산업현장에서 수 많은 사고(Incidents)들을 경험 해 왔습니다. 공학활동에 있어, 이들 다양한 사고들은 원초적으로 휴먼에러 (Human Errors, 人災) 에 기인한다 는 것을 알게 되었습니다.
특히, 이들 각종의 다양한 사고들은 인명피해와 자산손실, 그리고 자연 생태계에 상상을 초월하는 재앙적 피해를 입히게 된다는 사실을 인지하게 되었습니다.
제반 철학적/윤리적 소양의 결여와 공학응용설계의 빈곤, 그리고 도덕적으로 결여된 소양을 가지고 의사결정을 오판한 결과, 휴먼에러를 초래하게 됩니다. 앞으로 지속적으로 발생하게 될 대자연의 기후변화와 재해, 그리고 Human Errors와 연계된 제반 사고 (Incident)들을 미연에 예방하고, 그 피해를 최소화 하기 위해서는 현재 공학 교육은 한계에 부디 치게 되어 있습니다.
그래서 R & D를 지속적으로 진화 발전시켜 나가고, 현재로 다가올 자연재해와 예기치 못한 제반 Human Errors로부터 인류를 해방시켜나가야 한다고 생각 하였습니다. 이러한 목적을 위해서 공학(Engineering) 그 자체로서는 지속적 연구개발(R&D) 및 각종 변화의 예측, 그리고 창의성을 착상하는 데에 한계가 있음을 인지하게 되었습니다.
따라서, 이 한계적 공학에 인문사회과학을 융합 통섭함으로써 창출되는 ・생각하는 힘, ・사고력 확장, ・고정관념 탈피, ・다차원적 사고(思考)등을 통해 창의성을 창출하여 공학을 지속적으로 진화 발전시키기 위해 이 책을 집필하게 되었습니다.

2018년 한 여름 더위 속, 첼시빌 서재에서……

저자 김영호(金榮鎬) 드림

Email: yhkim1116@hotmail.com

Blog: http://blog.daum.net/greenishk

감사의 말

이 "공학과 인문사회과학의 융합통섭"이란 서적을 집필해야겠다고 작심한 때는 남해화학㈜ 제7비료공장을 퇴직하고, Y.H.KIM Eng. & Mfg. International Consultant, Representative 회사를 창업했던 1998년 11월로 거슬러 올라갑니다.
창업 목적이 외국 기업의 Consulting과 Coaching사업을 성공적으로 성취하여 USD($)를 자랑스럽게 국내로 벌어드리기 위해서는 공학에 인문사회과학의 융합통섭없이는 사업목적을 세계화 할 수 없겠다는 생각이 들어 그 때부터 그 꿈을 갖게 되었습니다.
1999년 12월 세계적 규모의 대만 Formosa Group의 NanYa Corp.와 Senior Consultant로 "ADVISORY SERVICE CONTRACT" 에 서명, 계약 체결하면서부터 "공학과 인문사회과학의 융합통섭"의 필요성을 더욱 더 절실히 느끼게 되었습니다.
창업 후 첫 번째로 Consulting & Coaching 사업을 추진하게 된 선진국 수준의 대만 Formosa Group의 NanYa Corp.의 경영진에서 필자를 믿고 계약을 체결 해 준 데에 감사하는 마음으로 그들을 위해 양질의 Consulting & Coaching Service를 해 주고 싶었습니다. 그러나 Formosa Group의 NanYa Corp. 과 계약서명이 이뤄짐과 동시에 바로 공장건설에 투입, Consulting & Coaching Report/Message를 발행 해 주어야 하는 관계로 집필 시간이 허락되지 못했습니다. 그리고 Consulting & Coaching 계약기간이 끝나고는 우선하여 "우리들의 비전과 TARGET을 어떻게 정복할 것인기?" (2015년)의 교양철학 책자를 집필, 출판하게 되었고, 이어서 "화학공장의 응용설계와 건설(제3판)" (2015년), "공학철학" (2016년), "화학공장의 건설과 관리(제5판)" (2017년)를 집필하게 되었습니다.
그리고 이어서 꿈에 그리던 "공학과 인문사회과학의 융합통섭" (2018년) 책자의 탈고를 2018년 6월 30일에 하게 되었습니다.

●이 "공학과 인문사회과학의 융합통섭" 서적이 탄생되기 까지는 가족들의 열정적 바램이 있었기에 정열을 불 태울 수 있었습니다. 집필하는 기간 중 체력증진에 깊은 관심을 기우려 주며 즐거운 마음으로 평온하게 집필할 수 있도록 분위기를 조성 해 준 가족의 배려가 이 "공학과 인문사회과학의 융합통섭" 서적이 빛을 볼 수 있게 된 원동력이 됩니다.

●필자에게 대학원 진학의 비전을 보여주시며, 필자가 산업현장에 있으면서도 향학의 꿈을 지속적으로 키울 수 있도록 지도해 주시고 미래를 내다보는 혜안을 갖게 해 주시며 오늘에 이 "공학과 인문사회과학의 융합통섭" 이란 서적을 집필할 수 있도록 다양한 측면에서 다차원적

사고를 하게끔 배려 해 주시고 늘 한결같이 지속적으로 깊은 관심을 보여주신 현재 한양대학교 화학공학과에 재직 중이신 여영구 지도교수님께 깊은 감사를 드립니다.

●공학학문의 차원적 발전을 위하여 평소에 저자가 인문사회과학에 깊은 관심을 가지고 있는 데에 착안하여 "공학과 인문사회과학의 융합통섭" 이란 서적을 집필하여 후학들의 학문적 지평을 넓혀주고 육성할 기회를 주면 어떻겠느냐고 조언 해 주시고 독려 해 주신 분이 계십니다. 이 "공학과 인문사회과학의 융합통섭" 이란 서적을 펴 낼 수 있도록 동기 부여를 해 주시고 정신적 지주가 되어 주신 전 서울대 조소희 교수님께 고마움을 전합니다.

●일상적인 논증과 과학적 추론(Scientific Inference)등에 대하여 그 기본을 배울 수 있도록 늘 한결같이 지속적으로 함께 토론하여 주시고, 저자가 평소에 인문사회과학에 깊은 관심을 보여주고 있는 점을 감안하시어, 연구하는 화학공학을 인문사회과학적 요소들로 연구 발전시켜 나갈 수 있도록 학구적 도움을 주신 한양대학교 창의융합교육원 오준영 교수님께 고마움을 표합니다.

●지난 20여년의 세월 동안 필자의 화학공학 활동에 깊은 관심을 보여주시고, 산업현장의 다양한 실질적 경험을 가지시고 계시며, 이를 바탕으로 폭넓은 조언을 지속적으로 한결같이 필자에게 해 주심으로써 필자가 인문사회과학 영역에 지평을 넓힐 수 있도록 주기적으로 토론 해 주신 분이 계십니다. 평소에 수시로 만나 토론 해 주시는 과정 속에 "공학과 인문사회과학의 융합통섭" 서적을 탄생시킬 수 있도록 사고력 확장을 해 주신 전 한국과학원(KAIST)과 인하대학교 화학공학과 정성택 교수님께 뜨거운 감사를 드립니다.

●필자에게 오랜 세월 동안 취미활동으로써 모던/라틴 댄스스포츠를 이론에 바탕 하여 한결같이 지속적으로 심혈을 기우려 주시며 지도 해주신 결과, 필자가 2018년 댄스스포츠 대회에 참가 발표할 수 있게 해 주시고, 댄스스포츠 지도로 건강을 증진시켜 주신 김기숙 선생님께 깊은 감사를 드립니다.

본 "공학과 인문사회과학의 융합통섭" 이란 서적이 국가. 사회, 그리고 인류에 새로운 빛으로 조명될 수 있고 공헌할 수 있도록 출판의 기회를 주신 도서출판 아진의 김근배 사장님께 고마움을 느끼며, 아울러 편집부 담당직원님들의 열정 어린 편집과 교정이 아름다운 책자로 가꾸어 질 수 있게 해 준 데에 깊은 감사를 드립니다.

목 차

제1장 공학과 인문사회과학의 융합통섭 개요

1."공학과 인문사회과학의 융합통섭"의 집필배경 · · · · · · · · · · · · · · · · 1
2. 과학, 기술, 공학의 연계성 · 4
3. 인문사회과학과 기술, 공학의 차이 이해 · · · · · · · · · · · · · · · · · · 5
4. 인문사회과학과 연계한 공학의 궁극적 목적 · · · · · · · · · · · · · · · · · 5
5. 공학의 지속적 진화발전을 위한 S.T.E.S.H.와 목표 · · · · · · · · · · · · · · 6
6. 창의적 개발을 위한 통합, 융합, 통섭의 이해 · · · · · · · · · · · · · · · · 8
7. 공학과 인문사회과학의 융합통섭을 위한 철학과 윤리 · · · · · · · · · · · · · 9
8. 공학의 진화발전을 위한 인문사회과학지원, 창의성 · · · · · · · · · · · · · · 10
9. 인문사회과학이 공학활동에 미치는 영향 · · · · · · · · · · · · · · · · · · 12
10. 공학발전의 제반 한계성과 인문사회과학의 융합통섭 · · · · · · · · · · · · · 12
11. 인문사회과학과 연계한 Consulting과 Coaching · · · · · · · · · · · · · · · 13
12. 다독(多讀)을 통한 사고력확장과 다차원적 사고(思考)위에 창의력 · · · · · · · 14
13. 공학철학적 바탕 위에 젊은 공학자들은 무엇을 어떻게? · · · · · · · · · · · · 15

제2장 인문사회과학에 바탕 한 공학철학

1. 불변의 구 철학 (球 哲學: Eternal spherical philosophy)에서의 공학철학 · · · · · · 17
2. 공학철학의 이해와 응용 · 19
3. 공학철학의 궁극적 목적과 역할, 그리고 그의 필요성 · · · · · · · · · · · · · 21
4. 공학철학 결여에 따른 위험요소와 예방 · · · · · · · · · · · · · · · · · · 22
5. 공학인의 철학적 판단기준과 의사결정 · · · · · · · · · · · · · · · · · · 23
6. 공학철학적 사고(思考)의 Key Summary · · · · · · · · · · · · · · · · · · 25
7. 공학활동에 바탕 한 산업현장철학 · 26

8. 공학활동에서 경계해야 할 부정적 요인 · · · · · · · · · · · · · · · · · 27
9. 공학철학과 창의성 바탕 위에 Global Leader의 조건 · · · · · · · · · · 29
10. 공학철학을 통한 공학의 Vision과 Target · · · · · · · · · · · · · · · · 30
11. 공학철학을 통한 공학 Vision과 Target의 Road Map · · · · · · · · · · 32

제3장 인문사회과학과 연계된 공학의 주요영역과 응용

1. 공학활동의 공해와 기업 · 33
2. 공학과 인문사회과학 측면에서의 Human Errors 분석과 예방 · · · · · · · 37
3. 공학활동의 성능보장 (Performance Guarantee) · · · · · · · · · · · · · · 48
4. 기후변화에 따른 화학산업과 원자력산업의 위험성분석 · · · · · · · · · · · 49
5. 공학활동의 규격결정 (Settlement of specifications) · · · · · · · · · · · · 51
6. 공학활동의 설비보전 · 54
7. 공학활동의 안전과 환경보전 · 57
8. 공학활동의 위험(risks) 발생 예방과 최소화 · · · · · · · · · · · · · · · · 66
9. 기후변화에 따른 자연재해의 피해예방과 최소화 · · · · · · · · · · · · · · 68
10. 극한상황위기 시나리오 대응 · 72
11. 자연재해에 대비한 응용설계 · 76

제4장 공학과 인문사회과학의 융합통섭

1. 인문사회과학과 연계된 공학의 창의성 발현 · · · · · · · · · · · · · · · · 81
2. 지속적 창의성 발현을 위한 인문사회과학의 핵심요소 분석 · · · · · · · · · 82
3. 인문사회과학과 연계한 창의성 개발 · 83
4. 인문사회과학과 공학의 연계성과 지속적 창의성 발현 Road Map · · · · · · 85
5. 인문사회과학 개념과 공학 개념의 차원적 진화발전 Y.H.K. 공정도 · · · · · · 86
6. 인문사회과학과 연계한 공학의 필수핵심요소 · · · · · · · · · · · · · · · 87
7. R&D 및 제반 문제해결과정에서의 인문사회과학의 역할 · · · · · · · · · · 88
8. 인문사회과학이 제반 공학활동에 미치는 영향 분석 · · · · · · · · · · · · 88
9. 인문사회과학 전문가와 공학 전문가의 시각차이 분석 · · · · · · · · · · · 89
10. 융합통섭에 바탕 한 Y.H.K.'s S.T.E.S.H. 의 교육학습모형과 공학의 진화발전 · · · · 90
11. 공학은 인문사회과학과 왜 융합통섭 해야 할까? · · · · · · · · · · · · · · 93

제5장 공학활동에 영향을 미친 인문사회과학의 역할사례

5.1. 인문사회과학과 연계한 창업 · · · · · · · · · · · · · · · · · · 97
1. 창업배경 · 97
2. 필자의 국제컨설팅사업 경영철학 · · · · · · · · · · · · · · · · 99
3. 창업회사의 명칭과 로고(logo) · · · · · · · · · · · · · · · · · 99
4. 컨설팅 사업목적 · 101
5. 국제컨설팅 서비스 범위 · · · · · · · · · · · · · · · · · · · 102
6. 주요 컨설팅 고객회사 사업실적 사례 · · · · · · · · · · · · · · 102
7. 계약조건(conditions of contract) · · · · · · · · · · · · · · · 103
8. 창업을 희망할 때 준비사항과 고려사항 · · · · · · · · · · · · · 104
9. 컨설팅 철학(consulting philosophy) · · · · · · · · · · · · · · 105
5.2. 외국인들과의 의사소통을 통한 전문성과 창의성 · · · · · · · · · 107
1. 외국인들과의 팀플레이(team play) · · · · · · · · · · · · · · · 107
2. 외국인의 신의: 캐나다 B사 부사장의 재회와 극적 지원 · · · · · · · 112
3. 미국인들의 업무원칙 · 114
4. 미국인들의 전문가 회의 · · · · · · · · · · · · · · · · · · · 116
5. 미국인들의 창의적 회의 · · · · · · · · · · · · · · · · · · · 119
6. 외국인을 위한 배려: 유럽국제학회 등록 때 누락된 Selda 양 · · · · · · · 120
7. 벨기에 Licensor, Central Prayon 기술자와의 우정 · · · · · · · · 129
8. 용기 있는 전문성: 미국 Agrico사 전문가의 배려 · · · · · · · · · 135
9. 세계적 기업리더, DuPont사의 215년 안전문화를 지켜온 비결은? · · · · · 137
5.3. 공학활동에 영향을 미친 인문사회과학 · · · · · · · · · · · · · 141
1. 폭발사고에서 얻은 지혜: 진인사대천명-영감(靈感)-확신 · · · · · · · · 141
2. 사랑과 관심: 스파르타식 교육과 이에 얽힌 스토리 · · · · · · · · · 146
3. 지속적 학문의 중단: 어느 대학교수의 책장 · · · · · · · · · · · · 149
4. 기회포착: 어느 CEO의 후회 · · · · · · · · · · · · · · · · · · 150
5. 1979년 청와대의 바램: 제7비료공장 비료생산증대 프로젝트 추진요청 · · · · 151
6. 역사의 응용: 역사는 공학이란 것을……! · · · · · · · · · · · · · 153
7. 전천후 취미생활: 취미생활과 위기극복 · · · · · · · · · · · · · · 160
8. KATUSA 군복무시절 아르바이트 · · · · · · · · · · · · · · · · · 166

9. 국제컨설턴트로 성장시킨 KATUSA생활 · · · · · · · · · · · · · · 170
10. 선의의 경쟁자와 Korea Herald지에 칼럼게재 성취 · · · · · · · · · · 175
5.4. 인문사회과학이 부른 대자연과의 조화 · · · · · · · · · · · · · · · · · 178
1. 대자연의 본성과 동화 · 178
2. 대자연의 잉태: 산(山)을 통한 대자연의 모성애 · · · · · · · · · · · · 179
3. 대자연의 지혜 · 180
4. 지리산 연가(恋歌) · 181
5. 짙푸른 잣나무 숲 저편의 은빛 갯버들 군락이여! 영원 하라! · · · · · · · · 184
6. 우주빛 지상에 내릴 때 · 185
7. 흑장미 연인, 흑장미의 불멸의 빛: 흑장미의 행로 · · · · · · · · · · · · 187
8. 겨울바다 · 189
5.5. K 대학에서 행복론과 공학철학 교과목 강의 · · · · · · · · · · · · · · 190
1.자살예방론: K 대학 자살예방론 수업 · · · · · · · · · · · · · · · · · 190
2. 행복론 강의자료 개발 · 197
3. 행복추구 · 200
4. 수강생들을 위한 메시지 · 202
5. 행복한 마음의 발견 · 203
6. 공학철학 강의 중 핵심적 현장철학 메시지 · · · · · · · · · · · · · · · 207

맺는 말 · 211
참고문헌 · 213
색인 · 217
저자약력 · 233

제1장 공학과 인문사회과학의 융합통섭 개요

1. "공학과 인문사회과학의 융합통섭" 의 집필배경

저자가 한. 미 합작회사인 제4비료공장(진해화학)과 제7비료공장(남해화학)에서 공장건설, 시운전 및 성능보장, 기술 및 프로젝트관리, 공정 및 공장 안전성 위험평가, 공장사고 조사 및 문제점 예측관리, 공장 안전과 환경, 그리고 공장 제반사고 조사 등의 전문적 기술관리 업무를 추진하는 요직부서 들을 모두 거치면서 인문사회과학의 실질적 핵심요소인 인화협동, 창의약진, 책임완수에 바탕 하여 제반 실무를 추진하며 책임져 왔다.

40여 년간 국내. 외 세계적 규모의 대단위 화학공장에서 공학과 기술, 설계와 건설, 그리고 안전과 환경을 책임지는 Manager 및 Eng. & Mfg. International Consultant로서 저자는 위에서 언급한 제반 실무를 담당 해 오면서, 특히 화학공장 전반에 걸쳐 발생하는 문제점들에 대해 그 근본적 원인(Root Cause /Contributing Cause)들은 어디서 왔으며 무엇이고, 그 총체적 해결책(Total Solution)들은 무엇을 어떻게 해야 하는지 이론에 바탕 하여 연구하고 검토하여 왔으며, 이에 따라 추진한 프로젝트들의 성능보장은 성공적으로 성취할 수 있게 되었다.

저자는 위의 결과로 ·대만의 Formosa Group, Nan Ya Chemical Corp. ·인도의 OSWAL Chemical & Fertilizers Corp. ·인도의 GNVFC Fertilizers Co. Ltd. ·DuPont (Korea) Inc. 등을 위한 Technical Consulting과 Coaching 업무를 수행 하는 과정에서 창의적 Global Management를 통해 다양한 실질적 공학기술의 문제점들을 예측하고 해결 해 왔다.

저자의 프로젝트 관리는 후학들과 공학기술자들에게 Science와 Technology를 Humanism에 바탕 한 공학(Engineering)으로 승화시켜 그 실행과정에서 얻은 실질적 실행 결과 및 결실들은 국가, 사회, 인류에 공헌해야 한다는 기본 철학을 바탕으로 한다.

제반 철학적/윤리적 소양의 결여와 공학응용 R&D의 빈곤, 그리고 도덕적으로 결여된 소양으로 인한 의사결정의 오판으로 공학적이고 윤리적인 휴먼에러를 불러 올 경우에 수 많은 인명피해와 자산손실 그리고 생태계를 파멸시키게 되고 인류에 대재앙을 불러 오게 된다.

현재로 다가올 가능성이 높은 리스크(risk)와 위험요소들로부터 이어지는 대재앙으로부터 인명피해와 자산손실, 그리고 생태계 파괴를 예방하고 국가, 사회 및 인류에 공헌 하게 하기 위해서는 지속적 창의성의 창출 없이는 현재 공학교육은 한계에 부디 치게 되어 있다.

따라서 R & D를 지속적으로 진화발전 시켜나가고, 현재로 다가올 자연재해와 예기치 못한 Human Errors로부터 인류를 해방시키기 위해서, 현 공학학문에 기술개발, 문제성 예측 그리고 창의성을 착안하여 지속적으로 학문에 이들을 도입할 수 있도록 하여 그들의 능력을 배양시켜 나가야 한다.

이들 목적을 위해서 공학 그 자체로서는 지속적 개발, 예측, 창의성을 착상하는 데에 한계가 있기에, 이 한계적 공학에 인문사회과학을 융합 통섭함으로써 창출되는 ・생각하는 힘, ・사고력 확장, ・고정관념 탈피, ・다차원적 사고(思考)등을 통해 창의성을 창출하여 공학을 지속적으로 진화 발전시키기 위한 것이 집필 배경이 된다.

참고로, 위에 언급한 집필배경 프로젝트에 관한 내용들을 아래와 같이 집필배경 프로젝트 흐름도(그림1)로 도식화 한다.

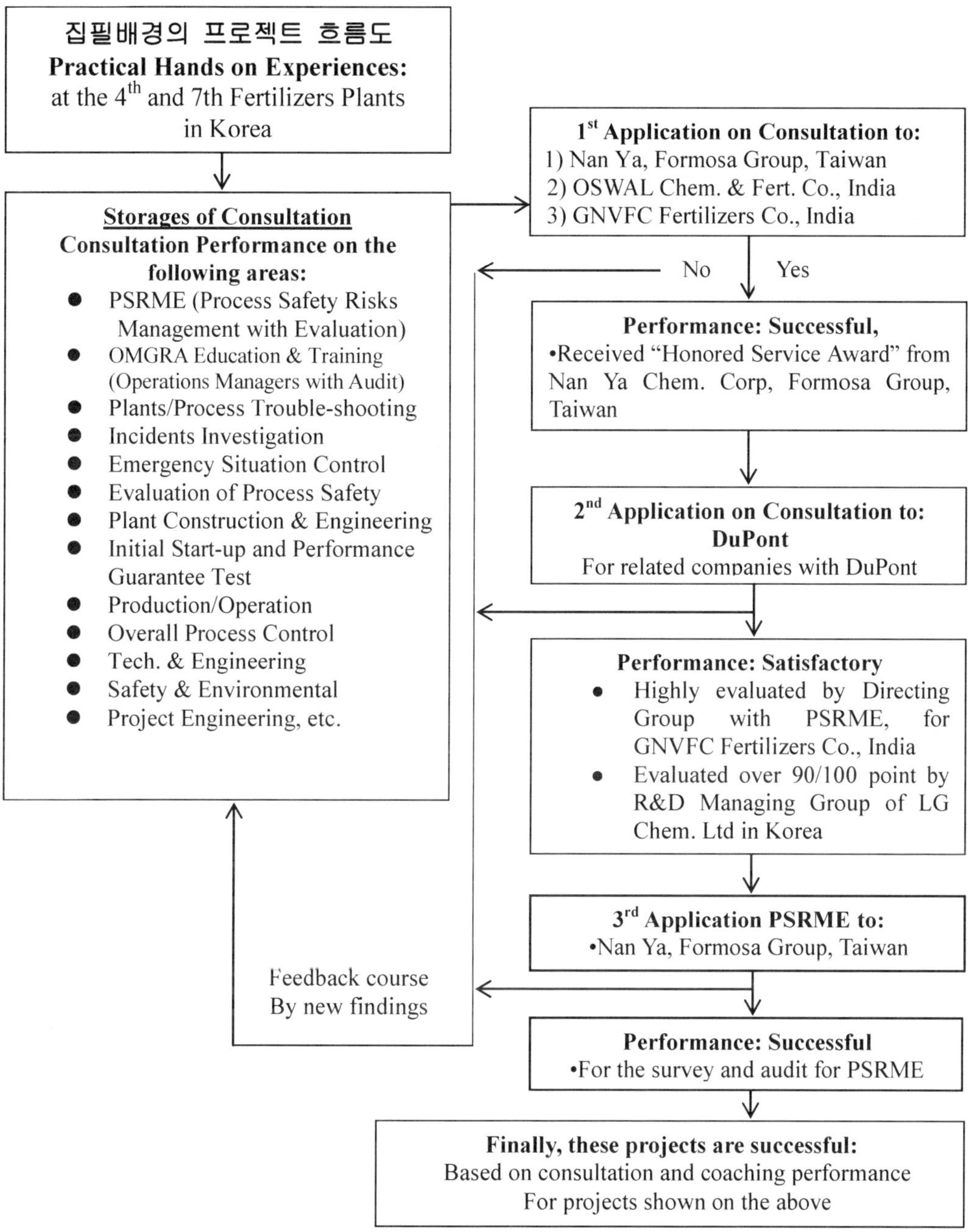

Background Diagram of Working Project

This flow chart shows Author's working and consulting process, based on the Informal Education thru Author's both practical Hands-on Experiences and International Consultations. Where, those New Findings from the Performance of Consultations are fed backed to the Storages of Consultation as shown on the above diagram.

그림 1: 집필배경의 프로젝트 흐름도

2. 과학, 기술, 공학의 연계성

1)과학 (Science)

이론에 바탕을 둔 자연에 대한 지식(발견): 경험적으로 얻을 수 있는 대상을 합리적인 방법으로 연구 · 정리하여 세워진 체계적인 학문이나 지식

· ***과정:*** 자연현상 확인/문제인식→현상에 대한 가설설정→실험설계/수행→가설검증→가설선택/평가→일반화

2)기술 (Technology)

과학의 지식 (발견)을 응용, 가공, 생산활동수단: 반드시 경제성 검토가 뒤따른다.

· ***과정:*** 필요, 욕구, 유용성→설계→생산

3)공학 (Engineering)

과학과 기술에 인간의 지성과 감성, 즉 예술과 사랑과 인간애를 총 동원한 종합학문.

과학적 지식, 기술수단, 인간의 지성과 감성을 총 동원하여 가장 경제적인 방법으로 현실 사회가 요구하는 문제를 해결하는 실용적 종합학문: 정치, 경제, 역사, 철학, 물리, 화학, 수학, 역사 등 여러 분야가 포함되어 있는 학문.

S.T.S. 즉, 과학(Science), 기술(Technology)에 사회(Society)를 포함하여 그의 상호 관계를 연관짓고, 기술이 사회에 미치는 영향을 해결하는 지식과 방법론을 가진 S.T.S.를 다루는 학문이다

여기서 기존의 S.T.S.의 바탕은 ***제4장 10*** 에서 언급하는 공학철학에 바탕 한 교육학습모형: YHK' s S.T.E.S.H. (Science, Technology, Engineering, and Society with Humanity)의 실질적 성숙단계로 진화하여 인간적으로 인류사회에 공헌해야 한다.

· ***과정:*** 기본 아이디어의 발단→타당성검토→설계→건설→시운전→성능보장→생산정상화→개량/개선→지속적R&D→품질향상/원가절감/실용성/효율성 증대→편리성, 인간욕구 충족→Society, 사회에 공헌

Note: 여기서 YHK는 저자의 영문이름, YoungHo Kim의 머리글자 임.

3. 인문사회과학과 기술, 공학과의 차이 이해

	인문사회과학	기술	공학
연구목적	문제제기	문제해결	Humanity에 바탕 한 인간 욕구 충족
연구대상	인간/사회 비정상성 (Abnormality)	자연/물리 정상성 (Normality)	종합학문 (인문학 + 사회과학) 정치, 경제, 역사, 철학, 물리, 화학, 수학, 미학, 생물학, 미술, 음악 등 통합성(Unification)
배경지식	철학/문학	수학	철학, 자연, 물리, 화학, 생물학, 수학, 지구과학
연구성과	규범/제도	경제/경영	인간 참 삶의 욕구 및 *S.H.E. 충족, 그리고 인류에 공헌

인문사회과학은 연구목적이 문제제기이며, 연구대상은 인간/사회의 비정상성 (abnormality)이고, 배경지식은 철학, 문학이며, 연구성과는 규범, 제도에 있다.
기술은 연구목적이 문제해결이며, 연구대상은 자연, 물리의 정상성(normality)이며, 배경지식은 수학이 되며, 연구성과는 경제, 경영에 있다.
공학은 연구목적이 Humanity에 바탕 한 인간욕구충족이며, 연구대상은 자연, 물리, 수학, 화학, 생물학을 정치, 경제, 역사, 철학, 미학, 미술, 음악 등의 인문학과 사회과학에 연계하는 통합성(unification)이며, 배경지식은 자연, 물리, 수학, 화학, 생물학, 철학이 되며, 연구성과는 인간 참 삶의 욕구 및 S.H.E. 충족, 그리고 인류공헌에 있다.
*S.H.E.는 Safety(안전), Health(보건), Environment(환경)의 Initial S.H.E.를 뜻함.

4. 인문사회과학과 연계한 공학의 궁극적 목적

공학의 궁극적 목적은 공학개념에 인문학과 사회과학의 각 개념을 통합하여, 상호 유사성, 연관성, 공통점, 다양성, 동질성, 그리고 이질성 등을 발견하고, 여기에 상상력과 연상력을 동원하여 사고력을 확장, 다차원적인 사고로 창의성을 발현, 응용적용 함으로써 지속적 진화발전을 꾀할 수 있게 하고, 이에 양심적이고 정직하게 성능 보장한 결과물들을 생산하여 제공함으로써 행복추구와 인류에 공헌하는 데에 궁극적 목적을 둔다.
이 궁극적 목적을 성취하기 위해서는 공학철학에 기본이 되는 *철학적, 윤리적 판단기준 6가지가 바탕 되어야 한다.

* "철학적, 윤리적 판단기준 6가지" (6-philosophic and ethical criteria for decision-making)는:
1) 철학적 마인드 유지(keeping philosophic mind),
2) 윤리적 행동(ethical action),
3) 신념 있는 행동(action in beliefs),
4) 정직과 양심 있는 행동(honest and conscientious action),
5) 용기 있는 주장과 설득(emphasizing and persuading in courage),
6) 인류에 공헌(contribution to human beings)이다.

즉,
- 철학적 마인드 유지로 흔들리지 않는 마음이 정착됨으로써, 정의로운 길에 서게 되어 뿌듯함이 샘 솟게 되고,
- 윤리적 행동으로 원리원칙에 입각하여 사안을 판단하며, 심신이 맑고 밝아져서 자랑스러움이 솟구치며,
- 신념 있는 행동으로 믿음 속에 마음이 흔들리지 않게 되고,
- 정직과 양심 있는 행동으로 하늘을 우러러 부끄러운 점이 없어지며,
- 용기 있는 주장과 설득으로 신념에 불타오르는 마음을 갖게 되어 올바른 길을 선택, 목표를 행복 속에 성취할 수 있게 되며,
- 인류에 공헌하는 정신으로 삶의 정도(正道)를 밟을 수 있게 되어 인간 삶의 가치를 인지, 인류행복을 위해 열정을 쏟게 된다.

의사결정 할 때 철학과 윤리에 위배되는 사항에 대하여는 그 어떠한 경우에든 실행하지 않도록 하며, 철학적/윤리적 마인드를 가진 전문가들에 의하여 작성 배포된 운영 매뉴얼 (manual)에 명기된 내용들에 의거 하여 있는 그대로 실행 하도록 한다.
그러나 배포된 그 운영 매뉴얼은 그 자체에 Human Errors를 내포하고 있기 때문에 정기적/주기적으로 세부 내용들을 면밀히 검토하여, 보완할 내용들을 찾고, 시정이 요구될 경우에는 지체 없이 그 내용들을 개정 증보 해 나가도록 한다.

5. 공학의 지속적 진화발전을 위한 S.T.E.S.H.와 목표

5.1. 공학의 지속적 진화발전을 위한 S.T.E.S.H.

과학교육에 있어 S.T.S.는 Science(S)-Technology(T)-Society(S)의 머리약자로, 과학과 기술의 영향, 즉 과학과 기술이 총체적으로 사회에 미치는 영향과 상호 작용하면서 서로 영향을 주고 받는 내용들을 이해하는 것이다.
즉, 사회는 현재 조건의 과학, 기술, 그리고 새롭게 연구 개발되는 과학과 기술로부터의 응용 생산되는 제품 및 부산물, 그리고 설비관리에 내포하는 Human Errors들에 의해 발생할 수도 있는 재해로부터 보호되어야 한다.
그리고 S.T.S.에서 한걸음 더 나가, 새롭게 진화 해 나가야 할 S.T.E.H.S.는 Science(S)-Technology(T)-Engineering(E)-Humanity(H)-Society(S)의 머리약자이다.

즉, 저자는 '과학(S)-기술(T)-공학, 엔지니어링(E)은 3위일체가 되어 사회와 하모니(Harmony)를 이루어 주어야 하고, 여기에 공학의 근본이 되어야 할 인류애(Humanities)를 포함하여 제반 안전과 위험 그리고 환경 측면에서 사회 (Society)를 보호하고 인류에 공헌해야 한다.' 고 주장한다.

뿐만 아니라, 과학-기술-엔지니어링 영역에서 창출되는 생산제품과 부산물들은 그 사용, 처리하는 데에 있어 반드시 인류애(Humanities)에 바탕 하여 국가사회 에 공헌해야 한다. 는 것을 저자는 주장하며 강조하고 있다.

저자는 오랜 세월 속에 대단위 산업현장에 근무하면서, 태풍이 상륙하는 매년 여름, 가을철에 간헐적으로 발생하는 비상정전(非常停電: emergency power failure)때 담당 직원들이 비상조치를 취하는 과정 속에서 실수로 Human Errors 를 유발시킨 결과: 바람 방향에 따라 어느 한 시(city)가 유독 개스로 뒤 덮이는 비극적 상황을 본적이 있다. 또한, 바람과 함께 유독 개스가 산야의 초목들을 훑고 지나가 영향을 받은 모든 수목의 파란 잎새들이 노랗게 고갈되어 죽어 간 생태계도 보았다.

현실 상황에서 볼 때, 과거에 그랬다고 해서 현재에 두려워할 것은 없다.

즉, 그들 제반 위험요소들로부터 해방될 수 있도록 3-카테고리(공학철학, 공학윤리, 그리고 의사결정의 6-가지 철학적/윤리적 판단기준)의 예방묘약이 개발 되었기 때문이다.

따라서 하루빨리 청소년과 대학생 그리고 우리세대들에게 교육을 통해 이 예방묘약을 이해시키고 실행할 수 있도록 접종해야 한다.

이 예방묘약은 교육 접종 후 바로 효험을 볼 수도 있지만, 받아드리는 대상에 따라 1~2년이 걸릴 수도 있고, 어느 대상에서는 재발이 되어 문제를 유발하는 경우가 있다.

Human Errors와 위험요소들은 언제 어디서 어떻게 발생할지 모르기에 각 기업체, 산업체, 그리고 연구소 등의 최고 의사결정권자들은 이 3-카테고리 교육 접종에 최우선 하여 기본적으로 의사결정하고 정책을 입안 실행실천 해 나갈 수 있도록 해야 한다.

각 분야: 정계, 기업계, 산업계, 연구업계 등의 최고 의사결정권자들이 솔선수범 하여 애정과 사랑을 담아 시간을 다투어 정책입안하고 실행실천에 옮겨 주어야 국가적 효험을 얻을 수 있다.

각 분야의 발전은 3-카테고리 영역의 명약효험을 인식하고 최고 의사결정권자가 직접 관심을 가지고 사랑과 애정을 담아 주어야 실현 가능하게 된다.

그런데 이들 분야에서 사랑과 애정을 담아 대한민국의 5천만 국민을 위해 정신적 3-카테고리 영역을 지휘할 능력 있는 최고 의사결정권자들이 과연 몇 명이나 나올 수 있을까? 가 의문이다.

이들 분야의 최고 의사결정권자들이 과학(S), 기술(T), 공학(E)의 S-T-E분야 위에 정신적 3-카테고리로 각 분야에 알 맞는 안전문화정책을 입안 수립하여 실행실천 해 준다면 국가는 *제3의 전쟁이 없는 선진국가로 바로 성장발전하고 진입하게 될 것이다.

이들 분야의 최고 의사결정권자들이 S-T-E를 사랑과 애정에 바탕 하여 여기에 인간애(Humanities)를 포함시켜 반석 위에 올려 놓고, 이어서 그 결과물들을 사회(Society, S)에 접목시켜S-T-E-H-S 사회를 만들어 줄 수 있다면, 그 파장 효과는 국가사회의 내분도 예방할 수 있고, 국가 통일을 이루는데 지름길이 될 수도 있다고 본다.

그래서 각 분야의 최고 의사결정권자들이 S-T-E-H-S의 건실한 사회를 만들어 나갈 수 있다면 그들은 새로운 위대한 인물로 다시 태어나게 될 것이다.
이 S-T-E-H-S의 영역 반석 위에 그들의 정신을 불어 넣을 수 없는 무능력의 최고 의사결정권자들이라면 그들을 우리 5천만 국민들의 기억에 더 이상 남겨 둘 필요는 없다고 본다. S-T-E-H-S를 가지고 사회에 아무런 공헌을 하지 못하는 그 분야 최고 의사 결정권자들이라면 우리 5천만 국민들은 그들을 진정한 정치가, 기업가, 연구가 라고 말할 수 있을까? 그렇지가 않다.
이 제3의 전쟁을 다스리지 못하는 각 분야의 최고 의사결정권자들은 이 소리 없는 제3의 전쟁을 *제1,2전쟁보다 먼저 불러 오게 하는 장본인들이 될 것이다.
물론 제1,2,3전쟁을 모두 통일할 수 있는 사람은 위대한 인물로 기억되고 우리 5천만 국민의 존경을 받을 수 있게 되며, 역사에 칭송 받으며 가슴에 기리 남을 것이다.
*제1,2,3, 전쟁은:
저자는 그의 저서: 우리들의 비전과 TARGET을 어떻게 정복할 것인가? ***(신광문화사 출판, 2015년)*** 제6부 제3의 전쟁과 피해 최소화 전략에서 이 전쟁들을 다음과 같이 정의 분류하여 피력하고 있다.
제1의 전쟁은 국가와 국가 간에 전쟁이고,
제2의 전쟁은 내분(內紛, internal dissention)의 전쟁이고,
제3의 전쟁은 기후변화에 따른 자연재해(自然災害, Natural Disasters), 휴먼 애러 (Human Errors, 인재, 人災)에 의한 산업재해(産業災害), 부정부패에 의한 부실과 취약성, 그리고 의사결정권자들의 무능과 비전문적인 판단오류가 빚어 내는 재해와 재앙 등 과의 전쟁을 의미한다.

5.2. 공학의 지속적 진화발전 목표

1)Phase 1: 현재 S.T.S. 학습 모형발전: S.T.S. (Science, Technology and Society)로 사회에 공헌: S.T.S.진화→S.T.E.S.(Science, Technology, Engineering & Society)
●목표: S.T.S.를 S.T.E.S.로 Engineering을 포함하여 진화발전→ 사회에 공헌
2)Phase 2: S.T.E.S. 진화발전: S.T.E.S.H.(Science, Technology, Engineering & Society with Humanities): ●목표: S.T.E.S.를 S.T.E.S.H로 Humanities를 포함하여 진화발전→ 사회에 공헌
3)Phase 3: S.T.E.S.H. 진화발전: S.T.E.S.H.에 *Composite Fields (인문사회과학)을 통합, 융합, 통섭→지속적 창의성 창출도입→과학기술공학의 지속적 진화발전:
●목표: S.T.E.S.H.에 인문사회과학을 융합, 통섭시켜 창의성 창출, 지속적 진화발전→ 인류사회에 공헌
여기서, *Composite Fields (인문사회과학): 인문학 + 사회과학

6. 창의적 개발을 위한 통합, 융합, 통섭의 이해

공학은 인문사회과학과 융합, 통섭될 때, 창의적 착상을 창출하여 지속적 진화발전을 할 수 있다.

● 통합(統合, Integration): 물리적 변화? (단적인 결합)
모두 합쳐서 하나로 모음, 또는 둘 이상의 것을 하나로 모아서 다스림

예: · 대학: 다른 학과를 하나의 학과로 묶는 과정
· 정치 정당: 이합집산하는 과정

● 융합(融合, Convergence): 화학적 변화? (성질의 혼합)
둘 이상이 녹아서 완벽히 하나로 합침

예: · 핵융합: 중수소와 삼중수소가 서로 충돌하여, 중성자와 헬륨 생성
· 예술: Classical Music, Opera/Ballet, 무대미술/그림; 음악, 발레, 미술 함께 구성

● 통섭(統攝, Consilience): 생물학적 변화? (혼합을 통한 재창조)
지식의 대 통합을 의미하며, 자연과학과 인문사회과학을 연결하는 통합학문

예: · 인지과학: 뇌 과학 + 심리학 + 철학 (새로운 인지과학이 탄생되었다고, 뇌 과학과 심리학이 사라지지 않는다.)

7. 공학과 인문사회과학의 융합통섭을 위한 철학과 윤리

7.1. 철학

공학과정의 활동을 철학적/윤리적 바탕에서 의사 결정할 수 있게 함으로써, 공학적 재해를 최소화 할 수 있게 하고, 공학활동과정에서 어떤 선택을 하는 것이 정의롭고, 부정행위와 Human Errors를 예방하고 최소화하며, 지식과 선과 아름다움, 그리고 여기에 인본주의 인간애(Humanities)를 함축하여 이들 4가지를 서로 조화를 이뤄 통일된 통합을 이끌어 내기 위해 논증하고 설득하는 것이다.

철학 실행에 있어 철학이 있는 공학 인들은 이 학문을 통해서 자신과 의사결정권 자들로 하여금 자율성을 높이고 양심과 신념 있는 판단과 의사결정을 할 수 있도록 소신을 펴 나갈 수 있게 하여 인류사회에 공헌할 수 있어야 한다.

특히, 국, 내외 대단위 공장 및 산업체에서 실질적 경험(Practical Hands-on Experience)을 통해, 잠재되었거나 공학기술 응용과정에서 나타난 제반 결함요소 및 문제점들을 인문사회과학 해당분야에 바탕 하여 해결한 내용들을 요약 언급 발표 함으로써, 공학의 창의적이고 지속적 발전에 기여하고 인류에 공헌하기 위함이 실질적인 공학의 철학이기도 하다.

7.2. 윤리

공학철학 과정을 통하여 유도된 결론을 공학활동에 적용 실행할 때, 양심에 바탕 하여 신념 있는 판단을 내려 실천하는 용기 있는 행동이며, 사회와 연관 짓는 공학철학 결론의 활동을 철학적/윤리적 판단 기준에 의거하여 의사 결정, 실행 할 수 있게 함으로써 판단오류에 의한 부정행위와 공학적 재해를 최소화하고 부정적 요소들을 정의롭게 제거하는 것이다.

공학윤리 실행에 있어, 공학윤리에 바탕 한 의사결정권자의 판단과 실행이 국가, 사회, 인류를 부정행위와 재해로부터 보호할 수 있도록 실천하여, 인류 사회에 공헌할 수 있어야 하며, 또한

부정행위를 예방함으로써 건전한 기업, 부강한 국가 사회의 세력약화와 몰락을 예방할 수 있어야 할 뿐만 아니라, 인류사회의 행복을 추구할 수 있어야 한다.

8. 공학의 진화발전을 위한 인문사회과학지원, 창의성

8.1. 공학의 진화

공학은:

· 과학과 기술에 인간의 지성과 감성, 그리고 예술과 인간애(Humanities)를 총 동원한 종합학문이고,

· 가장 경제적인 방법으로 현실 사회가 요구하는 문제를 해결하는 실용적 종합 학문이며,

· 정치, 경제, 법학, 사회학, 심리학, 교육학, 인류학, 응용사회과학, 역사, 철학, 물리, 화학, 수학, 역사, 문학, 사학, 언어학, 지구과학, 천문학, 기상학, 동물학, 식물학 등의 인문학과 사회과학 등을 연계하여 총괄적으로 포함하고 있는 종합학문이기도 하다.

· S.T.S.를 다루는 학문, 즉, 과학(Science)과 기술(Technology)에 사회 (Society) 를 포함하여 그의 상호 관계를 연관 짓고, 기술이 사회에 미치는 영향을 해결 하는 지식과 방법론을 인간애(Humanities)에 바탕 하여 제시하는 S.T.S.를 다루는 학문이다.

철학은 지혜에 대한 사랑, 즉 지식(앎), 올바름(선), 아름다움(미)의 조화로운 통일된 통합학문이다. 여기서, 지식(앎)은 정직한 바탕에서 폭넓고, 깊이 있게, 정확하고, 세밀하게, 그리고 총체적으로 전체 과정을 중시하며 그 어느 과정도 누락 또는 생략 해서는 안 된다.

올바름(선)은 사랑을 바탕 하여 올바른 정신과 행동을 지속적으로 실행 실천하는 것이다.

그리고 아름다움(미)은 인본주의 인간애(Humanities)에 바탕 하여 판단, 진화, 그리고 아름다움을 창조하는 것이다.

철학의 응용은:

· 인문사회과학과 공학의 개념 연계성에 바탕 한 창의성 발현으로 공학의 지속적 진화발전을 해 나가야 하며,

· 국가, 사회, 인류에 공헌할 수 있는 창의적 발상의 재창조를 위한 학문이어야하고,

· 인문사회과학적 공학활동의 부정적 사고 (思考)를 배제하며,

· 정의롭고 공정하게 의사 결정할 수 있는 능력을 배양하는 것이며,

· 인문사회과학과 공학분야에서 유발되는 총체적 Human Errors를 예방하고, 최소화 하는 것이다.

· 그리고 Human Errors로 인해 결과적으로 나타나는 제반 공학적 사고 (Incidents)를 예방하고 그 피해를 최소화 하는 것이다. 등

8.2. 인문사회과학 지원, 창의성

공학 그 자체로서는 이성(理性)이 발달한 공학인 집단 구성원들만으로는 지속적 발전 및 R&D개발, 리스크 및 위험요소의 예측 및 해결, 지구 및 자연의 변화와 재해예측, 제반 공학활동의 문제점 예측, 그리고 창의성 등을 착상하여 이들을 공학활동에 응용하고 지속적 발전을 도모하는 데에는 한계가 있다.

그래서, 지속적인 창의성을 발현하여 제반 공학활동에 새로운 지평과 영역을 탐색 확장 보완하고, 개발 해 나가지 못한다면 그 분야의 공학활동은 발전을 멈추고 소멸하게 된다는 것은 자명한 일이다.
그래서, 한계적 공학활동에 감성(感性)을 다루는 인문사회과학으로부터 창출될 수 있는 창의성과 사고력 확장, 그리고 다차원적 사고(思考) 등을 접목하여 창의력발현을 지속적으로 해 나갈 수 있도록 인문사회과학으로부터 지원을 받아야 한다.
따라서, 인문사회과학의 지원을 받아 공학활동분야의 제한 요소들을 한계 돌파할 필요가 절대적으로 요구된다.
따라서 기초과학 시작 단계에서부터 과학기술공학교육 및 실무를 다루어 전문성을 추구 하는 각 과정의 성장단계마다 창의성을 부여하여 각 단계의 활동영역이 지속적으로 진화발전 해 나갈 수 있도록 공학은 인문사회과학의 지원을 받을 수 있어야 한다.
"공학의 기본과 공학을 위한 인문사회과학의 지원", 창의성에 대한 위의 언급내용 들을 아래에 YHK' s 과학기술공학의 Vision과 Target 정복 Road Map: Creative Globalization 으로 도식화(그림2) 한다.

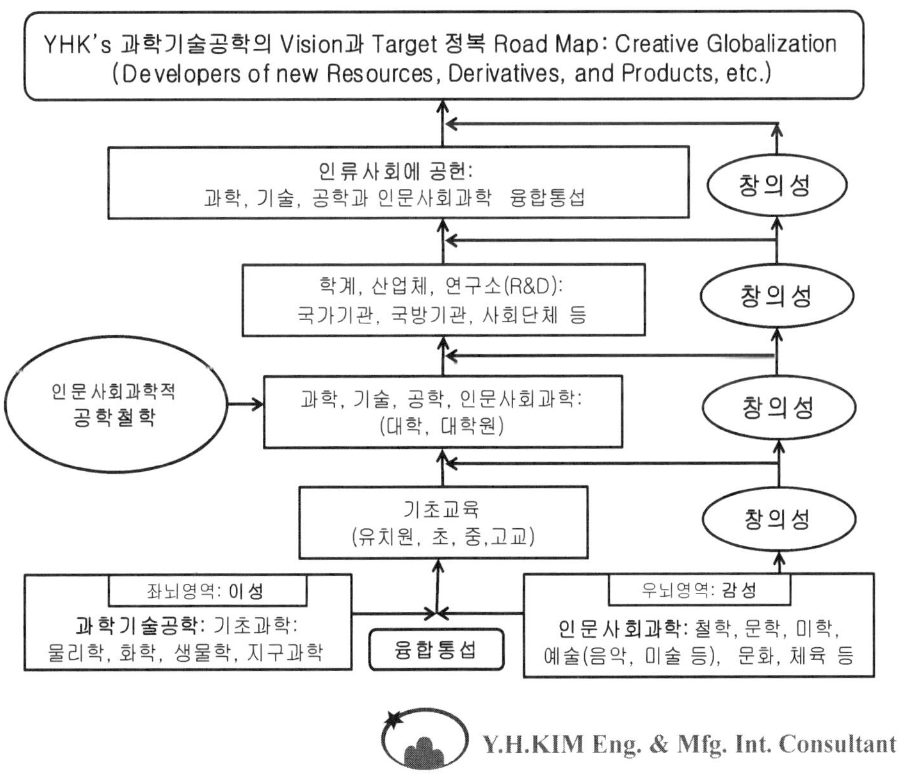

그림 2, YHK's 과학기술공학의 Vision과 Target 정복 Road Map

Note: *YHK는 저자 김영호의 영문 이름, YoungHo Kim의 initial name

9. 인문사회과학이 공학활동에 미치는 영향

아래와 같이 그 영향을 저자가 40여년의 실무경험(Practical hands-on experiences)에서 얻은 인문사회과학적 내용들 중에서 핵심내용들을 사례로 요약한다.

· 연구자의 결함적 인성(人性, Human nature)을 정상화로 유도
· 연구자의 위기상황에서의 심리적 변화와 정신적 대응에 극기력 부여
· 연구 및 공학활동의 악조건에서 용기와 극기력 발현
· Human Errors 최소화의 창의적 제안의 확장자 역할
· R&D 개발을 위한 창의력 발현으로 새로운 영역개발에 원동력 부여
· 공학철학의 응용과 연계하여 창의적 개발의 seeding역할
· R&D 추진 시에 기진맥진 상태에서 복원력과 지속성 유도의 원동력
· 공학사고 Trouble-shooting을 위한 Idea 및 힌트 제공
· 전문영역의 지속적 발전을 위한 창의적/차원적 착안/착상 지원
· 공학사고 위기 및 발생시 불행요소 엄습에 대한 완화와 위안
· R&D 추진 시에 스트레스로 인한 불행요소를 행복요소로 전환 등

10. 공학발전의 제반 한계성과 인문사회과학의 융합통섭

10.1. 공학발전 한계성의 요소

1) R&D추진 및 제반 설계에 있어 인간애(Humanities) 도입 및 바탕이 결여
2) 공학은 종합학문(인문학과 사회과학)과 밀접히 연계되어 있는데 반하여, 이의 연계성 인식과 이해, 그리고 융합 통섭에 의지가 미약
3) 공학에 미치는 제반Human Errors의 이해, 영역의 분석, 그리고 그의 최소화연구가 미비
4) 공학과 인문사회과학을 연계하여 독창적 사고력 발현에 의한 창의성 개발에 취약
5) 기후변화 및 대자연의 본성에 따라 예측되는 자연재해 위험성 분석과 공학에 접목, 응용설계 의지 결여
6) 공학인 들의 문제예측 및 해결을 위한 가설-연역 추론에 무관심과 미약
7) 공학영역별 극한상황 위기 시나리오(Scenario) 예측 분석 및 응용설계 취약
8) 공학철학의 이해와 이를 통한 소통과 철학적 판단기준 설정과 응용이 미비
9) 공학인의 의사소통과 철학적 의사결정의 취약
10) 공학과 인문사회과학의 융합통섭의 필요성 이해 결핍
11) 공학교육 커리큘럼에 공학철학 교과목 이수과정이 누락 등

10.2. 인문사회과학의 융합통섭

학문간 융합통섭: 왜, 공학은 인문사회과학과 융합 통섭해야 할까?

공학의 시발점인 자연과학뿐만 아니라, 인문학과 사회과학이 연계된 제반 공학 및 산업분야 그리고 창작, 개발, 문화, 식품, 음식 등의 생산 창출을 위한 활동 분야라면 예외 없이 지속적 발전과 진화가 요구된다.

소멸되지 않고 끊임없이 진화 해 나가기 위해서는 지속적으로 창의성을 발현 모색 하여 현재의 공학활동영역에 지속적으로 접목시켜 발전 해 나가야 한다.

이 때 해당 분야의 지속적 발전과 진화를 위해서 그 분야에 도약(jumping)을 할 수 있는 모멘트(계기, 요소, momentum)를 불어 넣어 주어야 한다.

이 모멘트를 찾기 위해서 제반 공학활동영역에서는 인문사회과학과 연계하여 지속적으로 창의성을 개발 해 나가야 한다.

이 독창적 창의성 개발을 위해 모든 공학활동영역에서는 인문사회과학과 융합 통섭해 나가야 한다.

여기서 지속적으로 발현되는 인문사회과학적 창의성을 바탕 하여 위에서 언급한 공학발전 한계성의 각 요소들을 개선, 향상시켜나가야 한다.

지속적으로 창의성을 발현시켜 현 공학활동에 접목하지 못하고, 현실에 만족하여 안주한다면, 그 공학활동의 영역은 쇠퇴하기 시작하여 소멸단계로 접어들게 된다.

11. 인문사회과학과 연계한 Consulting과 Coaching

공학철학에 바탕 하여 실질적 공학분야를 어떻게 확장 진화 해 가면서 개척 해 나가야 하는지에 대해 탐색 후 총체적 해결방안을 제시할 때 으뜸하여 Consulting과 Coaching을 해 주어야 한다.

공학인들은 고도의 공학지식이 요구되는 산업현장에서 공학활동을 하는 과정에 무수한 문제점들과 조우하게 된다.

이 때 공학철학에 바탕 하여, 근본적 문제해결을 위해 이론에 기반한 창의적 해결방안을 제시해야 한다.

현재로 다가 올 예측되는 문제점이나 당면하고 있는 문제점들의 총체적 해결 방안을 제시할 때 반드시 공학철학에 바탕 하여 그 정확한 해답에 접근 해 나가야 한다.

여기서 Consulting과 Coaching에 대해 다음과 같이 정리한다.

11.1. Consulting

1) 이론적으로 접근하여 정확한 해답을 제시한다.
2) 가설에 입각하여 객관적이고 논리적으로 접근한 해답을 전달한다.
3) 변화된 상황에 대하여 명확한 답을 얻을 때까지 진행과정을 전달한다.
4) 문제점이 예측되고 발견될 때 이를 해결하는 과정 중에 애매모호한 내용은 판단유보 하고 지속적으로 그 해결방안을 탐색 해 나간다.
5) 공학철학에 바탕 한 정직과 신뢰 위에 철학적 의사결정을 하여 그 총체적 해결방안을 최종적으로 전달한다.
6) Consulting Message 작성에 있어 제반 문제해결과 예측문제를 해결 해 나가는 과정의 서론,

본론, 결론의 각 단계에서 포함되는 메시지 내용들은 공학철학에 바탕 하여 철학적 의사결정 6가지를 마음에 깊이 각인시킨 상태에서 문서화 해야 한다.

여기에 문제해결 분석연구는 폭넓고, 깊게, 정확하고, 세밀하게, 그리고 총체적으로 접근하여 진인사대천명(盡人事待天命, Do your best and leave the rest to God.)까지 노력하여 결론을 유도하고, Message 내용의 Human Errors를 최소화 하도록 해야 한다.

그리고 최종적으로 Consulting Message 내용에 명예를 걸고 책임을 진다는 의미에서 본인 서명을 하여 상대 측에 제시해야 한다.

Consulting Message는 구두(口頭)로 전달해서는 안되며, 반드시 문서로 작성하여 공식적으로 Consulting Message 일련번호를 부여하여 전달해야 한다.

11.2. Coaching

1) 그들이 알고 싶어하는 질문을 받는다.
2) 공학철학에 바탕 한 해답/해결안을 알고 있다 하더라도, 바로 답을 제시하지 말고 그들이 스스로 답을 찾아 답변할 때까지 기다리며, 만족한 답을 제시할 때까지 질문을 계속 해 나간다.
3) "Yes, but"과 "What if……?"의 의사소통 방식을 통하여 그들로 하여금 해답을 찾도록 유도한다.
4) 공학철학에 바탕 한 해답/해결안을 찾을 때까지 그 질문에 끈질기게 메 달릴 수 있도록 정신력을 키워준다.
5) 난이도가 높을 때는 중간 중간에 "What if……?"의 조언적 질문을 해 준다.
6) 영역을 벗어난 경우에는 인문사회과학을 전공한 전문가와 함께 해답을 찾도록 유도해 준다.
7) 조언과 방법론을 동원하여 그들 스스로 공학철학에 바탕 한 질문의 해답/해결안을 찾도록 유도 해 주도록 한다.

12. 다독(多讀)을 통한 사고력확장과 다차원적 사고(思考)위에 창의력

공학 (Engineering)을 지속적으로 진화 발전시켜 인류에 공헌하고자 함을 목적으로 할 때, 인문사회과학의 각 영역의 바탕에서 창출될 수 있는 창의력은 생각하는 힘, 사고력확장, 고정관념탈피, 그리고 다차원적 사고(思考) 등을 통해서 성취될 수 있다.

이 핵심요소들은 사고력(思考力)을 적극적으로 확장시켜 나갈 때 성취 가능하다.

Humanities에 바탕 된 공학은 인문사회과학으로부터의 이들 핵심요소들의 응용 없이는 한계에 부딪쳐서 지속성을 잃게 되고 마침내 그 분야는 소멸하게 된다.

필자의 국. 내외에서의 실질적 경험(Practical hands-on experiences)에 비추어 볼 때:

이들 핵심요소들은 다양한 책들을 다독(多讀)한 결과에서 얻을 수 있었으며, 이들 인문사회과학적 요소들을 바탕 하여 공학활동에서 발생되는 제반 문제와 현재로 닥쳐올 예측 예견되는 문제들을 총체적으로 해결할 수 있었다.

즉, 공학(Engineering)은 반드시 Humanities가 근본이 되어 지속적으로 진화발전 해 나가야 한다.

공학 그 자체는 인문학과 사회과학을 모두 포함하기에 다양한 책 읽기를 통해서 사고력을 확장해 나갈 수 있게 되고, 그 진화발전의 지속성에 접근할 수 있게 된다.

다독(多讀)을 통한 사고력 확장으로 목적하는 바, 진인사대천명 (盡 人 事 待 天 命)의 경지까지 노력을 하게 되면 그 때 문제 해결의 영감(靈感, inspiration)이 떠오르게 되고, 그 문제 해결의 확신을 얻게 된다.

이 경지까지 도달하게 되면 공학철학(工學哲學, Engineering philosophy)이 마음 한 바탕에 싹을 틔워 자리하게 되어 공학의 근본인 Humanities를 다루게 되고 명실상부하게 인류에 공헌할 수 있게 된다.

여기서 공학 (Engineering)은 새로운 생수, 다독(多讀)을 먹고 자라는 나무와도 같다.

13. 공학철학적 바탕 위에 젊은 공학자들은 무엇을 어떻게?

1) 인문사회과학을 바탕 하여 공학의 R&D업무와 프로젝트 제반 실무를 추진하도록 하며 진화발전시켜 나간다.
2) 제반 공학활동은 YHK' s 6-Philosophic Criteria, 철학적 판단기준에 따라 판단 실행하되, YHK' s Three plus Five theory의 필수적 핵심요소들을 만족시키며 성능보장을 성취하도록 한다.
3) 신념과 윤리적 행동에 기반하여: 상대방의 문화를 이해하도록 한다.
4) 분명한 목표 수립: 그 목표와 관련된 풍부한 자료 수집: 세부성을 가진다.
5) 목표 업무내용: 상세하게 서면으로(in writing)제시: 상호이해를 명확히 한다.
6) 목표를 계획대로 추진하기 위해서: 다양한 방법 모색: 세부사항 파악에 집중.
7) 계획은 실행 가능하도록 수립하고, 계획은 적기에 완성하도록 한다.
8) 실행과정에서 예상되는 문제점: 그 해결안을 즉시 계획에 포함시켜 업무수행
9) 전문지식은 실질적 경험(practical hands-on experience)을 쌓으면서 터득하고, 응용하도록 한다.
10) 전문성의 난이로 의사결정이 어려울 때는: 일단 결정을 유보하고, 끈질기게 그 해결안을 찾도록 이론과 실제를 비교분석하며 탐색한다.
11) 문제해결이 어려울 때는 해당 전문가들 외에, 다른 분야의 전문가와 인문사회과학을 전공한 전문가들을 공개토의 및 회의에 참석시켜 최선의 해결책과 아이디어/힌트를 얻도록 한다. (상호 전문분야의 융합)
12) 업무추진과정에서 수시로 Scenario Study를 하여 최악의 경우에 대비한다.
13) 계약서 작성시: 상대 국가와 회사의 문화를 이해: 서로 상반되는 해당사항들을 상술하여 계약내용의 미비로 피해를 보지 않도록 완벽하게 작성한다.
14) 思考를 유연하게 하고, 창의성, 문제 해결력을 위해 다양한 취미와 유머감각을 갖추도록 한다.
15) 지성과 감성분야를 동시에 계발하여 전문영역을 확장하고 창의력을 기른다.
16) 과정 중심적 思考형, 융합과 종합적 사고형, 창의력 창출형, 토론형, 현장확인 점검형의 자세를 갖춘다.
17) 철학, 문학, 예술 (특히 음악과 미술), 문화 등의 감성영역에 관심을 가지고 지속적으로 자기계발을 한다.

18) 전문지식 습득에 심혈을 기울이며, 창의성 창출과 문제 해결력을 위해 다양한 영역개발에 관심을 가지며, 상호 교류하는 융합형 인재가 되도록 한다. 등

제2장 인문사회과학에 바탕 한 공학철학

1. 불변의 구 철학 (球 哲學: Eternal spherical philosophy)에서의 공학철학 (Engineering Philosophy on Eternal Spherical Philosophy)

불변의 구 철학(球 哲學, Eternal Spherical Philosophy) 도형

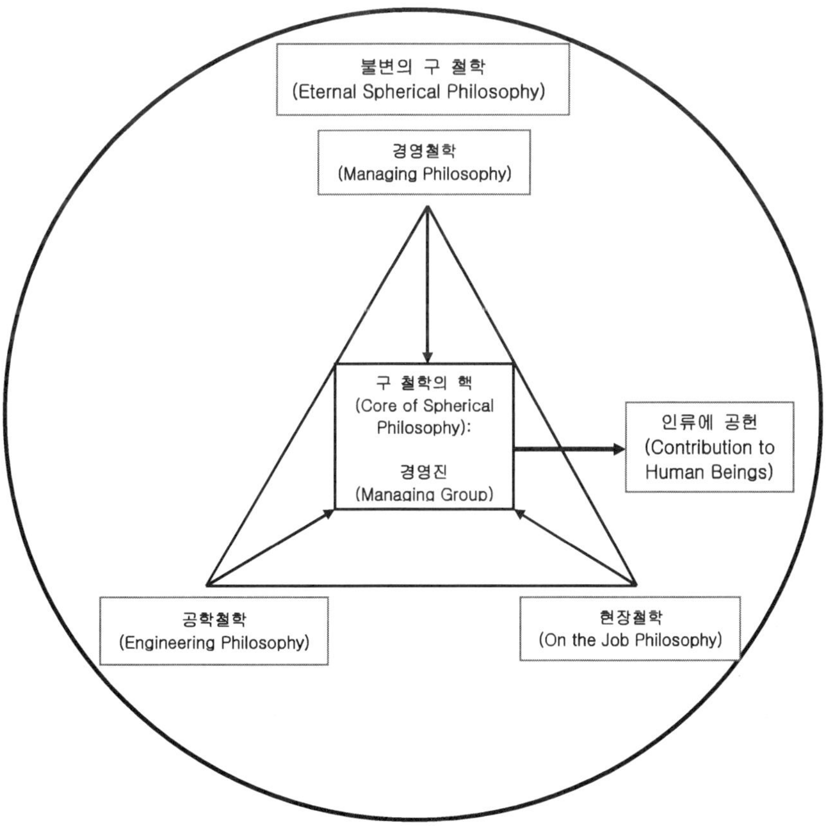

그림 3. YHK's 불변의 구 철학 도형 (Diagram of Eternal Spherical Philosophy)
(여기서 YHK는 저자의 영문이름, YoungHo Kim의 머리글자)

1)최고 경영진에게

최고 경영진에게: 불변의 구 철학(球 哲學); 운영의 결실은?

●구 철학(球 哲學)운영 결실은: 철학/윤리 바탕 위에 피워내는 경영의 꽃:
경영철학, 공학철학, 현장철학: 통합→융합-→통섭:

- · 친화적 인간중심 경영
- · 종합예술의 창조적 경영
- · 애정과 사랑을 담아내는 Humanity 경영

●경영 결실의 꽃, 사랑과 애정을 담은 Humanity 경영은:
원초적 부정/위험요소 제거→제반 사고의 예방:

- · 구성원 가정의 행복추구
- · 국가, 사회, 인류에 공헌

●최고 경영진을 위한 기도:

- · 공학기본자료와 공학철학/윤리개념 제공/설득
- · 공학철학/윤리 경영방침(Policy) 수립/설득
- · 공학철학/윤리 기본요소와 개념을 담아 안전문화 창출 수립, 정책화 설득
- · 철학적/윤리적 바탕에서 의사 결정하도록 제안/설득
- · 공학철학/윤리 경영이 왜 필수적인지를 설득
- · 공학철학/윤리 문화를 왜 구축해야 하는지를 설득
- · 공학철학/윤리 경영방침이 Group전반에 파급 운영되도록 제안/설득

Note: 요점 강조:

- · 최고 경영진에게 공학기본자료와 공학철학/윤리의 개념을 제공:
  경영전반에 공학철학이 반영되도록 공학철학/윤리 운영방침(Policy)을 수립, 철학적/윤리적 바탕에서 의사 결정하도록 제안/설득
- · 최고 경영진에게 공학철학/윤리에 바탕 한 경영이 왜 필수적인지를 정보제공:
  경영전반에 왜 공학철학/윤리문화를 구축해야 하는지를 개념정립 제공/설득
- · 경영진에게 공학철학/윤리개념을 Group전반에 파급 운영토록 제안/설득
- · 공학철학/윤리의 기본요소와 개념이 담긴 안전문화 창출 및 정책화
- · 공학철학/윤리를 바탕 한 경영이 인간관계 문제를 해결하는 데에 Key가 된다는 것을 제안/설득, 등

2)현장 전체 구성원들에게

현장 직원들에게: 공학철학/윤리를 실천한 삶의 결과는?

(1) 공학철학/윤리 기본 개념: · 안전문화 창출의 원동력 · 전 직원 및 가족들의 행복 추구 핵심

(2) 공학철학/윤리에 바탕 한 업무 수행: · 불안전한 행동/조건 제거, · 부정요소 제거,
· 사고원인 제거 및 예방, · 양심적 용기 있는 태도와 행동
· 정의로운 업무 유도

(3) 공학철학/윤리를 실천한 삶의 결과는: 학문추구의 최종 결실을 성취.

부정/위험요소 제거→제반 사고의 예방: · 가정의 행복추구

Note: 요점 강조:

· 공학철학/윤리의 기본 요소 및 개념을 바탕 하는 안전문화를 창출하는 원동력을 불러 옴; 전 직원 및 가족들의 행복을 추구.

· 현장 전 직원들이 공학철학/윤리에 바탕 하여 업무 수행토록 일깨움; 불안전한 행동/조건 제거, 부정요소 제거, 사고원인 제거 및 예방.

· 현장 전 직원들이 양심적 행동과 용기를 가지고 정의로운 업무에 임하도록 권유; 부정요소 제거, 위험요소 제거, 제반 사고예방.

· 공학철학/윤리, 양심 있는 업무태도가 Group을 육성발전 시키게 되고, 그 혜택으로 가정의 행복을 추구하게 됨을 체험토록 함.

· 위험요소, 사고 없는 현장에서 생업을 할 수 있게 됨은 가정의 행복이며, 이는 공학철학/윤리, 양심, 용기를 실천한 결과임을 인식하게 됨. 등

3) 현장철학을 가진 현장 직원들은 최고 경영진에게

신념 있는 행동으로 공학철학/윤리가 베어있는 공학과정 활동을 실행하면서 사랑과 소통 속에 안전문화를 실천, Zero Defect로 보답 함.

구성원들을 위한 진정한 사랑은 모든 문제해결의 Key임을 인식해야 한다.

4)불변의 球 哲學영역에서 총체적 관리 및 운영 기대효과

경영철학과 공학철학, 그리고 현장철학은 球(Sphere)의 중심에 합치되어 Harmony를 이루며 하나로 통일될 때 비로소 그 역할을 다 하게 된다.

이 3개 부문의 철학이 하나되어 목표를 향하여 갈 때 공학철학/윤리에 바탕 하여 가장 안전한 상태에 있게 된다.

따라서, 공학철학/윤리는 Group의 안전문화를 확립하여 불안전한 행동/조건, 부정요소, 위험요소 등으로부터 야기되는 사고로부터 전 구성원들을 보호할 수 있도록 정의롭게 실천케 함으로써 Group에 사랑과 애정, 그리고 내화와 소통의 꽃을 피워나가게 한다.

즉, 구 철학의 기본 개념은 공학철학과 윤리에 기반하여 공학과정을 실천함으로써 재해를 최소화하여 가정의 행복→사회 · 국가의 행복→세계국가간의 행복→ 인류에 공헌하는 데 있다.

공학철학을 운영하는 구성원들에게는:

공학철학과 공학윤리를 바탕 하여 Human Error에 의한 공학적 재해를 최소화 함으로써 의사결정권자들로 하여금 자율성을 높이고 양심과 신념 있는 판단과 의사결정을 할 수 있게 소신을 펴 나갈 수 있게 한다.

2. 공학철학의 이해와 응용

2.1. 공학철학의 이해

공학은 과학과 기술에 인간의 지성과 감성, 그리고 예술과 인본주의(Humanism)의 인간애(Humanity)를 총동원하여 조화를 이룬 종합학문이며, 철학은 지혜에 대한 사랑이다.

여기서 철학은 아는 지식(앎)과 도덕적 생활의 올바름(善)과 사물의 됨됨이가 기쁨과 만족함을 주는 아름다움(美), 이들 3가지를 관계를 지어 공학에 이르러서는 편리하고 알맞게, 그리고 어울리게 하여 하나로 만드는 조화로움의 통일된 통합이다.
그래서 공학 철학은:
· 지식 (앎)에 있어서는 정직한 바탕 위에 폭넓고, 깊이 있게, 그리고 정확하고 세밀하게, 총체적으로 알아야 하고, 지식을 확장 해 나가는 과정에서는 전체 과정을 중시하며 그 어느 과정도 누락시키거나 생략해서는 안되며,
· 올바름 선(善)에 있어서는 사랑을 바탕으로 올바른 정신과 행동을 지속적으로 변함없이 실행 실천해야 하고,
· 아름다움 미(美)에 있어서는 인본주의 인간애에 바탕 하여 판단하고 진화 하여 아름다움을 창조 해 낼 수 있도록 해야 한다.
이들 지식과 선과 아름다움, 그리고 여기에 인본주의 인간애를 함축하여 이들 4가지를 서로 조화를 이뤄 통일된 통합을 이끌어 내는 것이 공학철학이다.
따라서, 공학철학은 Vision과 Target을 정의롭고 올바르게 정복하는데 원동력이 되며, 진인사대천명 (盡人事待天命, Do your best and leave the rest to God.)까지의 노력에 접근하는 학문추구와 추진하는 일들의 정의로운 목적달성을 위한 근본 초석이 된다.
결론적으로, 공학철학은 학문추구와 공학활동을 정의롭게 발전 진화시켜 나가는 중에 인간의 본성, 즉 인본주의 인간애에 바탕 하여 총체적 휴먼 에러(Human Errors)와 재해를 예방하고 최소화 함으로써 인류에 사랑과 행복을 찾아 보호 해 주고, 궁극적으로는 인류에 공헌하고자 하는 것이 최종 목적인 학문이다.

2.2. 공학철학의 응용

공학활동의 현장에서 공장철학(Plant Philosophy in the fields of Engineering)은
모든 학문이 그렇듯이 우리들은 교육을 통해서 학문에 돌입하게 된다. 학문을 추구하는 과정 중에 우리들은 철학(Philosophy)이라고 하는 마음의 경작지에 이르게 된다. 이러한 마음의 경작지에 뿌리 있는 기술과 공학을 가꿔 나가야 하며 철학을 바탕으로 키워내야 한다. 특히 과거에서 현재에 이르기 까지 지상에서 나타났거나 나타나고 있는 여러 종류의 대형 사고나 재해들은 각층의 실무자나 의사결정권자 들의 철학이 결여된 데에 기인되고 있다. 즉, 이들은 성장하는 과정 중에 철학의 개념을 뿌리내리지 못한 결과이다. 따라서 이러한 주위 여건들을 명심하고 우리 엔지니어들은 공장의 기본설계 및 상세설계, 그리고 공장건설에 앞서 공장의 공정안전과 연관된 제반 사항들과 공장철학에 대하여 초기에 자세히 배우고 이해하고 종합 안전설계 및 공장건설 시 의사결정에 이를 기반으로 해야 한다. 여기에서 공장실태를 보면 무미건조하게 메마른 회색지대의 공장생활에서도 피어나는 꽃이 있음을 깨닫게 된다. 그것은 다름 아닌 『공장철학이란 마음속의 꽃』 이다. 향기는 말할 것도 없고 그 심원함이란 필설로 다할 수 없는 그러한 경지에서 피어나는 꽃이다. 이 꽃을 철학이라는 마음에 담아 아름답게 피워 낼 때 공장의 생산제품들은 정성이 깃든 완제품으로 가꿔져 적기에 세계무대로 판로를 개척 해

나갈 수 있게 된다. 여기에 우선하여 생산 활동에 있어 생명의 씨앗이라고 할 수 있는 공정안전의 씨앗을 뿌리고 정성스레 가꿔 나갈 터전인 공장철학이 우리 공학 엔지니어들에겐 갖춰져 있어야 하기 때문이다.

그런데 만일 공학 엔지니어들이 공장 안전설계 및 건설, 그리고 안전생산 활동에 있어 그 나름대로 공장철학에 대하여 올바로 정립이 안 되어 있을 때 나타나는 결과는 인간의 실수(Human errors)라고 하는 카테고리에 빠져들어 상상을 초월하는 인재(人災; Man-made disasters)를 낳게 된다는 사실을 인식해야 한다. 공장철학의 기반은 사랑 속에 상대를 배려하는 마음에서 출발해야 한다고 본다. 이와 같은 공장철학에 마음을 심고 무결점(Zero-defect)에 기반을 둔 완벽한 설계(Perfect design)를 수행함으로써 우리 공학 엔지니어 들은 사고로부터 해방된 공장과 주변마을, 그리고 지역사회와 사회. 국가를 이룩해 나가는 데에 공헌 할 수 있다고 본다. 이렇게 할 때에 삶의 핵(核)인 가정 행복의 근원이 되며, 지속적인 산업발전을 유도하게 되고, 발전해 나가는 안전한 국가 사회를 조성 할 수가 있게 된다.

3. 공학철학의 궁극적 목적과 역할, 그리고 그의 필요성

3.1. 공학철학의 목적

1) 과학자, 기술자, 공학자들의 순수성과 가치관을 확립 해 나가기 위해서:
  - 부정행위와 정신적 부패를 예방하고,
  - 정도(正道)에서 벗어난 불의(不義)를 예방하며,
  - 상아탑과 기업의 성장발전 퇴보와 파멸을 예방하며,
  - 건전한 기업의 세력(influence) 약화와 몰락을 예방하는 것이다.
  - 부강한 국가사회의 위력(National Authority)약화와 쇠퇴예방을 하기 위함이다.
  - 공학활동에서 문제점 발견 및 예측, 그리고 창의성 개발로 제반 공학영역을 지속적으로 진화 발전시켜 나가야 한다. 등
2) Human Errors (인재, 人災)예방에 있어서는:
  - 재해, 인명손실, 자원손실, 경제생산적 가치손실 등을 예방하고,
  - 환경 생태계파괴 행위를 예방하는 것이다. 등
3) 공학철학과 공학윤리 바탕에 있어서는:
  - S.T.E.S.H.를 통해서 인간적 Humanism에 바탕 한 공학활동으로 인류 및 생태계를 보호하고 총체적으로 인류사회에 공헌하기 위함이다. 등

3.2. 공학철학의 역할

- 부정부패의 늪에서 공학인 들을 보호하고,
- 창의적 개발로 새로운 영역을 개척하며,
- 기업의 부정적 요소들을 지양하고 지속적 발전을 도모하며,
- Human Errors 발생을 최소화하며,

· S.H.E.(Safety, Health, Environment)를 보장하여 기업의 지속적 성장발전을 추구하며, 국가사회의 건전성과 평안과 위력을 강화하며,
· 공학인 들의 극기력을 배양하고,
· 국가사회 및 인류사회의 부정행위와 재해를 예방하여 국가와 인류사회에 공헌하게 하며,
· 국가, 사회의 안전을 추구하며,
· 인간본성의 사랑과 행복을 추구하는 데 기여하는 것이다. 등

3.3. 공학철학의 필요성

공학철학의 필요성에 대하여는 아래와 같이 요약하기로 한다.
1) 과학자, 기술자, 공학자들의 순수성과 가치관을 확립하고,
2) 공학활동에서 부정행위와 정신적 부패를 예방하고,
3) 건전한 기업의 세력 (influence) 약화와 몰락을 예방하고,
4) 휴먼에러 (Human Errors, 人災)에 의한 인명피해와 재해를 예방하고, 그 피해를 최소화 하며, 생태계를 보호하고,
5) 공학철학/공학윤리에 바탕, Humanism에 입각하여 인간적 공학활동으로 인류사회에 공헌하며 인류에 행복감을 찾아 주는 데에 그 필요성을 둔다.

4. 공학철학 결여에 따른 위험요소와 예방

4.1. 위험요소 현황

1) 대부분의 최고 의사결정권자들은 철학적 소양과 교양이 결여되어 있고, 공학철학의 개념이 부족한 상태에 있기에 의사결정 판단에 오류를 범할 가능성이 높다.
2) 대표적 대단위 산업단지에서 취급하는 원료나, 중간제품, 그리고 완제품들은:
   · 대부분 독성이 매우 강하며.
   · 극도로 위험하고,
   · 치명적인 독극물이며,
   · 쉽게 인화되고,
   · 반응성이 예민하며,
   · 부식성이 강하고,
   · 폭발성이 강하며,
   · 마모성도 매우 높은 등의 특성과 성질을 가지고 있다.
3) 산업단지 내의 공장과 설비 상태는:
   · 이미 노후화가 되었거나,
   · 아직도 지속적으로 노후화가 진행 중에 있으며,
   · 이들 노후 된 시설이나 부품들을 적기에 모두 교체하기는 어려운 실정이며,
4) 공장 제반 관리 측면에서는:

제반 관리에 미흡하거나 소홀한 결함을 보이고 있는 상태에 있으며,

5) 위험물질이 유출 시에는:
   · 환경적으로 극심한 피해 유발이 뒤 다르며,
   · 인명피해 및 생태계 파괴에 악영향을 초래하게 된다.

그래서 이러한 여건의 위험성에 대비하기 위해서는 공학철학에 바탕 하여, 국가와 사회, 학계, 그리고 기업을 이끌어 가는 총 책임자들은 공학인들 과 구성원들이 무엇을 어떻게 대비해야 할지를 원점에서 새롭게 검토 보완할 수 있도록 인간애, 사랑을 가지고 지원해야 한다.

이러한 위험성들을 철학적 바탕에서 간과하거나 방치하여 사고의 결과를 초래할 경우에는 가공할만한 재해를 입게 하여 인명손실과 자산손실, 그리고 생태계 파괴 등을 불러 와 인류사회의 지속적 안전에 역행하는 재앙을 초래하게 된다.

따라서, 이러한 치명적 위험성들의 여건들로부터 재앙적 사고들을 해방시키기 위해서는 공학철학이 주도하는 기본 요소들과 핵심사항들을 반드시 지키고 따라야 한다.

4.2. 위험요소 예방

1. 국가와 사회, 학계, 기업의 의사결정권자들은:
   1) 공학인들과 구성원들이 무엇을 어떻게 대비해야 할지를 원점에서 새롭게 검토 보완할 필요성이 있으며,
   2) 공학철학 바탕 위에 인간애(Humanities)와 사랑을 가지고 취약점들을 긴급지원할 필요성이 있다.
   3) 조직 구성원들에게 공학철학의 개념을 배양하고 그 개념아래 실행 실천할 것을 고취할 필요성이 있다.
2. 산재되어 있는 위험요소들을 공학철학적 바탕에서 간과하거나 방치할 때는:
   1) Human Errors에 의한 가공할만한 재해를 입게 되고,
   2) 수많은 인명손실과 헤아리기 어려운 정도의 자산손실이 뒤 따르게 되며,
   3) 생태계 파괴 등을 불러 와 인류사회에 재앙을 불러 오게 된다.
3. 따라서, 이러한 가공할 치명적 위험요소들로부터 재앙적 사고들을 예방하기 위해서 공학철학이 주도하는 기본 개념과 요소, 그리고 핵심사항들을 메뉴얼에 명기된 절차에 따라, 지체 없이 실행에 옮겨나가야 한다.

   예기치 못한 위험요소 발생상황들에 대해서는 그 즉시 창의적 바탕에서 총체적 해결 방법론을 찾아 대응 해 나가도록 한다.

5. 공학인의 철학적 판단기준과 의사결정

의사결정권자들은 철학과 윤리를 바탕 하여 심사 숙고한 과정을 거쳐 의사결정을 해야 하는 데, 아래에 언급한 "철학적, 윤리적 판단기준 6가지"를 토대로 확고히 의사결정을 하도록 한다.

즉, "철학적, 윤리적 판단기준 6가지" (6-philosophic and ethical criteria for decision-making)는:

· 철학적 마인드 유지(keeping philosophic mind),

· 윤리적 행동(ethical action),

· 신념 있는 행동(action in beliefs),
· 정직/양심 있는 행동(honest/conscientious action),
· 용기 있는 주장과 설득(emphasizing and persuading in courage),
· 인류에 공헌(contribution to human beings)이다.

의사결정 할 때 철학과 윤리에 위배되는 사항에 대하여는 그 어떠한 경우에든 실행하지 않도록 하며, 철학적/윤리적 마인드를 가진 전문가들에 의하여 작성 배포된 운영 매뉴얼 (manual)에 명기된 내용들에 의거 하여 있는 그대로 실행하도록 한다.

배포된 그 운영 매뉴얼은 정기적으로 세부 내용들을 면밀히 검토하여, 보완이 요구될 경우에는 지체 없이 그 내용들을 개정 증보 해 나가도록 한다.

주워진 제반 업무를 추진 해 나가는 과정 중에 실용적 경험 철학에 바탕 한 "철학적 의사결정의 판단기준 6가지" 에서 벗어나 의사 결정하게 되면 비극적 후유증이 뒤따르게 된다. 이 6가지의 기준을 따르지 않고 판단 실행한 의사결정권자는 예외 없이 그 조직에서 중도하차 하게 되고 법의 심판을 받게 된다. 그 순간 지금까지 공들여 쌓아온 금자탑이 무너지고 행복이 불행으로 바뀌는 전환점을 맞이하게 된다.

삶을 영위 해 나가면서 의사 결정해야 할 대, 이 6가지 판단기준을 따르게 되면 삶은 지속적으로 행복 해 지게 된다.

여기서 철학적 의사결정은 의사결정을 해야 하는 해당자들 모두에게 해당됨으로 앞에서 언급했던 내용을 아래와 같이 다시 한번 강조하기로 한다.

업무를 추진하는 과정 중에 그 어떤 경우에든, 의사 결정해야 할 사항들이 있으면 철학(Philosophy)을 마음의 바탕에 두고, 해당된 사항들을 자연과학측면의 의사결정으로 답을 구할 것인가? 아니면 사회과학측면의 의사결정으로 답을 구할 것인가를 판정한다. 즉, 문제의 사항들이 자연과학측면과 사회과학측면 중 어느 쪽에 비중이 더 큰지를 반드시 전문적인 바탕에서 정확히 파악하고 판단하면서 계속하여 세부적으로 하향 의사 결정해 나가면 최종단계에서 지혜로운 명쾌한 답에 초점이 맞추어 지게 된다.

이러한 철학적 바탕 위에 컨설팅 의사결정을 하면 재앙적 재해를 예방할 수 있게 된다. 컨설턴트의 이 외로운 의사결정이야말로 지구적 재해(Global disasters)로부터 인류를 보호하게 되는 것이다.

여기서 결코 간과(看過, overlooking)해서는 안 되는 자연과학측면의 의사결정사항 은 다수결로 판단하거나 표결할 수 없는 결정사항이란 것을 마음 속에 깊이 새겨두고 예외 없이 따르며 실행 실천해야 한다. 즉, 1%에 해당되는 자연과학측면의 전문적 의사결정권자 가 연구하고 준비한 과학적이고 이론적인 보고서 내용, 실질적으로 체험한 기술자들의 보고서와 의견(Practical Engineers' reports and opinions with hands-on experiences)내용, 그리고 역사적인 사례 보고서(Historical reports on cases)내용이 옳다면, 비전문적이고 이론과 실제에 무지하여 오판하고 있거나 또는 실질적 체험이 없는 상태에서 비현실적 판단을 하고 있는 99%에 해당되는 의사결정권자들은 이 1%의 옳은 방법 또는 의사결정을 한 사람을 반드시 예외 없이 따라주어야 한다. (Given that only 1% of judgment is correct on the basis of the scientific conception and theory, it would be prudent to follow exactly the 1% of scientific truths without exception.)

〈1〉 저자가 2001년 9월 25일 Melbourne, Australia에서 개최된 세계 제6차 화학공학회(6th WCCE)에서 발표한 논문주제: Philosophic Decision-Making for Overall Management of Complex Chemical Plants(대단위 종합화학공장의 총괄적 관리에 대한 철학적 의사결정)에서 발췌인용.

자연과학측면의 의사결정사항들은 결코 다수결로 결정하거나 표결로 처리해서는 안 된다는 사실을 재 강조한다.

상기에서 언급한 이 의사결정 내용을 간과하여 의사결정 해야 할 사항의 내용 들을 빠뜨리고 보거나, 비전문적으로 오판하여 Human Errors를 불러오게 되고, 부정행위로 결점 들을 눈감아 주게 되면 이에 해당되는 의사결정권자들이 판단한 의사결정은 재앙적 재해의 근본원인(根本原因, root cause, contributing cause)이 되고, 이로 인해 국가사회는 존립위기 에 놓이게 된다는 사실은 명약관화 (明若觀火, Being as clear as the light)하다.

이 때 오판한 의사결정권자들에게 국가사회적 책임을 추궁하려고 해도 그들은 이미 그들이 저지른 재앙적 재해의 피해를 입게 되어 지상에 존재하지 않을 것이라는 것은 그 누구도 단언할 수 없는 일이다.

공학철학 바탕 위에 의사결정의 금기사항은:

자연과학 측면의 의사결정 사항은 다수결로 판단하거나 표결할 수 없는 절대적 결정사항이다. 1%에 해당되는 자연과학측면의 전문적 의사결정권자 가 판단한 의사결정이 옳다면, 비전문적이고 이론과 실제에 취약한 상태에서 오판할 수 있는 99%에 해당되는 의사결정권자들은 이 1%의 옳은 방법을 주장하는 의사결정자를 반드시 지원하고 따라주어야 한다.

6. 공학철학적 사고(思考)의 Key Summary

1) 비록 1%에 해당되는 전문 공학인의 이론적 판단이 옳다고 판단될 때는 그 1%의 이론적 판단을 따르도록 한다.
2) 과정을 중요시하며 그것을 생략하거나 무시하지 않는다.
3) 모든 기기장치들은 1살짜리의 지능을 가지고 있다는 개념 속에 설계하고 유지보수하며, 아기 다루듯 사랑 속에 보살피며, 예방정비 및 보수유지를 Human Errors없이 실행에 나간다.
   상황에 따라 Human Errors를 최소화 시켜 나가도록 한다.
4) Micro와 Macro의 눈으로 깊이 있고 폭 넓게 추진하며 심사 숙고하여 판단한다.
5) 주관적인 공학인의 눈 보다는 객관적인 기계의 눈(Camera sight)이 더 정확하다는 사실을 염두에 두고 상황관찰과 판단을 해 나가도록 한다.
6) 논리적이고 입체적이며, 다차원적이고 복합적인 思考의 눈으로 문제의 핵심을 관찰, 탐색하며 제반 예측문제들도 이에 기반하여 분석 해 내도록 한다.
7) 공학철학적 바탕 위에서 분석하고 근본원인을 찾아 사고의 재발을 예방한다.
8) Process 상의 길이 아니면 가지를 말고, 원리원칙에서 벗어난 Action은 하지 않으며, 용기를 가지고 正道(right principle)를 따라 가도록 한다.

9) 위기에 처했을 때는 냉정한 마음을 잃지 않도록 하고, 주관적 사고로 흐르지 않도록 평정(平靜, tranquility)한 마음으로 냉정히 판단하며 위기를 극복 해 나가도록 한다.

10)자연과학 측면의 내용들은 과반수 찬성으로 의사 결정하는 실수를 범하지 않도록 한다. 등

7. 공학활동에 바탕 한 산업현장철학

여기서 산업현장철학에 대하여 다음과 같이 요약해 보기로 한다.

공학활동을 위한 현장철학은 산업현장생활에서 깊이 깨우쳐 마음에 각인한 휴먼에러 (Human Errors, 人災)와 산업재해를 예방하고 인명피해와 생태계 파괴를 예방할 뿐만 아니라, 이들을 최소화 하기 위해서 공학철학과 연계해야 하는 필수 조건들인데 이를 산업현장철학이라 명명한다.

산업체에서 산업현장철학을 이행함으로써, 경영발전에 이바지 할 수 있을 뿐만 아니라, 더 나아가서는 국가, 사회의 안전을 도모하고 인류사회에 공헌할 수 있게 된다.

즉, 공학활동을 위한 산업현장철학에서는 아래의 사항들을 가지고 요약한다.

1) 공학활동 중에 직면하게 되는 문제점들에 대해, 자기 자신과의 싸움에서 이길 자신감이 있어야 한다.

2) 사물을 대할 때 냉정한 마음을 잃으면 주관적 사고(思考)로 흐르게 되어 위험성이 뒤따르게 된다는 사실을 인식해야 한다.

3) 현장에서 첫 사고가 유발될 때 근본원인(root cause)이 발견되지 않거나, 은폐될 때 더 큰 제2의 인재사고가 발생한다는 현장진리를 마음에 깊이 새겨야 한다.

4) 과정을 일부 생략하면 생략된 부분은 다른 과정에 편중되고, 이 편중된 과정은 과부하 현상이 초래되어 끝내 지속성을 상실하게 되며 시간이 흐른 뒤 반드시 대형사고를 유발 시킨 다는 또 하나의 현장 진리를 마음에 깊이 아로새겨야 한다.

5) 조직 구성원들에게 정상적 공학활동을 위해 과정중심적 思考를 중요시 할 수 있도록 분위기를 조성시켜 주어야 한다.

6) 보이는 시계바늘 3개와 뒷면의 안 보이는 수많은 톱니바퀴들을 화합의 장으로 함께 볼 수 있는 눈을 가질 때 주위에 조화를 이룰 수 있게 되어 휴먼에러와 재해를 예방할 수 있게 한다.

7) 공학활동을 위한 현장 생활에서의 각 조직 구성원들의 건전한 마음가짐은 가정을 밝게 하고 그 밝은 가정의 빛은 건전한 국가, 사회를 가꿔나가는 데에 초석이 된다는 사실을 재 인식하도록 한다.

8) 공학활동 중에 발생한 문제의 근본원인 분석과 이 문제 해결을 위해서는 micro와 macro의 눈과 기계적인 카메라의 눈, 그리고 과학적이고 입체적인 사고의 눈으로 근본원인을 찾아내도록 한다.

9) 자연과학측면에서는 비록 1%에 해당되는 사람들의 판단이 옳다고 하면 그 1% 판단을 따라야 하며, 이와 같은 과학측면의 안건들에 대하여는 과반수 찬성으로 의사결정을 해서는 안 된다는 사실을 명심하고 공정안전 응용설계 및 건설 업무에 임하도록 한다.

10) 정상 절차상에 있어 어느 과정을 생략하거나 무시할 경우에는 그 결과는 대형 사고를 불러온다는 사실을 마음속에 항상 깊이 새기도록 한다.

즉, 과정을 일부 생략하면 생략된 부분은 다른 과정에 편중되고, 이 편중된 과정은 과부하 현상이 초래되어 끝내 지속성을 상실하게 되며 시간이 흐른 뒤 사고를 유발 시킨다는 진리를 마음 깊이 새기며 총체적 공정안전 응용설계 및 건설업무를 실행토록 한다.

11) 공장은 비정상적인 운전조건 하에서 해당 각 기기장치들은 과열(Overheating), 진동(Vibration), 소음(Noise)이 발생된다는 사실에 비유하여, 1살짜리 아기가 감기 등의 비정상상태에 놓일 때, 이 3가지 현상이 나타난다는 사실과 같다는 측면에서 1살짜리 아기의 지능을 가지고 있다고 본다. 따라서 이들 현상들을 마음에 새기며 공장안전 응용설계, 건설, 시운전 및 성능보장, 그리고 생산활동을 정상화 시키는 데에 이러한 상태들을 응용 해 나가도록 한다.
12) 특히 과열(Overheating), 진동(Vibration), 소음(Noise)등이 수반되는 기기장치 들을 안전 설계 할 때 심도 있게 응용하도록 한다.
13) 사고조사분석 및 총체적 문제해결 과정에서 주관적인 사람의 눈보다는 객관적인 기계의 눈이 더 정확한 사실들을 제공 해 준다는 경험적 사실들을 인지하도록 한다.
14) 논리적이며 입체적이고 복합적인 思考의 눈으로 제반 문제점과 예측문제들을 살피고 분석해 내도록 한다.
15) 모든 事故의 원인을 분석하고 그의 근본원인(Root cause, Contributing cause)을 찾아내어 事故의 재발을 예방하도록 한다. 즉 공장에서 첫 사고가 유발될 시 원인이 발견되지 않거나, 은폐될 때 더 큰 재해가 제2의 人災로 이어진다는 공장진리를 마음에 깊이 새기고 공정안전사고(Process Safety Accidents)에 대비 해 나가도록 한다.
16) Process 상의 길이 아니면 가지를 말아야 하며, 또한 원리, 원칙에서 벗어나는 일은 행하지 않도록 한다. 이의 모순점들에 대하여는 관계 전문가들로 구성된 팀에서 상호 기술검토 후에 안전한 새 길을 모색하여 실행하도록 한다.
17) 산업현장의 위험성 요소들을 찾아 평가(evaluation)할 때 냉정한 마음을 잃으면 주관적 사고로 흐르게 되어 재해를 부르게 된다는 사실을 인식해야 한다.
18) 총체적으로 공장안전 응용설계 및 대단위 공장건설, 그리고 위험성 평가 및 사고조사분석에 있어서는 인문사회과학에서 발현되는 창의성을 도입하고 철학적 의사결정을 하도록 한다.

8. 공학활동에서 경계해야 할 부정적 요인

미래의 비전과 TARGET을 정복하려는 이상을 가진 공학인들이 가는 길에 아래와 같은 공학활동 핵심공학분야가 있다.

이 핵심분야는 공학인들이 요직에서 다루는 분야로 공학공정선정과 사업추진, 공정설계와 공장건설, 그리고 시운전 및 생산정상화 과정에 필수적으로 등장하게 되는 분야이다.

이 분야의 구성요소들은 해당 생산원가구성에 핵심적 요소가 된다.

이들 분야에 종사하는 공학인들은 그 활동영역에서 자신과 내부 또는 외부로부터 ***검은 돈(Black Money)***과 연계되는 유혹에 노출되게 된다.

이 핵심분야들을 부정적 차원에서 다루게 되면 바로 부정부패의 발생원이 된다.

이 때 공학인들이 이 핵심적 요소들을 유혹의 늪에서 어떻게 다루고 의사 결정하는 가에 따라,

기업은 흥망성쇠의 길에 놓이게 되고 해당 공학인들의 운명은 갈리게 된다.

공학인들의 부정적 행동에 따라 이 핵심분야의 요소들은 변질될 수 있을 뿐만 아니라, 부정부패의 발생원이 될 수 있다.

따라서, 공학인들은 이 핵심분야를 다루게 될 때 ***검은 돈(Black Money)과 연계되는 유혹***에 빠져서는 안되며, 또한 이 유혹에 접근하게 되면 미래의 화려한 비전과 TARGET은 그 자리에서 빛을 잃게 되고, 그 기운은 즉시 소멸하게 된다. 는 것을 마음 속 깊이 아로새겨야 한다.

의사결정을 위한 철학적, 윤리적 판단기준 6가지가 마음을 다스리며 유혹에 빠지지 않도록 해야 할 실무의 핵심적 요소들에 대하여 예를 들기로 한다.

여기서 발생될 수 있는 검은 돈의 유혹에 빠지게 되면 그 순간 입신출세 (立身出世, Success in Life)의 성장은 멈추게 되고, 불안과 초조 속에 살아가게 된다. Black Money는 살아 숨쉬는 악의 생명체와도 같다.

그 Black Money의 실체는 까맣지만, 실제 움직이는 상황에서는 투명하여 그 주변에 있는 사람들에게 환히 보이며, 부정행위자의 등에 업혀 다니면서도 그 실체의 발자국을 모두 남기게 된다.

그 Black Money는 이렇게 말한다.

우리 둘만 보고 알기에 주위에 아무도 본 사람도 없고 비밀이 보장되는 Money라고 양의 탈을 쓰고 교언영색(巧言令色, Fine words and insinuating countenance)하며 접근한다.

이 시점에서 유혹의 샘에 빠지지 않기 위한 처방약은 '극기(克己, Self-commend) 하는 마음' 과 "의사결정을 위한 철학적, 윤리적 판단기준 6가지" 를 실천하는 두 가지이다.

이 두 가지 처방약은 유혹의 샘의 접근에서 완벽하게 해방될 수 있는 99.999%의 효능이 있다.

이 두 가지 약을 투약하면 마음이 평온 해 지면서 철학적, 윤리적 판단기준의 6가지 성분이 인지력과 감성력을 자극하여 올바른 판단을 할 수 있게 된다.

예를 들어 Black Money가 오갈 수 있는 공학활동 기술분야의 실무 중에서 핵심적 요소가 되는 내용들은 아래에 요약 해 본다.

이 내용들은 국가기관, 군 방위산업, 기업체, 산업체, 연구소, 대학/대학원 및 교육계, 그리고 각 조직체 등 국가사회의 전체분야, 산업분야 및 연구분야, 교육분야, 그리고 일반 조직 분야에 걸쳐 모두 적용되는 일반적인 예이다.

'부정행위를 근본적으로 예방할 수 있는 묘약(妙藥, miracle drug)은 공학철학,
공학윤리, 그리고 의사결정의 6가지 철학적/윤리적 판단기준에 해당되는 Three-카테고리(3-category)를 마음 바탕에 두고 판단기준을 실행 실천하는 것이다' .

공학철학에 바탕 한 '이 판단기준을 실행할 수 있는 극기적 자세만이 부정부패에서 해방될 수 있는 유일한 길이 된다.' 고 본다.

하루 빨리 이 Three-카테고리의 철학 내용들을 도입하여 청소년과 대학생 그리고 우리 각 세대들에게 교육시켜 실행실천 해 나가게 함으로써 그들이 지속적으로 정의롭게 성장발전 할 수 있게 하여 궁극적으로 인류에 공헌할 수 있게 해야 한다.

저자가 40여년동안 국·내외 선진 기업체와 연구소등의 기술진들과 인연을 맺으며 실무(hands-on experiences)를 통해서, 그들과 함께 교류하는 과정에서 몸소 체험하고 터득한 공학철학에 바탕 된 신념 있는 확고한 내용이다.

공학활동에서 있어서, 아래 사항들은 운영 및 그의 변화, 변경을 요구, 취할 때 부정적 이권(利權, profits and rights)이 개입될 수 있는 영역이다.

1) 규격(規格, specification)이 정해져 있는 모든 종류의 물품: 규정되어있는 규격을 선택할 때 또는 변경시킬 때 이권(利權, profits and rights)이 개입될 수 있다.
2) 선정(選定, selection) 및 평가(評價, evaluation)할 때: 예: 공정(Process), 기술, 타입과 종류, 기종(機種), 기기장치, 가치평가, 등급평가, 손실평가, 재산평가, 자산평가, 능력평가, 기준설정 및 평가, 이익평가, 재평가 등
3) 타당성 조사(Feasibility Study)를 할 때
4) 분석방법(分析方法, Analytical Method)을 선택할 때
5) 분석결과(分析結果, Analytical Results)를 평가, 조정할 때
6) 설계내용 및 조건을 변경(Design Changes)할 때
7) 사고조사(事故調査, Incidents Investigation)를 할 때
8) 사고내용 및 조건을 변경(Change of Investigation Contents and Conditions)할 때
9) 표준계산 방법을 변경(Change of Standard Calculation Method)할 때
10) 원단위(原單位, Unit Consumption)를 계산할 때
11) 기술 및 영업 제안서(Technical and Business Proposal)를 제출할 때
12) 품질 분석서(Quality Analysis)를 만들고 제출할 때
13) 성능보장서(Performance Guarantee Test Document)를 준비할 때
14) 기기장치 및 부품 수명(Useful Life on Equipment and Spare Parts)을 설정할 때 등이다.

9. 공학철학과 창의성 바탕 위에 Global Leader의 조건

최근 과학기술계의 흐름은 원천기술의 확보와 이를 가능케 하는 인재의 발굴 · 육성에 초점이 맞춰져 있다는 것은 잘 알려져 있다. 우리나라 역시 세계 속에서 지도급 국가로 성장하기 위해 글로벌 리더들을 많이 배출해야 하는 시대적 요구에 직면해 있다. 그런 점에서 우리 젊은 세대들이 무엇을 어떻게 준비해야 하고 실행해야 할지 논의하는 것은 시급한 일이다.

우선 국가사회에 기여한다는 신념과 윤리적 행동을 기반으로 상대방의 문화를 이해할 수 있는 자세를 갖는 것이 필요하다. 분명한 목표를 수립하고 그 목표와 관련된 풍부한 자료와 가치관을 함께 지녀야 한다.

이와 함께 계획은 실행 가능하도록 수립하되 실행과정에서 예상되는 문제점들은 그 해결책까지 계획에 포함시키는 완결성도 갖춰야 한다. 전문지식은 미리 전문서적을 통하여 습득하는 것도 중요하지만 경험을 쌓으면서 터득해야 실제 적용하는 데 도움을 준다. 그런 점에서 전문성 과제의 실행과정에서 의사결정을 하기 어렵다면 일단 결정을 유보하고 끈질기게 해결안을 찾는 인내력이 필요하다.

업무 추진 과정에서 예상되는 시나리오를 준비해 극한 상황에 대비하는 자세도 필요하다. 특히 계약서 작성 시 상대방 국가와 사회, 그리고 회사의 문화를 정확히 이해하고, 서로 상반되는 해당사항들을 확인한 후 계약서에 서명해야만 상호 이익을 극대화할 수 있다는 점도 염두에

돼야 한다. 글로벌 리더로 활동하려면 사고를 유연하게 하고, 폭 넓은 지식을 얻기 위해 다양한 전천후 취미와 유머 감각을 구비하도록 노력해야 한다는 것이 가장 중요한 대목이다.

일반적으로 글로벌 리더를 지향하는 예비 인재들은 지성을 다루는 좌뇌와 감성을 다루는 우뇌를 동시에 계발해 전문영역을 확장하고 창의성을 이끌어내야만 최종 목표에 도달할 수 있다. 특히 과정중심적 사고형, 융합과 통섭의 종합적 사고형, 창의력 창출형, 토론형, 현장 확인 점검형의 자세를 갖추도록 노력해야 한다. 이를 위해 창의성을 창출해 내는 우뇌 영역의 철학, 문학, 예술(특히 음악과 미술), 문화 등에 깊이 연계해 자기계발에 적극적으로 나서는 것이 성공의 열쇠가 된다. 이를 통해 습득한 창의력으로 전문성을 지지할 수 있다는 점을 잊어서는 안 된다.

따라서 글로벌 리더가 되려면 자기 전문지식의 습득도 중요 하지만, 지속적으로 창의성을 창출해 낼 수 있는 다양한 영역의 지식을 함께 습득하는 융합 및 통섭형 인재로 거듭 태어나야 한다.

(상기 내용은 저자가 한국경제신문, 2010년 3월 15일 오피니언 칼럼 [독자의 창], A38페이지에 게재된 내용을 일부 보완한 것임)

Global Leader의 조건 요약

1) 새로운 변화에 적극적으로 대응하고 도전하며,
2) 변화된 상황을 인문사회과학과 공학을 융합하여 이론적으로 입증하며,
3) 공학철학/창의성을 바탕 하여 탐색하고 창안하여 그 결과를 연구목적에 접목하고,
4) 현재로 다가 올 새로운 변화를 예측하고 대응하며,
5) 공학철학 바탕에 어긋나는 언행의 유혹에 빠지지 않으며,
6) 진인사대천명의 영역까지 지속적으로 열정을 바치며,
7) 철학적 판단기준 하에서 의사결정을 하고,
8) 진화를 추구하며 모색 해 나가도록 한다.

10. 공학철학을 통한 공학의 Vision과 Target

10.1. 공학의 Vision

인류사회에 공헌하는 Humanism이 담긴 학문으로 공학철학과 창의성에 바탕 한 인류사회의 공헌과 행복추구의 삶이 공학의 비전이다.

인류사회의 안전과 행복을 추구하는 역할을 할 인재육성에 심혈을 기울여 이들로 하여금 공학의 비전을 성취할 수 있게 한다.

- 핵심전략:
  1) 공학철학과 공학윤리의 실천화: 건전한 국가사회의 지속적 번영 추구
  2) 부정행위와 재앙적 재해발생의 예방화: 공학중심에서 국가사회의 건전성 확립
  3) 공학인 들의 위치를 세계화: 창의적 공학인 들의 번영창출
  4) 공학인 들의 인류사회에 공헌화: 정의롭고 Humanity를 품은 공학철학실천과 창의적 학문추구의 정도(正道)

10.2. 공학 Vision성취를 위한 Target

공학철학에 바탕 한 창의적 연구와 탐색으로 목표에 진입한다.

- 핵심세부전략:
  1) 공학철학에 바탕 한 창의성 창출: 세계화로의 접근
  2) 전문성 교육 및 창의적 연구: 이론과 실질적 경험에 바탕 한 전문성 확보로 정점에 도달
  3) 진인사대천명의 정신을 가지고 그 영역까지: 지속적으로 창의적 영역을 탐색하고 연구하여 세계화로의 진입
  4) 철학적 의사결정의 실행 실천: 공학철학에 바탕 하여 정의로운 正道를 걸어 목표를 달성

10.3. 비전과 Target에 접근한 인재상: 인류사회에 공헌하는 인재 육성

· The able and capable Engineers/Technicians
· The Global Leaders
· The Great Engineers
· The Nobelist, etc
· The Great Scholar
· The Worldwide Experts
· The Great Technicians

10.4. 비전의 순환을 통한 진화발전

1) 공학철학 바탕 위에 창의적 연구 및 개발
2) 차원적 새로운 영역을 탐색하고 개척
3) 미래지향적 비전과 TARGET을 창의적으로 갱신(renewal)

11. 공학철학을 통한 공학 Vision과 Target의 Road Map

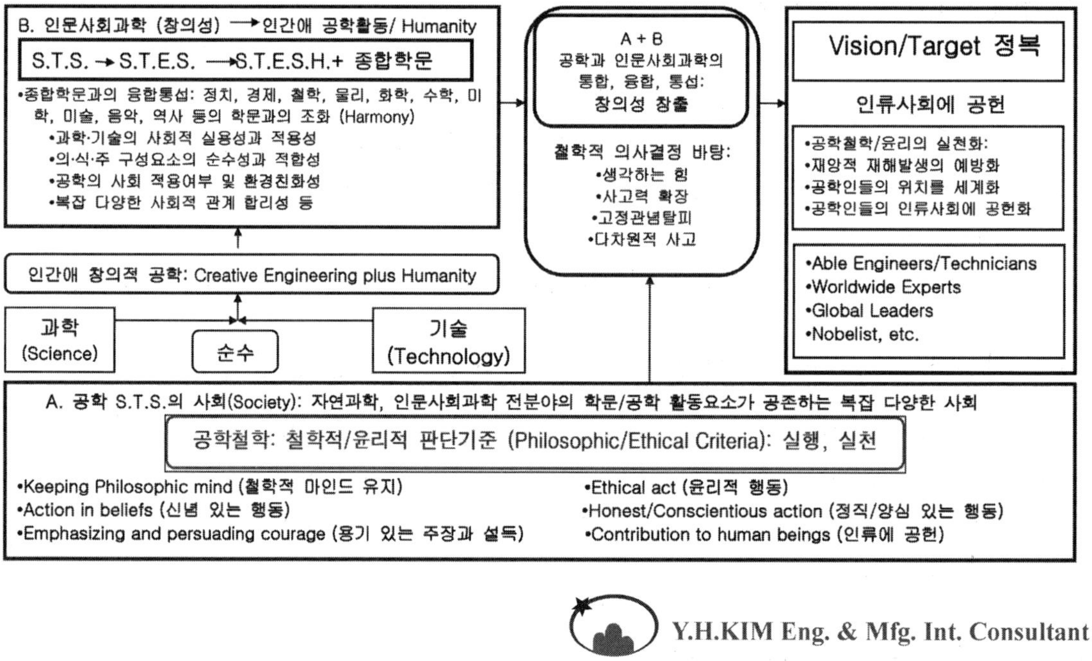

그림 4. 공학철학 바탕 위에 비전 추구 YHK's Road Map

제3장 인문사회과학과 연계하여 진화되어야 할 공학의 주요영역

1. 공학활동의 공해와 기업

환경문제를 소홀히 다루는 기업은 더 이상 국제규모의 기업으로 성장발전 하기에는 규제의 장벽이 너무 두꺼우며 아울러 생산활동을 계속할 수가 없는 현실에 놓이게 되었다. 또한 첨단 정밀산업이 고도로 발달 되어감에 따라 여기에 연관되는 원료, 중간 공정제품, 완제품, 부산물, 폐기물 등의 물질들은 다른 산업에 비하여 대부분 소량을 취급하기는 하지만 그들 특성의 맹독성을 가지고 있기 때문에 과학적으로 섬세하고 주의 깊게 다루어 나가야 한다. 그리고 일반 산업 분야에서 발생되는 물질들도 생태계를 파괴하는 독성을 가진 물질들이 대부분이다. 이러한 환경오염 물질들이 주위에 유출되거나 확산되어 나갈 때 생태계의 파괴는 물론 수많은 인명 피해와 재산손실을 입히게 된다. 기업이 환경오염 문제에 대하여 최대의 관심을 기울이지 않거나, 또는 아주 미비하게나마 방치할 경우 이제는 더 이상 기업성장은 기대할 수 없을 뿐만 아니라 계속 강화되어 가고 있는 환경오염 규제에 따라 심각한 타격을 받고 기업은 종말을 고하게 되는 결과에 이르게 된다. 급속도로 매우 다양하게 변해가는 환경오염 규제 강화에 대하여 장단기적 계획을 세워 적절히 대응해 나가야 한다.

또한 기업은 환경오염 규제 강화에 대비하여 기업의 성장발전과 환경보전을 어떻게 조화 있게 이끌어 가야만이 세계화의 경쟁에서 살아남을 수 있는가를 최고 경영자는 기업 차원에서 심사숙고하여 추진해 나가야 한다. 브라질의 리우데자네이루에서 개최한 리우 UN 환경 개발회의를 시점으로 하여 국제적인 환경오염 규제는 더욱더 강화되어 나갈 것으로 예상된다. 세계화를 부르짖고 있는 지금 기업은 변화 속에 살아남기 위해 국내외에서 대폭적으로 강화해 나가고 있는 환경오염 규제에 대하여 적기에 적절한 대응전략을 강구해 나가야 한다. 그리고 선진화 되어가는 이때에 최고 경영자는 경제적으로나 도덕적인 측면에서 조명해 볼 때 국민보건과 생태계의 보호를 고려한 신제품을 개발하고 이 목적에 합당한 최신공정을 선정 또는 도입하도록 깊은 경영철학 속에서 의사결정을 해나가야 한다.

1.1. 진화해 나가야 할 환경분야

기업에서는 현재 발생되고 있는 환경오염 물질에 대하여 정확하고 세밀하게 현상을 분석해 내고 아울러 환경오염 규제강화 내용을 정확히 이해하도록 해야 한다. 그리고 계속 강화되어 가고 있는 환경오염 규제에 적합한 공정개선과 시설개량 등의 보완사업을 적기에 추진해 나가도록 R&D를 세밀히 연구 검토할 계획을 세우고 총체적으로 개선해 나가도록 추진해야 한다.
즉 공해오염 물질과 규제 항목들을 세분화하여 분석하고 현안 문제점을 폭넓고 깊이 있게 도출하여 정확하고 세밀한 대응전략을 기획하여 총괄적으로 추진 해 나가야 한다.
대응전략으로는 인문사회과학 분야의 각 개념들을 총 동원하여 공학과 연계시켜 제반 사항들을 창의적으로 폭넓고 깊이 있게, 그리고 정확하고 세밀하게 분석 검토하여 영역과 지평을 넓히고 총체적으로 융합통섭시켜 나가도록 한다.

1.2. 국내와 선진국의 환경법 이해와 응용

환경오염 규제가 계속 강화되어 감에 따라 국내외의 환경법을 세밀히 검토하고 분석함으로써 해당 기업의 현재의 입장과 수준을 정확히 파악해야 한다. 현재로 닥쳐올 미래의 규제강화 내용파악에 기업 조직이 소홀히 대응한 결과 적기에 생산 활동을 개시하지 못하는 예가 종종 있다. 경영개선 이바지 목적을 실현하는데 얼마나 안타까운 일인지 모른다. 최고 경영자는 조직 운영이 효율적으로 원활히 이루어져 조직 구석구석까지 경영의 영혼 불멸의 정신이 깃들도록 하여 애석한 이러한 일들이 발생되지 않도록 총지휘에 관심을 기울여 나가야 한다. 이러한 사고가 발생할 시 불가항력적 이라고 가볍게 판단하여 지나치지 말고 바로 시정될 수 있도록 관심 있는 조치를 취해나가야 한다.
국내 환경법 즉 환경 정책 기본법, 대기환경보전법, 수질환경보전법, 소음진동규제법, 유해화학물질 관리법, 폐기물 관리법 등을 세밀히 검토하여 기업경영에 도움을 주도록 해야 한다. 또한 미국, 일본, 독일, 영국, 프랑스 등의 선진국의 환경법을 입수하여 검토 분석하고 이해함으로써 기업에 응용이 가능하게 되고, 선진국의 환경정책과 환경오염 규제 동향을 파악할 수 있게 된다. 이들 내용들을 기업에 응용 발전시켜 나가고 적극적인 대응 전략을 모색하여 나감으로써 기업은 국제적인 경쟁력을 더욱 갖추어 나갈 수 있게 된다.

1.3. 환경오염 규제강화에 따른 기업의 대응전략

앞에서 언급한 기업의 환경오염 현상파악이 완료되어 현안 문제점들이 도출되었으면 이에 대한 전략을 세워나가야 한다. 우선 공정과 시설 별로 발생되는 공해오염 물질과 규제 항목의 적용기준을 명확히 파악하고 적용기간에 따른 배출허용 기준을 정확히 파악하도록 한다.
기업의 대응 전략을 위해 다음 내용을 참고로 한다.

1) 현재 가동중인 생산공장의 모든 공정이 설계조건에서 운전되는지를 확인하기 위해 운전 parameter를 점검 조정하고 이들 기준 위에서 공정개선 (process upgrade) 해야 할 내용을 찾아낸다.

2) 정상 운전시의 해당공장의 환경관리 목표와 환경기준을 설정 운영한다.
3) 환경오염 규제 강화에 따른 적용 기간중의 규제 강화 내용과 정상시의 환경조건을 비교하여 해당공장의 공정개선과 시설개량의 방안을 강구한다.
4) 공정개선과 시설개량에 대하여 선진기술 도입이 불가피할 경우에는 환경기술 선진국인 미국, 일본 등에서 기술을 도입하는 것이 효율적인 성능 면을 고려할 시에는 총체적으로 경제적일 수가 있다.
5) 적용 기간별로 해당 생산공장 및 시설에 대하여 환경개선 중장기 계획을 수립하여 추진토록 한다.
6) 환경개선 내용이 기술적으로 난해한 분야에 대하여는 국내외의 전문용역 기관이나 업체로부터 현장검사 (site survey)를 받아 대책을 세우도록 한다.
7) 환경개선 공정을 선정 시에는 특히 상업적으로 성능이 보장되고 현재 가동중인 최신 공정을 선정토록 한다.
8) 개선내용이 광범위하고 난해한 환경문제에 대하여는 전문기관에 기술용역을 의뢰하고 필요 시에는 환경 영향 평가를 받아서 추진계획을 수립하도록 한다.

1.4. 환경보호 전략에서의 유독물 제품운송

생산공장 내에서의 환경보전 관리에 대하여는 제 13장에서 이미 언급한바 있다. 유독물 제품을 생산공장에서 상차 출하 했을 때 장거리 목적지까지는 운송과정을 거쳐야 한다. 움직이는 유독물 제품을 관리하는 것이 한자리에 고정된 상태에서의 유독물 제품을 관리하는 것보다 몇 배나 훨씬 어려움이 있다는 것을 우리는 매스컴을 통하여 선진국 사례를 많이 보아 왔다. 지역 환경 오염방지와 생태계 보호 그리고 수많은 인명피해와 재산손실을 예방하고 최소화하기 위해서 이들 유독물 제품의 운송과정을 면밀히 점검하고, 비상사태 발생시를 대비하여 안전 수송지침과 대책을 수립 운영해야 한다.

각 해당 기업에서는 운송 과정에서의 이와 같은 대형사고를 미연에 방지하기 위해 유독물 제품 운송에 대한 환경보호 전략을 과학적으로 현실에 부합되도록 계획을 세워야 한다. 기업이 유독물 제품 운송에 대한 환경보호 전략 즉 안전수송 대책을 수립 운영하지 않은 상태에서 사고가 발생할 시에는 피할 수 없는 그 엄청난 피해에 대해 막중한 사회적 책임이 기업에 뒤따르게 된다. 이와 같이 사회적 물의를 일으킬 수 있는 유독물 제품 수송시의 비상사태에 대비하기 위해 다음 사항들을 참고하기로 한다.

1) 비상사태 시 기업이 즉각적이고 효율적으로 대응할 수 있는 "비상조치 요령"을 수립하여 운영토록 한다.
2) 비상사태를 신속하고 정확히 수습하기 위해 조직을 구성하고 각 담당자에게는 비상시의 임무를 부여한다.
3) 비상사태시의 즉각적으로 대응하기 위해 "비상연락 계통도"를 작성하여 운영토록 한다.
4) 비상사태 시에 정확한 정보 제공으로 최우선의 대응조치를 강구하기 위해 "현황 보고 요령"을 구체화하여 작성 운영한다.
5) 유독물 수송차량 운송 시에 사고 발생 때 현장에서 긴급 조치해야 할 "현장 긴급 조치 요령"을 작성하여 운영토록 한다.

6) 유독물 취급에 안전수칙과 취급요령 그리고 구급법에 대하여 정확히 기술한 "유독물 취급 요령"을 작성하여 운영토록 한다.

1.5. 공해성 신규사업 추진시의 유의사항

신규사업을 추진할 때 환경오염 측면에서 도입할 공정(process)에 대하여 기술적으로 정확히 분석 검토해야 한다. 또한 검토 과정에서 공정상의 오염원을 누락시키지 않도록 정밀하게 공정을 검토하고 미비하거나 누락된 공정이 있는지를 정확히 확인해야 한다. 공정상의 오염원이 누락된 상태에서 공정이 선정되어 도입될 경우에는 공장이 건설됨과 동시에 시운전을 거쳐 성능 보장하는 과정에서 문제가 대두되는 경우가 있다. 이런 상황이 전개될 시에는 성능 보장은 말할 것도 없고 환경 인허가와 연관되어 공장을 장기간 가동할 수 없게 될 뿐만 아니라 경영손실과 함께 계획에 큰 차질을 초래하게 된다.

또한 공정제품에 따라서 유해 물질의 맹독성은 다르겠지만 대부분의 화학 물질들은 환경오염에 심각한 영향을 초래하게 된다.

따라서 이들 물질들로 환경이 오염될 경우에는 그 피해 정도에 따라 돌이킬 수 없는 비참한 상태에 빠지게 될 뿐만 아니라 생태계는 파괴되어 재생이 어렵게 되고 결국에는 인류에 피해를 입히게 되는 결과를 낳게 된다. 그러면 여기서 신규사업 추진시의 고려해야 할 사항에 대하여 다음과 같이 요약해 본다.

1) 신규 사업과 관련된 공정을 도입 시에는 한. 두 사람이 단독적으로 결정하지 말고 경험 있는 전문가들로 구성된 팀에서 심사숙고 하여 공정을 심사한 후에 선정토록 한다.
2) 공정상의 오염원 누락을 예방하기 위해 licensor 의 proposal 을 여러 군데서 제출 받아 공정을 상호 비교 분석하고, 공정상의 장단점을 세밀히 기술검토 (technical evaluation)해야 한다.
3) 첨단 정밀산업의 신규 사업일수록 상업생산이 되고 있는 성능 보장된 효율적인 공정을 도입해야 하며 사업추진 비용이 싸다고 하여 개발중의 시험 생산하는 공정을 도입하게 되는 경우에는 기업뿐만 아니라 사회에 피해를 주게 되는 결과를 초래할 때가 있게 된다. 이러한 판단은 공정상의 시행착오를 겪게 하고 이로 인한 결과로 안전사고는 물론 인명 피해까지도 입히게 되는 결과를 낳게 할 수도 있다는 점을 깊이 인식해야 한다.
4) 신규사업 공정상의 맹독성 유해물질 생성여부를 정확히 검토 분석해 내야하며, 부산물로도 이러한 유해물질이 생성 되는지를 정확히 찾아내야 한다.
5) 공정상의 유독물질 처리공정이 완벽한지의 여부를 기술적으로 정확하게 판단해 내야하며 이들 독극물의 오염원이 공정 밖으로 유출될 가능성에 대해 세밀히 검토하고 완벽한 회수공정을 갖추도록 설계 보완한 후에 정상적인 생산조업에 들어가야 한다.
6) 첨단 생산 제품일 경우에는 MSDS (Material Safety Data Sheet)와 CSDS (Chemical Safety Data Sheet)를 제공받아 제품의 화학적, 물리적, 독성(toxic), 안전성, 처리 방법 등을 정확히 이해하고 생산공정에 반영해야 하며 정상 조업 시에는 안전 및 환경 측면에서 철저히 관리해 나가도록 해야 한다.
7) 성능보장 시험 항목 중에 누락된 항목이 있는지의 여부를 점검하고 맹독성 물질을 처리하는

공정일 때는 정상적인 생산 활동 중에 관리를 철저히 해나가기 위해서 성능보장 시험 항목을 누락시키지 말고 정확하고 세밀하게 작성해야 한다.

8) 신규사업 공정에서 배출되는 유해 물질을 외부의 환경 전문용역 업체로 하여금 처리 가능한지의 여부도 미리 검토하고 유해 물질을 가장 완벽하게 처리할 수 있는 방법과 공정을 사전에 선정토록 한다.

9) 공해성 신규사업 추진 시에는 정부에서 고시한 환경오염 규제치 이내로 공정을 운영키 위해 효율적인 면에서 우수한 공정을 선정하고 이에 알맞은 내부환경 기준치를 설정 운영토록 한다.

10) 신규사업 추진을 위해서 공정설계를 할 때 정부의 환경오염 규제치보다 효율적으로 여유 있는 내부 환경 기준치를 반영하는 것이 장기적인 전략 측면에서 볼 때 경제적이기 때문에 사업추진 시 다각적으로 검토 응용하도록 한다.

11) 신규 공해성 사업이나 공해방지 사업을 추진 할 때에는 공정에서 배출되는 물질의 유독성 (TOXICITY)에 대하여 정확히 세밀하게 검토해야 하며, 이들 유독성 물질이 주위 환경에 노출 되었을 때 어떠한 영향을 미칠 수 있는지에 대해서도 정확히 환경 영향 평가를 검토한 후에 공정도입을 결정토록 해야 한다. 주위 환경에 악영향을 미칠 때에는 조업은 더 이상 지속할 수 없는 결과를 초래하기 때문이다.

12) 신규 공해방지 사업을 추진할 때 발생되는 부산물 (by-product)을 외부 업체에 공급하고 자 사업추진 할 때에는 사전에 부산물 (by-products) 공급 규격 (specification)이 외부업체 사용에 문제점이 있는지의 여부를 상호 검토한 후 사업 추진을 해야 한다.

2. 공학과 인문사회과학 측면에서의 Human Errors 분석과 예방

공학활동에 있어, 제반 Human Errors(人災)가 발생할 경우에는 다음과 같은 조건 등의 주워진 다양한 상황여건에 따라 그 피해범위는 사고일발 아차 사고(near miss, near accidents), 대량인명손실사고, 자산손실사고, 환경 오염 및 파괴손실사고, 그리고 기본설계사와 상세설계사의 명예실추로 사업성 중단사태 등을 동반하게 된다.

이들 Human Errors들은 공학과 인문사회과학 양 측면의 분야에 상호 공존하며 그 근본원인들을 제공하게 된다.

이 Human Errors의 결과는 돌이킬 수 없는 국민의 슬픔으로 이어져 국가 사회의 존립을 위태롭게 하거나 지속적 발전을 저해하게 된다.

따라서 제반 응용설계 시에는 Human Errors에 대응할 수 있도록 핵심요소들을 찾아내서 제반 설계에 반영해야 하고, 공학활동에 있어서는 공학철학적 바탕 위에서 폭넓고 깊게, 그리고 정확하고 세밀하게 총체적으로 사고력을 확장하여 핵심요소들을 탐색하고 제반 공학활동에 즉시 반영 해 나가야 한다.

2.1. Human Errors(人災)가 발생할 경우에 주요 사고 범위 분석

1) 국가/사회의 존립 위기 초래

2) 기업의 세력약화와 몰락 초래
3) 사고일발 아차사고 (near miss, near accidents)발생
4) 대량 인명, 자산 손실사고 초래
5) 가공할 환경오염 및 생태계 파괴 사고 초래
6) 기본설계사, 상세설계사, 건설사의 명예실추로 사업성 중단 및 파산 사태
7) 원천기술보유사 명예실추로 파산 초래
8) 가정의 행복, 사회, 국가의 안녕질서 파괴 초래 등

2.2. 인문사회과학과 공학측면에서의 Human Errors 주요원인 분석

2.2.1. 인문사회과학 측면에서의 Human Errors 분석

1) 경영진의 공학철학 의식수준 취약
2) 경연진의 총체적 S.H.E. 정책(Safety, Health, & Environment Policy) 및 문화 부재
3) 경영진의 위기 시나리오(critical scenario) 연구 및 그의 대응책 준비 결여
4) 대학에서 공학철학 교과목 미 이수자를 선발, 채용, 배치
5) 의사결정을 위한 철학적 판단기준 소양결핍
6) 철학적 Leadership 결여자를 요직에 배치
7) 전문성이 결여된 경영진의 의사결정 오판
8) 공학철학에 역행하는 의사결정 및 실행
9) 전문성 결핍으로 의사결정 내용을 수시로 변경지시 및 의사소통 취약
10) 전문 인력 배양 및 배치, 인사관리의 부적절 결과
11) 구성원들의 인성(人性) 및 소양 교육의 결여
12) 관리자 및 의사결정권자들의 인문사회과학적 사고력의 결핍
13) 관리자 및 의사결정권자의 공학적 기본지식 결여에 따른 실행지시
14) 관리자 및 의사결정권자의 아집과 집착의 의중 데로 본질을 유도
15) 의사결정권자의 공학철학적/윤리적 판단오류
16) 의사결정권자의 공학철학적 의사결정 판단오류
17) 의사결정권자의 의사소통 결여, 일방적 방향지시 및 편협성의 결과
18) SOP(Standard Operating Procedure, 표준처리절차)를 무시한 판단오류
19) 의사결정권자의 이론이 바탕 되지 않은 경험만을 믿고 실행한 결과
20) 의사결정권자가 과정을 생략 또는 눈감아 주고 무시한 상태에서의 결과
21) 의사결정권자가 증상(symptoms)과 핵심요소(parameters)를 등한시한 결과
22) 비정상적 인력배치에 따른 Leadership 결핍 등

2.2.2. 공학측면에서의 Human Errors 분석

1) 공학기술 및 기초과학의 전반적 전문성 결여 및 응용 수준 취약

2) 규격(specification)설정 및 운영에 따른 전문성 취약 및 부정적 관리
3) 사고의 근본원인조사의 부정확 및 오판에 따른 사고재발 원인 제공
4) 기기장치/부품의 수명(useful life)관리 및 잔존수명/노후도 관리 전문성 취약
5) 기술관리 규정 준수 및 체계적 적용 소홀
6) 위험(risk) 및 문제 예측, 위험성 물질 제조/취급 공정 및 공장에서 인문사회 과학적인 공학철학 주요 개념: "YHK' s Three plus Five theory" 바탕 하에검토 미흡
7) 폭발성 및 위험성 물질 제조/취급 공정, 공장 및 시설의 Layout 설계결함
8) 공장 제반 시설의 기본설계 결함
9) 공정 핵심제어설계의 결함
10) 기기장치구조 및 바탕설계의 미흡
11) 기존공장의 불완전한 상태 유지 및 관리 미흡
12) 기기장치의 신소재 개발 및 재질선정 설계의 미흡
13) 기기장치 및 부품의 수명(useful life) 예측 및 설계 취약성
14) 기기장치의 재질선정 설계의 과실(fault)
15) 기기장치 및 시설의 유지보수 미흡 소홀
16) 기후변화 및 자연재해의 예측 및 대책에 관심 소홀
17) 인문사회과학과의 융합통섭의 격리 및 개념 부족
18) 설비/부품/재질 등의 변경과 공정변화에 따른 사전검토 및 연구부족
19) 주기적 교육과 훈련의 소홀 및 등한시
20) 주기적 안전진단의 부 정확성의 결과
21) 주기적 현장답사의 미 실시 및 기피현상 결과 등

2.3. 대학교육 및 기업체/연구소 경영측면에서의 Human Errors 근본원인 분석

2.3.1. 대학, 대학원, 학계 교육 측면에서의 Human Errors

1) 대학 및 대학원 교과과정(Curriculum)에서 필수 교과목 선정 누락:
Ex: · 공학철학, 공학윤리 교과목 수강이 필수가 되어야 하고,
· 수강생이 어려운 교과목을 기피한다고 삭제 해서는 안 된다.
2) 교과과정의 강의교재 선택 및 강의범위/내용 보완이 요구된다.
3)실질적 경험과 체험(practical hands-on experiences)을 통한 강의가 병행되어야 한다.
4) 총체적 공학/공정설계상의 실질적 제반 핵심내용 보강이 요구된다.
5) 사고조사 분석 접근의 부 정합성: 정확성 확보로 사고재발을 예방해야 한다.
6) 의사결정에 대한 6가지 철학기준 설정 교육이 요구된다. 등

2.3.2. 기업체/연구소 경영측면에서의 Human Errors

1) 경영진의 공학철학과 공학윤리의 인식과 이에 따른 의식수준이 매우 낮다.

2) 의사결정을 위한 철학적/윤리적 판단기준 6가지가 준수되지 않는다.
3) 공학철학과 윤리에 역행하는 부정행위가 이루어지는 경향이 있다.
4) 신상필벌 규정이 준수되지 않는다.
5) 대학의 공학철학 및 공학윤리 교과목 미 이수자가 선발되고 있다.
6) 규격(Specification)관리 및 설정에 전문성이 취약하다.
7) 기기장치 및 부품의 수명(Useful Life)관리 및 잔존수명 판단이 취약하다.
8) 전문성 결여로 의사결정을 오판하고 있다.
9) 철학적 Leadership이 결여되어 있다.
10) 대화단절 및 닫힌 마음으로 의사소통이 어려운 실정이다.
11) 경영관리의 단편적 관점에서 오판한다.
12) 편협 된 마음으로 일방적 판단을 한다.
13) 변덕스러운 마음으로 수시로 의사결정 내용을 변경한다.
14) 제반 인성, 소양, 안전, 기술 교육관리가 소홀하다.
15) 불공정 인사관리: 전문 인력 배양 및 조직 인사관리가 부적절하다.
16) 교만함과 자만심: 독단적 판단 및 규정 미 준수로 의사결정이 오판되고 있다.
17) 부실운영: 관리규정 준수 및 적용이 소홀하다. 등

2.4. Human Errors에 의한 사고진행과 H.W. Heinrich Principle

2.4.1. 사고진행(Incidents Progress)

Human Errors는 산업현장에서 제반 여건에 따라 아래 과정에서 보는 바와 같이 Risk 로부터 발생하기 시작하여 최종적으로 인류에 파괴적 재해를 불러오게 된다.
1) 위험한 상태(Risks)
2) 사고(Incidents/Accidents)
3) 재해(Disasters)
4) 인류의 파괴(Human destruction)

2.4.2. H.W. Heinrich 원칙 응용

산업현장에서 처음 나타나는 Risk현상(Near misses)이 기술적으로 근본원인 분석이 되지 않고 지속적으로 쌓여가서 약300건에 도달하게 되면 작은 사고(Minor injury incident)가 발생하게 된다.
이 때 이 작은 사고의 근본 원인을 분석, 해결하지 않고 방치한 결과가 29건에 도달하게 되면 그 후 대형사고(Serious injury or Death)가 발생하게 된다. 는 원칙이다.
필자에게 이 원칙은 40여년의 경험과 체험 상으로 견주어 볼 때 경향은 정확성이 입증된 바 있다.
따라서 저자는 이 Heinrich원칙을 준수하며 제반 화학공장의 안전관리에 응용하며 컨설팅을 하고 있다.

2.5. Human Errors에 의한 사고의 직접원인과 간접원인 분석

2.5.1. 직접원인(Direct Cause)

현장에서 불안전한 행동과 불안전한 상태를 방치한 여건에서 작업할 때 나타난다.

2.5.2. 간접원인(Root Causes/Contributing Causes)

1) 총괄 관리적 요인:

*(1) **경영진:*** ● 경영 및 공학철학 개념 결여: · 안전규정 무시, · 직원안전 사랑결핍 · 협력사 이익배분 불균형

● 총괄적 안전 정책(Safety Policy) 및 문화(Culture) 부재: · 총괄적 안전관리 무관심 및 소홀

*(2) **원청 기술공급사(Basic 설계사):*** ● 초기 기본설계 미흡: 설계결함

*(3) **기술진:*** ● ***공학/현장철학 결여*** ● 안전관리규정 및 원리원칙 미 준수

● 안전작업허가서(Safety Permit) 미 발행: · 해당 핵심내용 미확인

● 직원 기술/안전관리 교육 소홀: · 기술/안전 집중교육 및 관리소홀: · 후진적/초보적 수준

*(4) **작업자:*** ● 안전/기술 집중교육 관리소홀: 후진적 수준

*2) **협력사 경영진:*** ● 경영 및 공학철학 개념 결여: · 안전규정 무시, · 직원안전 사랑결핍 · 이익배분 불균형

● 총괄적 안전 정책(Safety Policy) 및 문화(Culture) 부재: · 총괄적 안전관리 무관심 및 소홀

*(1) **관리직 요인:*** ● 안전작업허가서 관리 소홀: · 핵심내용 미확인, 미 수령 · 후진적 부지수준

● 안전교육관리 무방비 소홀 상태: · 협력사 직원 사전 안전/기술 집중교육 관리소홀: 후진적 수준

*(2) **협력사 작업자 개인결함요인:*** ● 불안전한 행동과 불안전한 상태에서 작업

2.6. 공학 측면에서 Human Errors발생의 핵심영역 분석

아래 핵심영역에서 Human Errors를 내포할 경우에 그 후유증은 지속적으로 사고(incidents)를 유발하게 된다.

따라서 공학철학에 바탕 하여 이 영역에 잠재되어있는 Human Errors를 완벽하게 제거 해 나가야 한다.

1) Project feasibility study
2) Plants layout planning
3) Engineering and project study in detail
4) Design philosophy
5) Education and in-plant training

6) Plant overall planning
7) Planning and works for plant construction
8) Pre-commissioning
9) Commissioning
10) Trial test operation
11) Initial startup and production normalization
12) Overall production and maintenance activities
13) Safety review and auditing on the overall system and process
14) Useful life measurement of whole equipment and facilities
15) System modification and revision
16) System retrofitting
17) Upgrading of system and process
18) System improvement
19) System automation
20) Process de-bottlenecking
21) Plant expansion
22) Environmental investment
23) Purchasing and procurement
24) Facility and plant maintenance
25) Good housekeeping
26) Clean production
27) Scraping of systems and plants

2.7. 공학측면에서 Human Errors를 예방하기 위한 단계(stage)영역 분석

모든 Human Errors는 프로젝트 초기 단계에서부터 체계적으로 완벽히 제거되도록 Project Manager는 세밀하게 관리 해 나가야 한다.

이 단계 역시Human Errors를 내포할 경우에 그 후유증은 지속적으로 사고(incidents)를 유발하게 된다.

1) In the project evaluation and feasibility stage
2) In plant overall planning stage
3) In the basic engineering and design stage
4) In the detailed engineering and design stage
5) In the final design stage
6) In the preparation stage of operating manual
7) In the philosophic education and in-plant training stage
8) In the raw materials purchasing stage

9) In the procurement stage
10) In the plant construction planning stage
11) In the construction working stage
12) In the pre-commissioning, commissioning, process tuning and Mechanical completion stages
13) In the care and custody stage
14) In the trial run stage
15) In the initial startup stage
16) In the performance guarantee test stage
17) In the continuous long term production stage

2.8. Human Errors와 재해예방의 최소화 분석

1) 기후변화에 따른 자연재해: 공정응용설계에 접근 및 반영은 무엇을 어떻게 할 것인가……?
2) 대자연의 본성과 지혜에 바탕
3) 자연재해, 지진과 쓰나미: 내진설계 기준설정과 쓰나미에 대비한 공정설계
4) 공학영역별 극한상황 위기 Scenario 분석 및 응용설계
5) 공학인의 용기 있는 태도
6) 공학인의 소통과 인화협동/창의성/책임완수 분석 및 응용
7) 공학철학의 역할 적용, 등

2.9.Human Errors예방을 위한 공학인 들의 수행업무 요약

1) 신념과 윤리적 행동에 기반하여: 상대방의 문화를 이해하도록 한다.
2) 분명한 목표 수립: 그 목표와 관련된 풍부한 자료 수집: 세부성을 가진다.
3) 목표 업무내용: 상세하게 서면으로(in writing)제시: 상호이해를 명확히 한다.
4) 목표를 계획대로 추진하기 위해서: 다양한 방법 모색: 세부사항 파악에 집중한다.
5) 계획은 실행 가능하도록 수립하고, 계획은 적기에 완성하도록 한다.
6) 실행과정에서 예상되는 문제점: 그 해결안을 즉시 계획에 포함시켜 업무수행
7) 전문지식은 실제경험(hands-on experience)을 쌓으면서 터득하고, 응용하도록 한다.
8) 전문성의 난이로 의사결정이 어려울 때는: 일단 결정을 유보하고, 끈질기게 그 해결안을 찾도록 이론과 실제를 비교분석하며 탐색한다.
9) 문제해결이 어려울 때는 해당 전문가들 외에, 다른 분야의 전문가와 인문사회과학을 전공한 전문가들을 공개토의 및 회의에 참석시켜 최선의 해결책과 아이디어/힌트를 얻도록 한다. (상호 전문분야의 융합)
10) 업무추진과정에서 수시로 Scenario Study를 하여 최악의 경우에 대비한다.
11) 계약서 작성시: 상대 국가와 회사의 문화를 이해: 서로 상반되는 해당사항들을 상술하여 계약내용의 미비로 인해 피해를 보지 않도록 세부 내용들을 모두 포함시키도록 한다.
12) 思考를 유연하게 하고, 창의성, 문제 해결력을 위해 다양한 취미와 유머감각을 갖추도록 한다.

13) 지성과 감성분야를 동시에 계발하여 전문영역을 확장하고 창의력을 기른다.

14) 과정 중심적 思考형, 융합과 종합적 사고형, 창의력 창출형, 토론형, 현장확인 짐김형의 자세를 갖춘다.

15) 철학, 문학, 예술 (특히 음악과 미술), 문화 등의 감성영역에 관심을 가지고 지속적으로 자기 계발을 한다.

16) 전문지식 습득에 심혈을 기울이며, 창의성 창출과 문제 해결력을 위해 다양한 영역개발에 관심을 가지며, 상호 교류하는 융합형 인재가 되도록 한다. 등

2.10. Human Errors예방을 위한 Y.H.KIM's 근본원칙(Principle)

이 Human Errors예방의 Y.H.KIM' s 근본원칙(Principle)은 저자가 40여년간 국 · 내외 산업현장에서 체험한 Human Errors를 분석 해 본 결과, 그 원인은 근본적으로 아래 내용이 결여된 상태에서 발생한 것으로 판단되었기에 이를 Human Errors 예방의 근본원칙으로 설정했다.

Human Errors예방은 공학철학, 의사결정 "철학적/윤리적 판단기준 6가지"
(6-philosophic and ethical criteria for decision-making)를 예외 없이 실행 실천하는 것이다.

· 철학적 마인드 유지(Keeping philosophic mind),
· 윤리적 행동(Ethical action),
· 신념 있는 행동(Action in beliefs),
· 정직/양심 있는 행동(Honest/conscientious action),
· 용기 있는 주장과 설득(Emphasizing and persuading in courage),
· 인류에 공헌(Contribution to human beings)

2.10.1. 공학철학, 의사결정 "철학적/윤리적 판단기준 6가지"의 역할

● *판단기준 6가지 불이행 때:*	● *판단기준 6가지 이행 때:*
· 인간행동의 법규, 규범, 원리, 규칙을 어기게 되고, · 의무나 양심, 철학, 윤리에 벗어나는 불의의 행동을 하게 된다. 따라서, 비전과 Target을 이루기 전에 성장동력은 멈추게 되고, 에너지는 소멸되며, 소멸과 몰락의 단계에 이르게 된다.	· 추구하는 모든 일에 정도를 걷게 되며, · 정의롭게 행동하고, 제반 업무들을 정상적으로 추진하게 되며, 불의에 따른 고뇌와 고통, 그리고 불이익등에서 해방된다. 따라서, 정의로운 판단을 하게 되며, 부정의 늪과 길에 빠져들지 않고 정도를 따라 비전과 Target을 성취 할 수 있게 된다.

2.11. Human Errors예방과 최소화 전략

2.11.1. Application of YHK's 10 Essential Groups for PSTM
Analysis of the 10 Essential Groups, PSTM:
Total Items Number: Elements: 21, and Managing Cores: 296 or over.

The followings are necessary condition to prevent incidents and solve problems. Based on PSTM developed by YHKIM:

· Software: Philosophic Decision-making and Manpower Personnel Management

· Managing 10 Essential Groups, 21 Essential Elements and 296 Managing Cores

In particular, Manpower Personnel Management is necessary condition.
And it is absolute condition that they should assign a right man in a right post.
Main stream of Managing 10 Essential Groups are analyzed and summarized as follows:
Where, Unit is total items number, and the total items number means "or over".
The 21 Essential Elements for PSTM are analyzed and summarized as follows:

Group 1: Managing Philosophy of Top Managing Group:

Essential Elements: 1) the Philosophic Decision-Making (Managing Cores: 5)

Sub-total: Element: 1 (Managing Cores: 5)

Group 2: Technology, Manufacturing Process and Operation:

Essential Elements: 1) Operation (Managing Cores: 44)

2) Process (Managing Cores: 8)

3) Laboratory (Managing Cores: 11)

4) Process Hazard Analysis (Managing Cores: 21)

5) Management of Changes (Managing Cores: 14)

Sub-total: Elements: 5 (Managing Cores: 98)

Group 3: Symptoms:

Essential Elements: 1) Symptoms (Managing Cores: 52)

Sub-total: Element: 1 (Managing Cores: 52)

Group 4: Education and Training:

Essential Elements: 1) Classroom Education (Managing Cores: 8)

2) In-plant Training (Managing Cores: 12)

Sub-total: Elements: 2 (Managing Cores: 20)

Group 5: Facilities:

Essential Elements: 1). Mechanical Integrity (Managing Cores: 18)

2). Maintenance (Managing Cores: 11)

3). Heavy Equipment (Managing Cores: 7)

Sub-total: Elements: 3 (Managing Cores: 36)

Group 6: Storage and Transportation:

Essential Elements: 1). Storage Farms (Managing Cores: 12)

2). Transportation (Managing Cores: 7)

Sub-total: Elements: 2 (Managing Cores: 19)

Group 7: Hazard Detection:

Essential Elements: 1) Detection (Managing Cores: 9)

2) Monitoring (Managing Cores: 4)

Sub-total: Elements: 2 (Managing Cores: 13)

Group 8: Emergency Management:

Essential Elements: 1) Critical Conditions (Managing Cores: 7)

2) Emergency Planning and Control (Managing Cores: 14)

Sub-total: Elements: 2 (Managing Cores: 21)

Group 9: Safety and Environmental:

Essential Elements: 1) Safety (Managing Cores: 18)

2) Environmental (Managing Cores: 7)

Sub-total: Elements: 2 (Managing Cores: 25)

Group 10: Contractor:

Essential Elements: 1) Contractors Management (Managing Cores: 7)

Sub-total: Element: 1 (Managing Cores: 7)

Total Items Number: Elements: 21, and Managing Cores: 296 or over

The above essential groups shows Y.H.K.' s 10 Essential Groups for fulfilling of PSRM (Process Safety Risk Management).

2.12. Human Errors Free 공학의 비전과 Target

공학비전의 핵심전략은 창의적 R&D로 공학을 지속적으로 진화 발전시켜 안전과 행복을 추구하며 인류사회에 공헌하는 학문으로 육성함이다.

공학철학과 공학윤리의 실천화를 이뤄 국가사회의 지속적 번영을 추구하며, 제반 재해 발생의 예방화 및 피해 최소화를 이루도록 하고, 총체적 공학중심에서 국가 사회의 건전한 존립을 지속적으로 성취하는 데 있다.

뿐만 아니라, 공학인 들의 위상을 세계화로 유도하여 공학인 들의 번영 창출과 위상고취를 이루도록 하고, 또한 공학인 들을 정의롭고 Humanity를 근본으로 하는 인재(人才) 공학인 들로 배양하여 인류사회에 공헌할 수 있도록 함이 최고절정의 전략이다.

비전 성취를 위한 TARGET은 공학철학을 바탕 한 창의적 탐색과 연구를 지속적으로 추구함으로써 새로운 영역의 창의적 산물을 창출하여 세계화를 이루고 인류에 행복을 제공하는 것이 되겠다.

창의적 전문화 응용연구와 교육은 이론과 실질적 경험에 바탕 한 전문성 확보와 창의적 R&D

연구개발로 진화 발전된 산출물들을 창조 해 낼 수 있는 수준이 될 수 있도록 해야겠다.
의 실행을 성취할 수 있는 이 있어야겠다.
실무를 실행하고 추진하는 과정에 있어서는 진인사대천명(盡人事待天命)까지 실행 실천하는 자세의 정신으로 창의적 탐색과 연구를 함으로써 세계화로 접근 해 나가야 한다.
최종적으로 철학적 의사결정의 실행 실천으로 정의로운 正道를 걸을 수 있도록 판단 해 낼 수 있는 능력 배양이 우선시 되어야겠다.
인류사회에 공헌하는 인재(人才)들로는 1) The able and capable both Engineers and Technicians, 2) The Great Scholar, 3) The Global Leaders, 4) The Worldwide Experts, 5) The Great Engineers, 6) The Great Technicians, 7) The Nobelist 등이 되겠다.
공학의 진화발전을 위해서는 창의력과 사고력 확장, 그리고 다차원적 사고력(思考 力)을 통하여 공학철학 바탕 위에 지속적 창의력을 발휘함으로써, 새로운 영역을 탐색 개척하고, 인류의 행복을 위한 새로운 산출물들을 지속적으로 창출 해 내야겠다.

2.13. Human Errors에 의한 사회적 제반 사고(incidents)에서 얻은 교훈 요약

1) 경영 Group 공학철학/윤리경영 결여: · 사고 원인 제공, · 사회 전반에 불행적/비극적 영향초래
2) 경영진의 기업안전문화 수립 및 운영 미 수립 및 소홀: · 구성원들 안전에 구심점 상실
3) 설계결함: · 사고원인 제공, · 인명 자산 손실 유발, · 사회전반에 불행적/비극적 영향초래
4) 안전관리규정 및 원리원칙 미 준수: · 사고원인 제공, · 인명 자산 손실유발,
  · 사회 전반에 불행적/비극적 영향초래
5) 현장철학 결여: · 사고원인제공, · 공장폭발 사고 초래, · 인명 자산 손실 유발,
  · 사회 전반에 불행적/비극적 영향초래
6) 협력사 (Contractor) 기술수준 취약 및 공학철학 결여: · 사고원인 제공, · 공장 사고 초래,
  · 인명 자산 손실 유발, · 사회 전반에 부정적 영향초래
7) 협력사 (Contractor) 이익배분 불균형: · 기술관리 자격 미달 업체 선택 · 사고원인제공,
  · 공장폭발 사고 초래, · 인명 자산 손실 유발, · 사회 전반에 부정적 영향초래
8) 부정행위에 의한 조작과 행동: 검은 돈(Black Money, 음성소득)의 유혹 등
9) 공과대학/대학원: 교과과정(Curriculum): · 교양 필수 교과목: 공학철학, 공학윤리 교과목 도입, 학점 이수
10) 기업체 및 협력업체, 교육 훈련(Education & Training): · 경영진에 공학철학, 공학윤리 개념 이해 및 주입
11) 인력관리: · 공학철학과 공학윤리에 바탕 하여, 의사 결정할 수 있는 최고경영자 영입.
  · CEO 영입/승진, 임 · 직원 선발: 공학철학/윤리 소양을 갖춘 인재를 영입 채용
12) 공과대학/대학원: 교과과정(Curriculum): · 교양 필수 교과목: 공학철학, 공학 윤리 교과목 도입, 학점 이수

3. 공학활동의 성능보장 (Performance Guarantee)

성능보장 시험을 시작하기 전에 반드시 공정 특허 제공사 (process licensor)와의 계약 서를 주의 깊게 읽고 이해하여야 하며 성능보장 시험 중에 주요 내용이 누락되거나 계약 내용에 위배되지 않도록 해야 한다.

3.1. 계약서에 명기되는 성능 시험 주요 내용

특히 성능보장 시험과 관련된 계약서상의 부록(APPENDIX)에 명기하는 제품규격 (product specification), 성능 보장(performance guarantee) 그리고 시험(test)에 대한 내용을 정확히 파악하고 시운전을 위해 해당 내용들을 준비해야 한다.

계약서에 명기되는 주요 내용을 요약하면 다음과 같다.

1) Procedures (성능 보장 시험 절차)
2) Readiness Demonstration (시범 운전 준비)
3) Seventy-two(72) consecutive hour sustained performance tests (연속 72 시간 지속되는 성능 시험)
4) Calibration (계기 보정)
5) Stopping of performance tests (성능 시험 중지)
6) Obligation of contractor to make repair prior to retest (재가동전에 수리를 위한 계약자의 의무)
7) Emergency shutdown (비상 운전 정지)
8) Liquidated damages (손해 배상)

여기서 특히 공정과 관련된 "연속 72시간 지속되는 성능시험" 항목에 있어서는 다음 내용들을 주로 다루게 되는데 공정에 따라 필요한 내용을 결정하여 성능시험 항목으로 확정한다.

1) 생산량
2) 종합 회수 효율
3) 생산품 품질
4) 오염 물질 종류에 따른 배출량
5) 부산물 발생량과 품질
6) 공급 원료 소비량
7) 유틸리티 소비량 등

특히 중요시 다루어야 할 문제로는 상기 성능시험 항목 중에 "오염물질 종류에 따른 배출량" 에 대하여는 명기된 오염물질 종류 외에 또 다른 오염물질이 누락되지 않았는지를 확인 점검하기 위하여 공정(process)을 이론적으로 세밀히 검토해야 한다.

3.2. 성능 시험자료 작성 요령

시범운전 (demonstrational operation) 기간이나 성능보장 시험 기간 중에는 제반 운전 상황을 정확히 기록해 나가야 한다.

이때 공정 특허 제공사 (process licensor)와의 계약 내용을 잘 이해하고 성능 시험을 위한 운전 기록지와 실험분석 결과 기록지 등을 준비하여 기록해 나가야 한다.

그러면 여기서 성능보장 시험과 관련하여 준비해야 할 자료를 다음과 같이 기술해 본다.

1) 앞에서 이미 언급한 운전 기록지(operating log sheet)
2) 성능 시험 결과에 영향을 미치는 계기 류의 보정 서류(calibration sheet)
3) 실험 분석 내용 기록지 (laboratory analysis sheet)
4) 성능 시험 데이타 요약서 (performance test data summary)

특히 성능시험 결과를 작성하는 과정에서 공정 특허 제공사와의 견해 차이가 발생하지 않도록 하기 위해 각 해당항목에 따른 정의(definition) 또는 계산 방법 등에 대하여 계약자와 사전 협의 확정해야 한다.

즉 1) 실험 분석 항목
   2) 실험 분석 방법
   3) 생산량이나 소비량 계산 기준 및 방법 등

참고로 "성능시험 데이터 요약서" (performance test data summary)에 대하여 계약서 내용대로 양식 (format)을 준비하여 성능 내용을 기록한다.

4. 기후변화에 따른 화학산업과 원자력산업의 위험성분석

여기서는 공학분야 중에서 Human Errors 결과가 가장 위험한 영향을 초래하는 영역인 화학산업과 원자력산업을 선택하여 공학철학과 연계하여 예로 들고 집중적으로 분석하기로 한다.

현재 대한민국의 원자력발전소나 화학공장들은:

· 고온 고압에서 방사성물질을 취급하며, · 독성, 휘발성, 폭발성, 위험성이 강한 물질들을 다루며, · 가벼운 진동이나 흔들림에 취약한 기기장치들이 가동되고 있는 상태에 있다. · 지반이 약해질 경우나 진동이 발생할 때 독성 가스를 취급하는 관(管, pipe, duct)들이 균열(龜裂, 금, crack)이 발생하기 쉽고, · 많은 공장들은 내진설계(耐震設計, Earthquake Resistant Design Standard)기준이 낮게 책정되었거나, 오래된 공장들은 내진설계가 현실에 미흡하게 되어 있는 실정이다. · 공장 근 거리에는 마을과 거주자들이 많이 있다.

그래서 기후변화에 따른 결과로 이들 공장들이 영향을 받게 되면 자연 재해로 이어져 대형 폭발사고나 화재가 발생하게 되고, 방사성 물질의 확산과 오염, 독성개스가 분출되며, 독극성 오염물질들이 유출되어 수로를 따라 하천이나 강과 바다로 흘러 들어가게 된다.

이러한 상황이 발생하게 되면 방사성물질의 피폭과 방사성물질의 오염으로 수많은 인명피해와 생태계 파괴, 그리고 국가적 자산 손실이 발생하게 되어 대재앙의 비극이 초래된다.

특히 해상에서 지진이 발생할 시에는 쓰나미가 동반되기에, 해안가에 위치하는 원자력발전소나 화학공장들은 기기장치들이 해수에 잠기지 않도록 공정설계를 최신화하여 대비해야 한다.
기후변화에 따라, 태풍, 폭풍우 (rainstorm), 뇌우(thunderstorm), 홍수, 폭염(暴炎), 혹서(酷暑, heat wave), 게릴라성 폭우, 가뭄, 천둥, 낙뢰, 대기권 오존층 파괴, 설산과 빙산의 해빙, 초고온, 초저온, 화산폭발 등과 같은 현상들도 나타나게 된다.
이러한 현상들이 도래될 때, 대자연의 안전요소들이 파괴되고 상실되며, 지각의 변화, 화재, 폭발, 붕괴, 위험물질누출/확산, 독가스의 분출/확산, 수해 등을 입게 되어 상상을 초월하는 인명손실과 자산손실, 그리고 생태계 파괴등과 같은 대 재앙의 재해를 입게 된다.
이 때 독가스나 독성물질이 바람 방향에 따라 주거지역으로 확산되거나 비산될 경우에는 그 지역 주민들과 생태계는 모두 죽음에 이르러 파멸되게 된다는 사실을 재인식하고 다양한 측면에서 완전무결하게 대비책을 강구 해 나가야 한다.
왜냐면, 이 사고야 말로 바로 물리적 사고가 아니고 화학적 사고의 재앙적 재해의 피해 결과를 불러 오기 때문이다.

4.1. 화학산업의 위험성 분석

우리나라에는 위험물을 다루는 대표적 대단위 석유화학단지들이 울산, 여수, 대산, 3군데에 위치하고 있으며 화학공장 특성상 동해안과 서해안 그리고 남해안지역에 자리 하고 있다.
이들 대단위 화학단지 내에 위치하고 있는 공장들이 취급하거나 생산하는 제품들은 대부분 독성이 매우 강하며. 극도로 위험하고, 치명적인 독극물이며, 쉽게 인화되고, 반응성이 예민할 뿐만 아니라, 부식성과 마모성 그리고 폭발성이 강하다.
이들 대부분의 공장들은 이미 노후화가 되었거나 아직도 지속적으로 노후화가 진행되고 있다. 이에 반하여 이들 노후 된 시설이나 부품들을 적기에 완전하게 교체하지 않는 상태에서 설상가상으로 각 기기장치와 부품들의 수명을 연장 해 가는 실정이다.
최근에 이르러, 이들 공장들의 사고사례들을 보면 제반 관리에 있어 결함을 보이거나 공장 운영관리에 소홀한 경향을 보이고 있다.
이들 대단위 공장에서 Human Errors로 인하여 위험물질들이 유출되거나 분출될 시에는 대량 인명피해나 자산손실, 그리고 환경적으로 생태계에 미치는 악영향은 상상을 초월하게 된다.
따라서, 이러한 여건상황에서 국가와 사회, 그리고 사업주와 직원들은 무엇을 어떻게 대비하고 준비하며 실행할 것인가를 원점에서부터 새롭게 검토 대비 해 나가야 한다.

4.2. 원자력산업의 위험성 분석

대한민국에서 현재 가동중인 23개의 원자력발전소들은 지정학적으로 볼 때 내부의 Human Errors에 의한 사고나 외부로부터의 군사적 공격이나 테러습격(Terroristic raid)에 의해 타격을 받을 때 그 피해의 결과는 핵전쟁의 재앙을 방불케 한다.
해양지진에 의한 쓰나미의 영향으로 기기장치들이 해수에 침수되는 취약성을 보이고 있는 실정이다.

2012년 2월 9일에 발생한 고리 1호기 Blackout 정전사고는 공학 인들이 볼 때 있을 수 없는 사고이다.
최근에 나타난 원전비리 사건과 연계된 제어 케이블의 시험성적서 변조와 불량부품공급은 상상을 초월한다.
의사결정권자와 책임자들에게 공학철학과 공학윤리, 그리고 공학적 의사결정의 소양이 결여되어 있다는 사실이 최악의 상황이다.
현재, 울진원전 6기, 월성원전 5기, 고리원전 6기, 영광원전 6기, 모두 23개 원자력발전소가 가동 중에 있는데 이 중 1개 원전에서 위에 언급한 상황으로 Human Errors가 발생할 때는 일본 후쿠시마 원전 사고와 같은 수준의 재앙적 사고를 불러 오게 될 것이다.
우리 원전기술자(Engineers)들은 위에서 언급한 위험요소들의 내용들로부터 사고가 발생하지 않도록 원리원칙과 S.O.P.(Standard Operating Procedure) Manual에 따라 대비해야 하며, 해외 원자력발전소의 사고와 국내 원자력발전소 의 위기일발 아차 사고(near accident, near miss)에서 교훈을 얻고, 이들 중 해당 내용들은 설계에 반영할 뿐만 아니라, 교육에도 응용토록 해야 한다.

5. 공학활동의 규격결정 (Settlement of specifications)

규격결정(Settlement of specifications)은 종합 안전설계 및 제반 공정/공장건설에 있어 기초적 기준이 되는 필수 항목이다.
여기서는 매우 복잡하고 위험한 물질들을 다루는 다양한 공정들로 구성된 화학공학분야에 속하는 규격(specifications)을 선정하여 피력하기로 한다.
규격결정에 전문성 결여로 인한 판단오류로 Human Errors를 발생할 시에는 위험(risk) 및 재해를 불러오게 된다.
예로서, 생산 공정, 원료 및 촉매, 연료, 화공약품 첨가제, 기자재 구매선정, 유틸리티, 생산제품 등에 대하여 규격을 세밀하게 규정 해 주어야 한다.
마치 화학공정 계산 시에 계산 기준을 정확히 설정하고 계산을 하는 것과도 같다.
명확한 규격결정을 설정하지 않고서는 화학공정 종합 안전설계와 공장 건설, 생산 운전 제조 활동, 사업추진, 연구 개발 등의 제반 업무와 사업을 추진 해 나갈 때 많은 오류들을 범하게 되며 시간과 경제적 손실을 초래하게 된다.
따라서 다음 부문에 대하여 규격 결정을 논하기로 하고, 여기서 논하는 전 부문에 대하여는 각 해당사항들을 종합안전설계와 공장건설에 반영하고, 또한 시운전 및 정상생산 활동에 응용하도록 한다.
규격결정에 있어서는 다음과 같이 주요부문으로 나누어 살펴보기로 한다.
즉, 1)공정부문, 2)기기장치 및 설비부문, 3)실험분석부문, 4)환경부문, 5)생산제품 수송기기 장치부문이다.

5.1 공정부문 (工程部門, Process area)

공정부문의 규격결정 항목들에 대하여는 다음과 같은 것 들이 있다.
즉, 원료, 첨가제, 소포제, 도포제(Coating agent), 충진물, 중간공정 반응생성물, 중간 제품, 최종 제품, 부산물, 불순물 함량, 촉매, 연료, 유류, 솔벤트, 유틸리티, 공정폐기물(대기 및 수질 등), 등이 될 수 있으며, 이들 각각에 대하여 규격으로 선정해야 할 해당 항목들을 세밀하게 선정하여 규격을 결정해 주어야 한다.
그리고 각 항목의 결정된 규격에 따라 공정 안전설계, 생산제품설계를 할 수 있게 되고, 요구되는 규격 생산 제품을 생산 해 내기 위한 공정안전설계(Process safety design), 제조설비설계, 기기장치의 선정내지는 안전설계, 품질 조정(Quality control), 품질 분석(Quality analysis)등을 할 수 있게 된다.
그리고 규격품의 최종생산제품을 얻기 위해서 원료 및 원료투입공정에서부터 중간 공정을 거쳐 최종생산제품이 생산되어 출하 될 때까지의 전 공정을 각 공정 구간으로 구분하고, 이 구분된 각 공정구간의 반응생성물의 규격을 결정하여 품질관리를 해야 한다.
이때 각 공정구간의 반응생성물에 대하여도 정밀한 규격결정을 해 두어야 하며, 아울러 각 공정구간의 Sampling을 위한 절차도 세밀하게 규정 해 두어야 한다.
특히 중요한 문제는 Sampling을 할 때의 안전과 연관된 사전 조치 및 방법에 대하여는 공정안전설계에서 필히 반영하도록 한다.
공정 Sampling에 대하여 화학공학 엔지니어 들이 안전설계에서 소홀히 다루거나 간과 할 때는 대형 사고나 인재로 발전하여 재해로 귀결된다는 사실을 명심해야 한다.

5.2 기기장치 및 설비부문 (Areas of Equipment and Facilities)

화학공정에 사용되는 기기장치나 설비부문의 규격 결정은 공정부문과 같이 생산 공정에 밀접한 관계가 있다.
특히 기기장치의 부식(Corrosion) 및 마모(Erosion), 공정의 고온 및 고압, 화학공정에 잔류하는 불순물의 함량에 따른 반응, 산화반응, 열 충격, 열분해, 열팽창, Cracking, Scaling, 자연발화, 정전기, 화학적 성분, 물리적 성질 등으로 인해 물질의 특성변화가 초래되기 때문에 기기장치 및 설비부문의 규격 결정은 매우 중요하다.
세밀한 항목들로 규격 결정을 하여 안전설계에 적용함으로써 상기에 언급한 내용들에 대하여 저항성을 가지고 원활한 생산 활동을 할 수 있게 된다.
여기서 규격 결정을 해야 하는 내용 들을 요약하면 다음과 같다.
즉, 회전체와 비 회전체, 공정기기장치 및 설비, 공정기기장치의 부품, 건설 기자재, 계기 및 전기 장치 류, 배관시설, 밸브 및 안전밸브, Gasket & packing류, 그리고 각 기기장치 부속품의 부품 등으로 요약 할 수 있겠다.
여기서 언급한 내용들을 참고로 하여 각 공장에 해당되는 기기장치 및 설비부문의 규격을 세밀히 결정하여 적용함으로써 종합 안전설계와 공장건설의 품질을 향상 시켜 줄 수 있으며, 이에 따라 Human errors를 줄여 재해를 예방 할 수 있게 된다.

5.3 실험분석 부문 (Area of laboratory analysis)

원료 투입에서부터 중간 공정을 거쳐 최종제품 생산 단계에 이르러 저장 및 제품포장, 그리고 출하가 될 때까지의 전 생산 공정의 품질관리는 제품 판로 개척 및 기업의 이미지(Image)를 제고하는 데에 핵심사항이다.
따라서 각 공정구간의 품질관리를 하기 위해서는 실험분석이 필수 조건이 된다.
규격에 합당한 최종제품을 생산하기 위해서는 상기에서 언급한 전 생산 공정의 각 구간에서 품질관리를 위한 실험분석을 해야 한다.
이때 규격품의 최종제품을 얻기 위한 각 공정구간의 실험분석을 위해 주기적으로 정확한 Sampling절차에 따라 Sampling을 하고 이를 정밀하게 분석해야 한다.
그리고 원료 투입에서부터 최종 생산 제품이 저장되는 최종 공정까지 각 공정구간의 반응생성물에 대하여는 이미 규격결정이 되어 있어야 한다.
여기서 각 생산 공정의 규격항목에 따른 실험분석방법이 정확히 선정되어있어야 한다.
상기 실험분석방법을 명확하게 규정하지 않을 경우에는 실험 결과 치에 차이점이 나타날 수 있을 뿐만 아니라 부정확한 결과를 얻게 된다.
이러한 결과로 비록 현재 정상적으로 운전 중인 공정의 생성물이 규격에 일치한다 하더라도 오히려 실험 결과 치를 믿고 생산 공정의 반응조건을 변화시키게 되는 오류를 저지르게 되어 심각한 위험 상황에 돌입하는 경우가 종종 있게 된다. 따라서 생산 공정이 정상으로 운전 가동됨에도 불구하고, 오히려 부정확한 실험 결과 치를 믿고 이에 따라 생산 공정을 엉뚱한 방향으로 Tuning 하게 되는 결과를 초래하는 경우도 있다는 사실을 명심하도록 한다.

5.4 환경부문 (Area of environment)

공장의 생산 활동 중에 공장시설로부터 대기, 수질, 토양 등을 오염시킬 수 있는 공정오염원(Process pollutant sources)들이 발생하게 된다.
따라서 관계법령이 정하는 배출허용기준 이하로 유지 해 나가야 한다.
생산 활동 중에 살아 움직이는 모든 생산 공정은 환경관리의 대상이 되며, 이를 소홀히 공정조정할 때 오염물질이 주위에 배출 오염시킬 수 있기에 철저히 공정 조정 해 나가야 한다.
이들 오염물질들을 배출허용기준이하로 유지시키기 위해서는 각 생산 공정구간에 설정된 규격데로 공정 조정을 해야 한다.
즉, 공장 생산 활동 중에 발생되는 공정오염원에 대하여 규정해야 할 내용에 대하여는 1) 수질분야, 2)대기분야, 3) 유독물 저장 및 처리 분야, 4)토양 분야, 5)악취 분야, 6)소음과 진동 분야, 7)쓰레기 분리수거 및 재사용 분야 등이 있다.
상기 분야에서 발생되는 오염원들을 배출허용기준 이하로 조정하기 위해서 각 오염원에 대해 공장에서 규정치를 설정하고 이를 공정안전설계에 반영해야 한다.

5.5 생산제품 수송 기기장치부문(Transportation equipment area of products)

화학공장에서 생산하는 대부분의 제품들은 유독물질 들이다. 이들 유독물질 들은 육상 및 해상 운송을 통해서 대량물량이 국. 내외로 교역이 이뤄지고 있다.

또한 이들 유독물들은 공장의 출하 지점에서부터 수 Km 떨어진 부두로 수송되거나, 혹은 위험물 수송차량으로 일반 차량들이 다니는 도로를 따라서 목적지까지 수송된다.
더욱이 도로를 따라 움직이는 수송 구에 실려 수송되고 있기 때문에 그 위험성은 공장 내에서보다 더욱 위험한 상황이다.
따라서 수송 장비 즉, 탱크 류, 배관시설, Gasket & packing 류, Safety valve 및 계기 류 등에 대하여는 상기에서 언급한 기기장치 및 설비부문에서의 규격결정에 따르기로 한다.

6. 공학활동의 설비보전 (Maintaining facilities on engineering activities)

설비 보전은 생산공장의 안정적 조업을 위해서 필수적으로 관리해 나가야 하는 생산 관리의 중요한 부문이다. 설비 보전 계획을 세워서 주기적으로 철저히 설비 및 기기 장치를 점검 하고 예방 정비를 해나가야 한다.
이 부문의 관리를 소홀히 했을 때는 공장의 조업 중단은 물론이고 대형 안전사고를 유발하게 되어 기업의 손실과 함께 사회적인 책임까지 감수해야 한다는 점을 명심해야 한다.
이 부문의 관리가 효율적으로 잘 이루어지고 있는지의 여부를 설비 보전 책임자는 철저히 분석 파악하고 점검해 나가야 한다.
생산 활동부서가 공정부문에 대하여 아무리 성공적으로 잘 운영한다 할지라도 이 설비 보전 관리가 비효율적으로 이루어 진다면 사상 누각과 같은 결과를 초래하게 된다.
설비 보전관리가 "잘 되어가는 것처럼" 보여서는 안되고 잘되어야만 한다는 사고방식을 관계자 모두의 마음속에 심어야 한다.
생산 활동 부서를 최대한으로 지원하는 설비 보전 관리 부서가 되어야 한다.
무엇보다도 예방정비(Preventive maintenance: PM)가 최우선 되어야 한다는 것을 명심하고 공장 보전관리에 최선의 관심을 기울여야 한다.
고장이 난 후에야 비로서 보수하는 방식과 분위기는 공장 형태에 따라 대형 안전사고를 몰고 올 징조라는 것을 예측해야 한다.
대형 공장 관리에서 얻은 진리이며 철학이다.

6.1. 설비 보전 계획

다음과 같은 내용을 가지고 계획성 있게 주기적으로 철저히 기기장치를 점검하고 대응책을 강구하며 예방정비(Preventive maintenance: PM)를 최우선으로 수행해 나가야 한다.
이미 기기 장치에 손상이나 사고가 발생하여 조업중단을 하기에 이르렀을 때는 설비 보전 계획이나 관리가 비효율적으로 운영되고 있음을 관리자는 깊이 인식하고 다시금 겸손하게 보완책을 강구해 나가야 한다.
그러면 여기서 집중적이고 체계적으로 설비를 관리해 나가야 할 내용을 기술해 본다.
1) 주기적인 점검 계획(Routine inspection schedule)
각 기기 장치 류에 대하여 점검 주기(Routine inspection interval)를 설정하여 운영토록 한다.

예를 들면 각 공장의 기기 장치들을 모두 목록화(LIST UP)하여 시행한다.

2) 예방 정비 계획(Preventive maintenance schedule)

각 공장의 기기 장치 류를 사고가 나기 전에 미리 점검하고, 예방 정비해 나가기 위한 계획이다.

3) 정기 정비 계획(Scheduled maintenance schedule)

공장 특성에 따라 고장으로 조업중단이 빈번히 발생되는 경우가 있는데 이들 공장의 정비를 위해 주기적으로 시행하는 계획이다.

4) 년차 보수 계획(Annual plant turnaround: PTA)

대부분의 공장의 경우 매년 정기적으로 공장을 가동 정지하여 정비 보수해야 하는데 이때 각 기기 장치 류들을 예방 정비 차원에서 분해, 검사, 수리하고 정비업무를 효율 적으로 수행하기 위해 계획하는 업무이다.

6.2. 설비 보전 관리

1) 정비 내력 기록(Maintenance history recording)

기기 장치의 정비 내용을 일자 별로 기록해 나가는 것을 말하며 예방정비(Preventive maintenance: PM) 계획을 작성하는데 기초자료가 된다.

매일 정비 내력을 기록 유지해야만 응용 가치가 있는 중요한 관리 기법이다.

정비 내력을 검토 분석한 후 정비 빈도수가 높은 기기 장치 류는 집중관리를 하면서 개선 또는 주기적으로 교체 대응책을 강구해 나간다.

2) 부식 관리(Corrosion management)

해당 기기장치의 부식(corrosion) 상태와 진행 상태를 주기적으로 점검 기록하고 부식의 원인을 분석하여 적절한 대응책을 강구함으로써 기기장치를 보호하고자 하는 관리 방법이다. 특히 방식기사(Corrosion engineer)의 역할로서 중요시 다루어야 하는 관리부문이다.

3) 기기 장치상의 "경고문과 주의 문" 관리

기기장치 제작 공급자는 장치를 설치 또는 정비할 때 주의해야 할 내용들을 기기장치나 정비용 교본에 "경고문 또는 주의 문"으로 명기하여 친절히 안내해준다.

이 내용들을 주의 깊게 파악하고 교육시킴으로써 사고를 예방할 수 있다.

4) 기기 장치 관리를 위한 자료 준비

기기 장치의 효율적 정비 관리를 위해서는 항상 정비 관리부서에 각각의 필요한 기술 자료들을 구분 비치하고 활용함으로써 정비 업무를 효율적으로 정확히 최적시간 내에 수행할 수가 있다. 또한 작업 수행자는 이들 자료들을 익숙하고 능란하게 이용함으로써 자신의 실력배양 에도 큰 도움을 주는 일석이조의 효과도 있게 된다.

갖추어야 할 자료들을 참고로 다음과 같이 소개한다.

- 제반 설계 도면 (Whole designed drawing)
- 공정용 운전 교본(Process operating manual)
- 기기 장치 정비 교본(Maintenance manual)
- 정비 내력 기록 목록서(Maintenance history list)

· 기기 장치 경고문과 주의문 수집 책자(Collection book of warning and caution)
· 공정도(Process flow diagram)
· 기기 장치 목록서(Equipment list)
· 계약서(Contracts)
· 기기 장치 제작 공급자 목록서(Equipment vendor list)
· 부품관리 목록서(Spare part management list)
· 기기 장치 구매 발주 목록서(Equipment purchasing order list)

5) 배관 설비 색깔 구분 관리(Piping color coding)

기기장치 류의 운전 및 유지보수 그리고 환경 및 안전 관리상 배관 설비에 구분된 색깔 (Color)로 표시하여 관리하는 방법이다.

색깔 구분 관리 목록서(Color coding list)를 작성하여 각 기기장치의 배관설비 색깔을 규약하도록 한다.

6) 노후 된 기기장치 폐기 처분 및 교체(Used equipment scrapping and replacing)

기기장치를 효율적으로 관리하고 아무리 익숙하게 사용한다 하더라도 기계의 수명 (Useful life)에는 한계가 있다.

한계에 이르러 정밀도와 효율이 저하되면 고장과 사고의 빈도수가 증가하게 된다.

이로 인해 공장 가동정지가 빈번할 뿐만 아니라 비상정지(Emergency shutdown)로 인한 안전사고의 위험 그리고 환경 문제에도 영향을 초래하게 된다.

이러한 중요한 문제점들을 안고 있기 때문에 노후 되어 수명이 다된 기기 장치 류는 폐기 처분하고 새로운 설비로 교체하여 생산성을 높인다.

6.3. 예방 정비관리(Managing preventive maintenance)

예방 정비관리는 생산 설비의 보전(保全)을 익숙하고 바르게 수행함으로써 생산성을 향상 시키는 생산관리의 일부이다.

생산 설비의 설계 조건과 운전 조건(Operating condition) 그리고 처리되는 물질들의 안전을 다루는 기술자료(Material safety data sheet: MSDS)를 정확히 이해하고 응용함으로써 성공적인 기기 장치의 예방 정비관리가 이루어 진다.

과학적인 방법으로 예방정비 계획, 보전업무, 폐기처분과 교체 등의 업무를 수행해 나갈 때 안정된 공장 조업을 할 수 있게 된다.

예방 정비 보수비(Maintenance cost)를 꼭 사용해야 할 때 사용하지 않고 맹목적으로 낮추 는 것만이 이익개선 하는 것이 아니기 때문에, 정비 보수비가 훨씬 증가되더라도 효율적인 관리를 하여 정비 필요부분을 철저히 찾아내고 완벽히 예방 정비해낼 때 생산성이 향상되고, 안전사고를 예방함으로써 경영개선을 할 수 있게 된다.

정비 관리자는 항상 경제성과 효율성 그리고 안전문제를 우선적으로 판단할 수 있어야 하며 정비 관리의 올바른 철학관을 가질 때 공장의 생산성을 일층 높일 수 있는 정비 업무를 수행해 낼 수 있다.

7. 공학활동의 안전과 환경보전

7.1. 공학활동의 안전

최고 경영자가 안전제일(Safety first)을 경영방침 최우선으로 선정하여 경영할 때 종업 원과 그들의 가족과 사회를 보호할 수 있는 분위기에서 안정되게 기업을 운영해 나갈 수 있다.
특히 화학공장은 고도의 기술 집약적 장치 산업으로서 여러 가지의 다양한 화학 물질을 사용하거나 취급한다.
이들 화학물질들은 무기화학 분야 또는 유기화학 분야의 제품들로서 사용 및 취급에 있어 안전제일을 고려하여 전문성을 가지고 주의 깊게 다루어야 한다.
이러한 화학물질들은 원료 저장에서부터 중간 공정을 거쳐 제품 저장 부문에 이르기 까지 엄청난 양이 취급되고 또한 공장 내에 보유하고 있다.
복잡한 장치 산업임을 고려할 때 이러한 위험 물질 들의 사용이나 취급은 엄밀한 안전 교육을 받고 처리해 나가야 한다.
철저한 교육과 전문성을 가지고 이들 화학물질들을 취급해 나갈 때 안정된 조업을 유지하 여 기업 발전에 기여 할 수 있게 된다.
이들 위험 화학 물질들의 누출, 화재, 폭발, 환경오염 등과 같은 대형사고가 발생할 경우 공장 근로자와 가족뿐만 아니라 공장 인근 주민과 사회 그리고 주위 환경에 엄청난 영향을 끼치게 된다.
만일 사고가 발생할 경우 공장규모와 취급물질에 따라서 그 피해 범위는 상상할 수 없을 정도의 피해를 입게 된다.
따라서 이러한 위험 물질들은 원료 하역 기지에서부터, 원료저장, 생산 공정, 제품저장, 출하취급, 운송과정, 수요자 저장에 이르는 전 과정에서 최대의 관심을 가지고 효과적으로 총괄 관리될 때 최대의 안진 효과를 얻을 수 있다고 본다.
어느 한 과정이 생략된 안전 관리는 있을 수 없다는 사실을 관리자들은 마음속에 깊이 아로새겨야 한다.
그러면 여기서는 생산 공장 에서의 안전관리에 대하여 겸손한 마음속에 대처해 나가야 할 내용들을 다음과 같이 피력해 본다.

7.1.1. 안전교육 및 훈련

1) 교육 자료준비: 필수적으로 교육자료 준비
2) 교육 자료내용: 참고 교육자료로서 대부분의 각 회사에서 준비하고 있는 아래 책 자를 이용하여 교육 내용을 요약함.
   · 안전 지침
   · 화학 물질의 위험 특성 Data Book
   · 사고 사례
   · 안전 Manual

3) 안전 지침: 반드시 아래 내용을 규정에 따라 준수 한다.

(1) 안전 수칙

· 일반 안전 수칙

· 작업 별 안전 수칙

(2) 위험 작업수행 요령

· 유해, 위험물 취급 요령

· 정전 작업 요령

· 위험물, 고압가스 하역 및 출하 요령

(3) 안전 작업 지침

· 안전 일반 사항

· 각 해당과 사항

(4) 위험 꼬리표 부착

(5) 안전 작업 허가서 발행

· 화기 작업 허가서, · 전기 작업 허가서, · 용기 출입 작업 허가서

· 특별 위험 작업 허가서, · 일반 작업 허가서

(6) 안전 관리 규정

(7) 고압가스 안전 관리 규정

4) 공장 위험 요소 교육: 관리자가 준비한 자료를 이용함.
(공장 별로 위험 요소를 발굴하여 교육자료를 준비한다)

5) 생산공정(Process)앞에서의 마음가짐: 근무 3원칙

· 길이 아니면 가지를 말고, 새로운 길을 찾아 나선다.

· 원리 원칙에서 벗어나면 행하지 말고, 책임자에게 보고하고 협의 또는 지시에 따라 행한다.

· 판단이 흐리거나 부정확 할 때는 행하지 말고, 즉시 책임자에게 보고하고 대책

6) 업무 처리상의 주안점

· 내재되어 있는 문제점을 조기 발견 - 문제 의식을 갖도록 한다.

· 남들이 무심코 지나친 일중에서 새로운 문제점 찾기

· 상호 선의의 경쟁 유도: 각자의 팀(Team)에서 공동으로 해결해 보려는 노력

· 자기 맡은 업무를 중요 순(Priority)으로 정리 수행토록 한다.

· 업무 중에 미비한 점 파악: 의문점으로 만들어 본다.

· 각 기기장치의 기능과 목적을 정확히 이해하고 다루도록 한다.

7) 문제점 해결 방안

· 현황을 면밀히 파악.

· 진행하여온 과정을 분석.

· 문제점을 도출하고 원인을 분석.

· 설계 조건 및 운전 Parameter와 비교 분석

· 원인을 분석

· 향후 대책을 강구하고 책임자와 상의하여 처리토록 한다.

8) Process revision/Modification: 즉 Design 변경이 요청될 때는 다음을 고려한다.

· PFD 와 P&ID를 참고하여 이론을 정립한다.

· 정립한 이론을 가지고 관계 부서와 상호 검토한 후 책임자에게 내용을 보고한다.
· 이론을 바탕으로 한 내용을 소속 관리자에게 상세히 보고한 후, 필요 시 외국 설계사에 문의하여 내용을 보완 시행한다.
· 제반 주요 공정, 안전 및 환경에 관한 중요한 사항은 전문부서에서 재검토한다.
· 그 어떤 경우에도 Process revision, modification, 설계 변경은 상기 절차 없이 시행할 수 없다.

9) Interlock system 과 System trip때 재가 동
· Interlock system을 설계된 대로 운전한다.
· 그 어떠한 경우에도 임의로 Interlock system을 생략하거나 By-pass 운전할 수 없으며 설계된 상태대로 운전, 유지 되어야 한다.
· Interlock trip 되었을 때는 원인을 정확히 규명한 뒤에 Manual에 명기된 절차를 따른다.

● ***TRIP시에는;*** 원인이 규명되지 않은 상태에서 절대로 재 가동 할 수 없으며 원인 규명 시에는 전문부서의 담당직원 입회 하에 함께 원인규명 해야 한다.

10) 안전 보호구 및 장비: 이에 대한 사용방법을 정확히 이해하고 사용한다.
특히 안전 마스크의 수명에 대하여 확인해야 한다.

11) 규정에 따라, 인수 인계: Log sheet 기록 내용
· Shut down중, Start up 준비 중, 비상 정지 중, 정상 운전중의 제반 조치사항 인수인계,
· 현장 Maintenance 사항 등

12) 인재(人災): 전문가 H.W. Heinrich 원칙: 다음에서 보는 바와 같이 대형사고의 진행 과정을 이해하고 안전사고 예방에 심혈을 기울여 나가야 한다.
즉, 이상 현상, Risk가 300건이 발생하는 동안 어떠한 해결방안을 강구하지 않으면, 작은 사고, Accident가 발생하기 시작하며 이 때도 근본원인을 찾아 해결하지 않으면 사고가 진행 되어 29건에 도달하게 되면, 재해(Disaster)가 발생하게 된다는 이론이다.
인재(人災): 인재는 평소 사고를 방지할 수 있는 적정 수준의 시설이 있는 데에다 이를 효율적으로 관리하고 관계자들이 안전 수칙을 잘 지켰더라면 능히 사전에 방지 할 수 있었던 사고를 말함.
관계자들은 그 어떠한 경우에도 상기와 같은 대형 사고의 발전 과정을 차단하도록 안전 대책을 강구해 나가야 한다.

13) 제 2의 사고를 예방하기 위한 사색
· 소 잃고도 외양간은 반드시 고쳐야 한다.
· 내일 지구의 종말이 오더라도 오늘 사랑하는 나무 한 그루를 심어야 한다.
위의 뜻을 마음에 아로새겨 제 2의 사고를 예방해야 함.
즉 소 잃고 외양간을 안 고치면 제 2의 사고는 또다시 나타난다.

14) 밝고 젊게 안전 관리를 하는 마음
· 뜻이 있는 곳에 반드시 길이 있으며
· 두드리면 열릴 것이고
· 하늘이 무너져도 솟아날 곳이 있으며
· 호랑이 새끼를 얻기 위해서는 호랑이 굴에 들어가야 한다.
· 용기와 신념 그리고 철학을 가지고 안전 관리를 해나가야 한다.

15) 안전에 대한 소망:
우리 모두의 합심으로 Risk를 예방하여, 처자식을 보호하고 우리를 보호하고, 회사의 발전에

기여하고 사회를 보호해 나가는데, 각자 한 가닥의 빛이 되어야 한다.

우리는 진정 안전제일(Safety first)을 얼마나, 어디까지 알고 대처해 나가고 있을까?

사람은 생각하는 갈대 이기 때문에 뜻이 있는 곳에 반드시 안전 사고를 예방하는 길이 있다고 본다.

7.1.2. 안전 작업 허가서 관리(Safety work permit management)

모든 직원들의 안전한 작업 환경과 최대의 운전 효율을 창출하기 위해 시설 유지보수, 검사, 시험, 토목 작업등을 다루는 일련의 규칙과 규정들을 제정할 필요가 있다.

7.1.3. 안전작업 허가절차 (Safety permit to work procedure)

첫째. 생산공장의 유지보수, 검사, 시험, 토목 작업 등을 행하는 외주 업자들을 포함한 모든 사람들의 안전한 작업 환경을 조성해 주기 위해서이다.

둘째, 각각의 생산공정 영역에서 담당운전 요원들이 아닌 외부 사람들의 이동을 감시 통제하기 위함이다.

셋째, 각 생산공정에서 행해지는 유지보수, 검사, 시험, 토목 작업등을 감시하기 위해서이다.

7.1.4. 안전작업허가(Safety permit to work)

- ***Hot Work Permit***: 용접, 연소, Grinding, Hot tapping, Concrete chipping 및 노출된 불꽃을 사용하거나 전기적 또는 충격에너지에 의한 Spark 발생이 가능한 기타 작업등에 적용한다.
- ***Cold Work Permit***: 노출 불꽃이나 전기 또는 충격에너지에 의한 Spark 발생이 가능한 어떤 종류의 기구 나 장비 사용을 필요로 하지 않은 모든 작업, 다시 말하면 Hot work permit 발행에 적합하지 않는 모든 작업등에 적용한다.

7.1.5. 안전 점검(Safety checks)

안전 작업 허가서의 확인 서명 전에 중견 관리자나 감독자는 작업 장소의 형태에 따라 물리적 검사와 다음 해당 사항들에 대하여 점검 확인 해야 한다.

1)위험지역이 아닌 다른 장소로의 작업 이동 가능성

2) 인화성 기체, 액체, 고체 물질의 존재 가능성

3) 가열에 의해 팽창할 수 있는 액체가 닫힌 Valve 사이나 또는 폐쇄된 Pipe사이에 갇혀 있을 수 있는지를 점검 확인.

4) Water flushing, Air purge 또는 Steam, 비활성 Gas등에 의해 이물질 제거는 되었는지 점검 확인.

5) 작업 시작 전 어떻게 인화성 기체, 액체, 고체 물질들이 없음을 확인 할 수 있는가?

6)Hot work중 불꽃이 튈 가능성이 있는지를 점검 확인.

7) 장치의 내부 구조는 Drawing과 일치하는지 점검 되었는가?

8) 보다 낳은 환기를 위해 열수 있는 Manhole이나 덮개가 있는지 점검 확인

9) Hot work 작업 중에 연소성 Gas나 Liquid 누출 가능성이 있는지를 점검 확인

10) 모든 응급 화재 장비는 정비 작업자에게 알려져 있으며 잘 작동 하고 있는지 점검 확인
11) 장치상의 모든 Drain과 Opening은 열려있으며 인화성 액체나 고체 또는 연소성 Gas가 없음을 확인한다.
12) 소방수 또는 안전 관리자가 작업 중 계속 대기 해야 하는가?

7.1.6. 안전 작업 허가서 발행(Safety work permit)

앞에서 언급한 작업 요청서(명령서)에 따라 작업을 수행하기 전에 제반 안전 사고를 예 방할 목적으로 안전 작업 허가서(Safety work permit)를 발행해야 한다.
안전 작업 허가서 발행은 그 어떠한 사고나 재해 그리고 대형 사고 등의 인재(人災)를 예방하기 위해 수행되는 업무로서 작업 특성에 따라 주의 깊고 신중하게 작업 내용을 점검, 파악한 후에 발행해야 한다.
그 어떠한 경우에도 안전 작업 허가서는 형식적으로 발행해서는 안되며 경험과 업무의 전문성을 가지고 신중히 발행 해야 한다.
안전 작업 허가서를 발행하는 중견 관리자 자신의 펜(PEN)끝에 따라 사고가 발생할 수 도 있고 예방 될 수 있다는 사실을 명심하고 중견 관리자는 허가서를 신중하게 발행해 야 한다.
안전 작업 허가서에는 작업 특성의 중요성에 따라 다음과 같은 범주로 구분하여 발행 하고 관리하는 것이 사고를 예방할 수 있다.
1) 화기 작업 허가서
2) 전기 작업 허가서
3) 용기 출입 작업 허가서
4) 특별 위험 작업 허가서
5) 일반 작업 허가서
6) 굴착 작업 허가서
특히 용기 출입과 관련된 작업은 질식사고의 위험성이 매우 높기 때문에 특별한 주의를 기해야 한다.

7.2. 공학활동의 환경보전

7.2.1. 환경관리

공장 시설로부터 대기, 수질, 토양을 오염 시킬 수 있는 유해물질과 소음, 진동, 악취 등의 오염원(Pollutant Source)을 관계법령이 정하는 배출허용기준 이하로 효율적으로 유지 관리해 나감으로써 주변 환경을 적정하게 보전하여 국민생활에 쾌적한 주위환경을 조성 제공해 주는데 목적을 둔다.

7.2.2. 공장에서의 환경관리 대상

1. 환경관리 대상분야

생산 활동 중에 있는 모든 공정은 주위 환경에 영향을 미칠 수 있는 물질들을 다루어 나가면서 목적하는 생산품을 제조하게 된다. 이러한 활동 중에 살아 움직이는 모든 공정은 환경관리의

대상이 되며, 관리를 소홀히 했을 때는 오염물질이 주위에 배출될 수 있기 때문에 철저히 효율적으로 관리해 나가야 한다. 환경관리는 생산공정 전구간에서 도덕적으로 성실히 세심하게 점검하고 분석해 나갈 때 이루어질 수 있다.

공장에서 관리해 나가야 할 환경영향 분야를 다음과 같이 기술해 본다.

1) 원료 하역 공정(Raw materials unloading unit)
2) 원료 저장 공정(Raw materials storage unit)
3) 생산 공정(Manufacturing process unit)
4) 중간제품 공정(Intermediate process unit)
5) 제품 저장 공정(Products storage unit)
6) 제품 출하 공정(Products shipping and loading unit)
7) 우. 폐수관로 공정(Surface and spent water treating unit)
8) 지하 배관 공정(Underground sewage unit) etc.

2. 환경관리 업무내용

앞에서 언급한 환경관리 목적을 달성해 나가기 위해서는 환경관리 대상분야에서 다음 내용들을 세밀히 관리해 나가야 한다.

1) 수질분야 (Waste water treatment area)
   ① 폐수 배출구에서의 배출수준이 설계치 이내로 유지되고, 또한 법규제치 이내로 되는지를 점검 확인한다.
   ② 우수 배출구에서의 배출수준이 법이 정하는 규제치 이내 인지를 점검 확인한다.
2) 대기분야 (Emission control area) TMS(Telemetering system) 운영
   각 공장 연돌에서 배출되는 가스 법 규제치 이내로 운영되는지를 점검 확인한다.
3) 유독물 저장 및 처리
4) 토양 오염
5) 악취 제거
6) 소음과 진동
7) 쓰레기 분리수거 및 재사용

7.3. 환경관리 직무와 활동

1. 환경관리 직무

1) 최고 경영자는 회사의 직제를 통하여 환경관리에 대한 지휘권을 갖는다.
2) 환경총괄 책임자 즉 공장장은 공장 전체적인 환경관리 업무를 총괄한다.
3) 환경총괄 부 책임자를 선정하여 환경총괄 책임자가 부재 시 업무를 대행하며, 평상시에는 환경기술분야에 대한 총괄관리업무 및 대외업무를 담당토록 한다.
4) 환경행정 총괄관리자는 환경기술에 대한 행정관리 업무를 총괄토록 한다.
5) 환경관리 감독 책임자는 담당부서의 환경관리 감독자로서 다음의 업무를 총괄 관장토록 한다.
   · 환경 오염방지 지침에 관한 사항
   · 배출시설 및 방지시설의 정상가동에 관한 사항
   · 오염물질 배출방지에 관한 사항

· 폐기물 처리규정에 대한 적법한 조치 여부관리
· 환경관리 시정지시에 대한 대책
· 환경오염 개선 및 대책강구
· 환경관리에 관한 개선업무
· 기타 환경관리 보완업무

6) 환경관리 실무책임자는 담당공장의 배출시설과 방지시설 및 인원에 대한 환경 관리의 모든 책임을 지며 다음 업무를 수행토록 한다.

· 배출시설 및 방지시설의 정상가동으로 오염물질 배출의 법정기준치 이하 운전유지
· 환경오염 방지를 위한 세부대책 수립 및 시행
· 오염물질 배출의 예방 및 방제
· 폐기물 처리규정에 의한 폐기물 적정처리
· 일상점검 및 이상배출 상태의 보고
· 환경오염 사고보고 및 대책수립 시행
· 시정지시에 대한 조치 결과보고
· 자체 환경오염 방지를 위한 교육실시
· 기타 환경보전에 대한 실시업무
· 환경관리 실적보고

7) 환경관리 실무 부 책임자는 소관 배출시설 및 방지시설의 운전 및 인원에 대해 환경관리의 책임을 지며 다음업무를 수행토록 한다.

· 배출시설 및 방지시설의 정상가동으로 오염물질 배출의 법정기준치 이하 운 전유지
· 배출시설 및 방지시설 가동일지 작성
· 환경오염 요인 제거
· 환경오염 사고의 신속한 보고 및 응급조치
· 시설의 오염물질 배출상태 점검
· 환경관리 일지 작성
· 배출시설 및 방지시설의 이상 가동상태 보고 등등

8) 환경 행정 관리자(환경담당)은 다음 업무를 수행토록 한다.

· 환경보전을 위한 기획, 감독, 조정 및 정책
· 환경 보전법의 이행 여부
· 환경오염 사고의 원인조사 및 예방책 강구 및 보고
· 환경관리에 관계된 기록유지 및 통계
· 오염물질의 예방 및 방제에 관한 기준설정
· 배출시설 및 방지시설 운영에 대한 시정보고 및 지도
· 공해오염도 조사 및 정기측정
· 환경관리에 대한 대 관청 업무 등

9) 배출시설 관리인(법정등록자)은 다음 업무를 수행토록 한다.

· 배출시설 및 방지시설의 관리와 개선에 관한 사항
· 방지시설의 운영에 대한 기록 보전에 관한 사항
· 자가측정 및 자가측정 기록부 보전에 관한 사항

· 기타 환경오염 방지를 위하여 시장. 도지사 또는 환경지청 장이 지시하는 사항

2. 환경관리 활동

환경관리 위원회는 다음 사항들을 심의, 결정토록 한다.

- 환경오염에 대한 현안 문제
- 오염물질 배출방지에 관한 사항
- 배출시설 및 방지시설의 정상가동에 관한 사항
- 오염물질 배출방지에 관한 사항
- 오염물질 배출시설에 관한 사항
- 배출사고 원인조사 및 대책수립에 관한 사항
- 폐기물의 적법처리에 관한 사항 등

7.4. 생산공정 이해와 응용 (Understanding and application on manufacturing process)

환경관리를 위해 아무리 훌륭한 조직체제를 가졌다 하더라도 운영 관리하는 구성원들이 생산공정(manufacturing process)을 정확히 이해하지 못한 상태에서는 환경관리는 성공할 수 없다. 환경관리 구성원들은 생산공정에서 일하는 구성원보다 더 세밀히 정확하게 공정(process)을 이해하고 있어야 한다. 앞에서 언급했듯이 환경관리는 생산공정 전구간에서 도덕적으로 성실히 세심하게 이루어져야 한다는 것을 다시 한번 강조한다.

즉 환경관리는 원료하역 공정에서부터 생산공정을 거쳐 제품출하에 이르는 전 과정에서 성실히 이루어질 때 가능하며, 환경관리를 성공적으로 이룩해 나갈 때 기업은 사회로부터 사랑을 받게 되며 계속 성장 발전해 나갈 수 있게 된다. 환경관리 구성원들에게 생산공정을 정확히 이해시킬 수 있고 응용해 나갈 수 있는 조직이 되어야 하며 또한 교육훈련을 강화시키도록 한다.

7.5. 환경오염 예방

1. 배출시설 및 방지시설의 정상가동

1) 각 생산공정 부문의 운영부서는 배출시설 및 방지시설을 정상으로 가동하여 오염 물질 등의 배출이 배출허용 기준에 적합하도록 한다.
2) 방지시설은 임의로 가동중지 할 수 없으며 다만 기기장치 보수를 위해서 방지시설을 일부 가동중지 하고자 할 경우에는 정해진 절차에 따라 중지하고 오염물질이 확산되지 않도록 사전조치를 취한다.
3) 배출시설의 자가측정을 환경보전법에 명시된 대로 수행한다.
4) 배출시설 및 방지시설을 변경 또는 신설하고자 할 경우에는 계획단계에서부터 사전 검토를 충실히 해야 하며 다음 사항들을 준비한다.
   · 배출시설 및 방지시설의 설계도면
   · 사양(specification) 및 투자비
   · 기타 설명자료

2. 폐기물 처리

1) 배출시설 또는 기기설비 등에서 배출되는 폐기물을 지정장소, 지정용기 류에 환경보전법이

규정한대로 적절하게 보관 및 운반 처리한다.

2) 폐기물 외주처리는 관계법령에 의거 폐기물처리업 면허를 취득한 업체이어야 한다.

3. 현장 점검

방지시설 및 배출시설의 이상현상 유무를 확인하기 위해 정기적으로 현장을 점검하고 그 결과를 기록 유지한다.

4. 환경사고 보고 및 책임

오염물질이 유출되거나 주위환경에 영향을 초래하였을 경우 현장조사를 실시하고 피해 상황을 즉각 보고토록 한다.

사고조사 및 점검결과 다음 사유에 해당될 경우에는 적절한 책임을 져야 한다.

1) 오염물질의 대량 유출사고(대외문제유발 및 법 기준 초과)
2) 시정지시 불이행 및 허위보고
3) 폐기물 처리규정 위반 시
4) 직무소홀로 인한 공해사고 유발 등

7.6. 유독 물 안전교육 및 점검내용

1. 유독 물 안전교육

유독 물 안전교육은 주기적으로 반복하여 철저히 시켜나가야 한다. 유독 물은 환경오염에 심각한 영향을 초래할 뿐만 아니라, 오염될 경우에는 돌이킬 수 없는 처참한 상태에 놓이게 된다. 교육에 있어서는 ① 물질 안전 취급서(Material safety data sheet: MSDS)와 ②화학물질 안전 취급서(Chemical safety data sheet: CSDS)의 해당 내용들을 발췌 요약하여 교육자료로 이용토록 해본다. 또한 운전교본 (Operating manual)상의 명기된 유독 물 안전내용을 세밀하게 가르치도록 한다. 앞에서도 언급한 바와 같이 생산공정을 정확히 이해시키는 것을 잊어서는 안 된다. 즉 전과정의 생산공정을 정확히 이해하고 응용이 가능할 때 유독 물 안전 교육은 성공적으로 이루게 될 수가 있다.

2. 유독 물 점검 내용

1) 각 공장 별로 취급하는 유독 물을 종류별로 구분한다.
2) 취급하는 유독물의 저장방법과 저장용기 명칭을 구분한다.
3) 상기에서 언급한 MSDS와 CSDS의 해당 내용들을 철저히 따르도록 한다.
4) 점검 내용은 다음과 같은 사항을 주안점으로 한다.
   · 소화기는 지정된 장소에 비치되어 있는지의 여부 점검확인
   · 방독면은 지정된 장소에 비치여부 점검확인 (또는 착용여부 확인)
   · 보호용 작업복, 보호장갑, 보호안경의 착용여부 점검확인
   · 유독 물을 중화흡착 또는 희석할 수 있는 방제약품의 비치여부 점검확인
   · 유독 물의 외부 유출여부 점검확인
   · 유독 물 지하로 유출여부 점검확인
   · 유독 물 저장탱크 잠금장치 이상유무 점검확인
   · 유독 물 저장탱크 안전설비 설치유무 점검확인
   · 유독 물 저장시설의 표시 판; 규정에 의한 설치유무 점검확인 등등

7.7. 환경관리 중장기계획 수립 운영

첨단 산업분야와 정밀화학 공업이 폭넓게 정착되고 끊임없이 발전되어 가고 있을 뿐만 아니라 대. 소형 공장들이 계속 건설가동 중에 있기 때문에 이들 산업분야에서의 유해물질 배출허용 기준치도 더욱 강화되어가고 있다. 국민건강 보호를 위해 산업체에서의 환경관리는 실질적으로 성실히 이루어져야 하며 현재 수준에 만족하지 말고 환경개선에 끊임없이 심혈을 기울여 나가야 한다. 환경문제와 관련하여 사회로부터 지탄받는 기업이 되지 않도록 꾸준히 환경개선에 앞장서 나가야 한다.

기업의 경영발전을 위해 환경관리 대상분야에서의 중장기 계획 수립운영은 경영에 있어 필수적인 관리 분야이다.

중장기 계획 수립을 위해 다음 내용들을 참고로 해본다.

1) 배출수준 강화에 따른 목표를 설정한다.
2) 관리해 나갈 중장기 기간을 설정한다.
3) 환경개선이 요구되는 분야를 각 생산공장 별로 다음과 같이 구분하고 공정개선 내용과 시설내역을 명기한다.

환경개선 종합 분야: · 환경 영향 평가, · 인허가 누락사항 점검 및 허가증 정비
· 대기 분야
· 악취 분야
· 수질 분야
· 소음 분야
· 진동 분야
· 폐기물 분야

4) 중장기 기간중의 사업추진 투자비용을 년도 별로 산출한다.
5) 환경개선 사업별로 공정을 선정하고 추진 일정을 계획한다.
6) 각 생산공장 별로 오염물질을 구분하고 개선효과 측정을 위해 투자 전,후의 배출수준을 예측한다.
7) 사업별로 개선효과를 예측한다.
8) 현안 문제점을 명기한다.

상기 내용들을 참고로 하여 각 공정 별로 문제점을 도출하고 대책을 강구하여 다음과 같이 종합기본계획 (Master plan)을 수립하여 운영하도록 한다.

8. 공학활동의 위험(risks) 발생 예방과 최소화

공학활동에서 발생하거나, 발생될 수 있는 제반 위험(risks)요소들은 이들을 미리 탐색하여 예방하거나 제거하지 못할 경우에 사고(incidents)와 재해(disasters)를 일으키게 되는 근본 원인이 된다.

앞에서 Human Errors에 대해:

1) 발생할 경우에 사고범위와 사고진행과정의 분석,
2) 주요원인 분석과 근본원인분석의 직접원인과 간접원인 분석,
3) 핵심영역분석,
4) 피해 예방의 최소화 분석 등을 피력 해 보았다.

이 Human Errors로부터 근본이 되어 발생되는 Risk, 위험요소들을 이해하고 정밀하게 관리하며 실행 실천할 때, 이들 위험요소들은 예방될 수 있고, 뿐만 아니라 인간의 능력한계에 부딪쳐 발생될 가능성이 있는 사고와 재해에 대하여도 그 피해를 최소화할 수 있게 된다.
여기서는 제반 공학부문의 기본과 근본, 그리고 총체적인 영역을 고루 포함하며, Risks가 발생하여 재해로 이어질 때, 상상을 초월하는 재앙적 피해가 발생하게 된다.
공학활동의 위험(risks) 발생 예방과 최소화 전략으로는 앞의 2번 주제에서 이미 검토된 "Human Errors예방과 최소화 전략" 에 따르도록 한다.

8.1.Risks의 예방 및 최소화 흐름도 (Y.H.K.'s Risks Minimizing Flow Diagram)

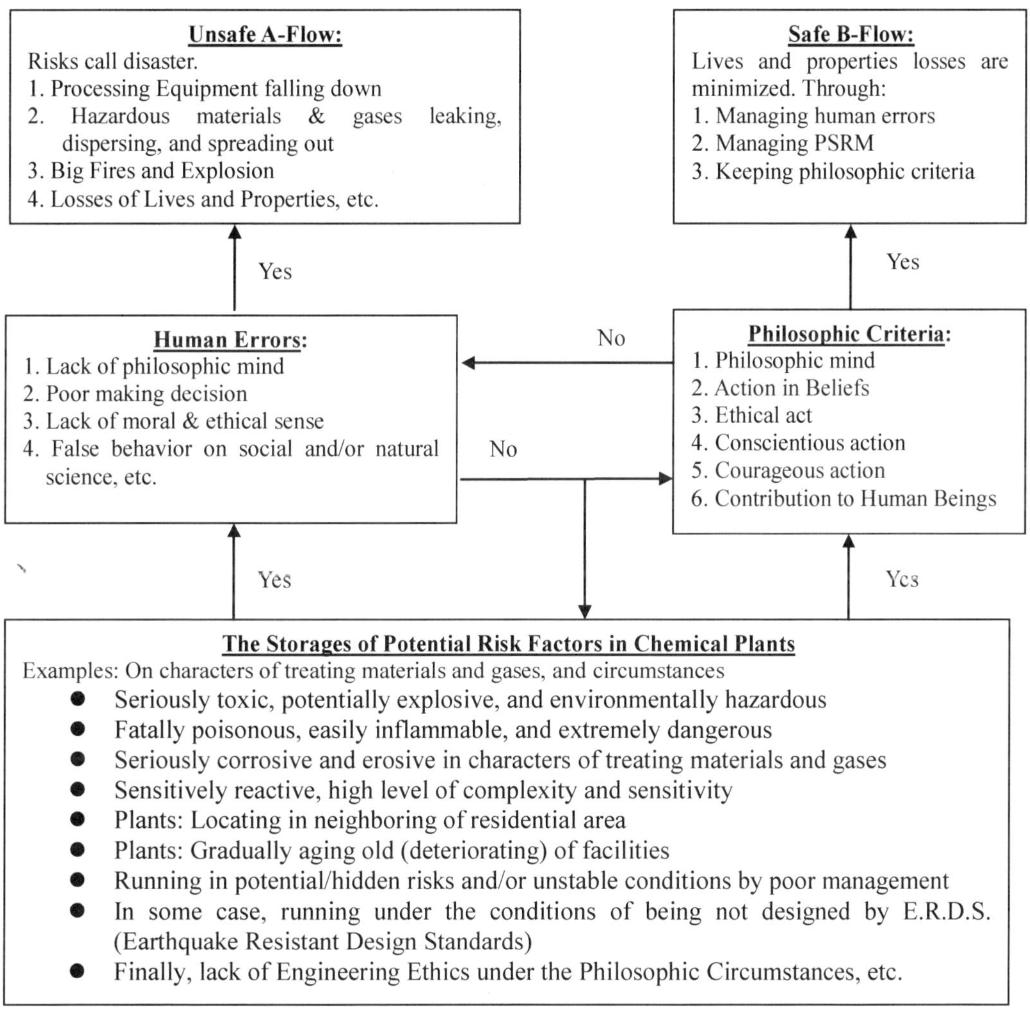

그림 6. Y.H.K.'s Risks Minimizing Flow Diagram
The left-hand arrowed route above the Storages shown on the bottom box is unsafe flow by Human Errors that call various risks. And the right-hand arrowed route shows the safe flow by Philosophic Criteria that protects lives and properties from accidents happened from risks.
Where, Y.H.K. is initial of Author's Name, YoungHo Kim.

9. 기후변화에 따른 자연재해의 예방과 최소화

9.1. 기후변화에 따른 자연재해

여기서는 기후 변화에 따라 가장 영향을 집중적으로 받는 원자력 발전소와 화학공장들에 대하여 우선하여 언급하기로 한다.

현재 대한민국의 원자력발전소나 화학공장들은:

· 고온 고압에서 방사성물질을 취급하며,

· 독성, 휘발성, 폭발성, 위험성이 강한 물질들을 다루며,

· 가벼운 진동이나 흔들림에 취약한 기기장치들이 가동되고 있는 상태에 있다.

· 지반이 약해질 경우나 진동이 발생할 때 독성 가스를 취급하는 관(管, pipe, duct)들이 균열(龜裂, 금, crack)이 발생하기 쉽고,

· 많은 공장들은 내진설계(耐震設計, Earthquake Resistant Design Standard)기준이 낮게 책정되었거나, 오래된 공장들은 내진설계가 제대로 되어있지 않은 현실이다.

· 공장 근 거리에는 인접하여 마을도 많고, 주민들도 많이 거주하고 있다.

그래서 기후변화에 따른 결과로 이들 공장들이 영향을 받게 되면 자연 재해로 이어져 대형 폭발사고나 화재가 발생하게 되고, 방사성 물질의 확산과 오염, 독성 가스가 방출되며, 독극성 오염물질들이 수로를 따라 하천이나 강과 바다로 흘러 들어가게 된다.

이러한 상황이 발생하게 되면 방사성물질의 피폭과 방사성물질의 오염으로 수많은 인명피해와 생태계 파괴, 그리고 국가적 자산 손실이 발생하게 되어 대재앙의 비극이 초래된다.

저자는 오랜 세월 국·내외 대단위 화학공장에서 실무를 담당 해 오면서 총체적 안전 및 환경 부문에 많은 시간을 할애하며 실질적 경험(Hands-on Experience)을 쌓아 왔다. 실무에서 "모든 사고(incident/accident)들은 예방 될 수 있다." 는 것을 인지하고 확신 하게 되었다.

따라서 전문가 집단과 연구집단, 그리고 정책입안 집단들이 협업(協業, cooperation)하여 지구 기후변화가 영향을 주는 자연재해(Natural Disasters)에 대비하여 연구하고 그 결과를 제반 산업에 응용 발전시켜 나간 다면 이로 인한 사고의 피해를 최대로 예방할 수 있을 뿐만 아니라, 이렇게 할 때 인명 손실과 자산 손실, 그리고 생태계 파괴 등의 피해를 최소화할 수 있다고 본다.

이 기후변화에 따른 결과와 조건들은 위에서 언급한 원자력발전소나 화학공장 등에 악영향을 미치게 될 뿐만 아니라, 결과로 나타나게 되는 재앙적 상태들은 인류에 돌이킬 수 없는 재해를 입히게 된다.

우리 인간들은 지구 기후변화에 따른 결과에 대하여, 지진, 쓰나미, 태풍, 폭풍우 (rainstorm), 뇌우(thunderstorm), 홍수, 폭염(暴炎), 혹서(酷暑, heat wave), 게릴라성 폭우, 가뭄, 천둥, 낙뢰, 대기권 오존층 파괴, 설산과 빙산의 해빙, 초고온, 초저온, 화산폭발 등과 같은 현상들과 조우하며 살아 가고 있다.

이러한 현상들이 도래될 때, 대자연의 안전요소들이 파괴되고 상실되며, 지각의 변화, 화재, 폭발, 붕괴, 위험물질누출/확산, 독가스의 분출/확산, 수해 등을 입게 되어 상상을 초월하는

인명손실과 자산손실, 그리고 생태계 파괴등과 같은 대 재앙의 재해를 입게 된다.
이 때 독가스나 독성물질이 바람 방향에 따라 주거지역으로 확산되거나 비산될 경우에는 그 지역 거주자들과 생태계는 모두 죽음에 이르러 파멸되게 된다는 사실을 재인식하고 다양한 측면에서 공학철학에 바탕 하여 완전무결하게 대비책을 강구 해 나가야 한다.
만일 위와 같은 기후변화에 따른 자연재해에 대비하여 유비무환 (有備無患, Be prepared, and you will have no cause for regrets.)의 정신을 소홀히 하게 되면 국가의 존립은 보장할 수 없게 된다.
왜냐면, 이 사고야 말로 바로 물리적 사고가 아니고 화학적 사고의 재앙적 재해의 피해 결과를 불러 오기 때문이다.
'모든 의사결정권자와 책임자/관계자들은 국민과 사회 · 국가를 위해 이에 대한 파급영향에 시간을 지체하지 말고 대비 해 나가야 할 뿐만 아니라, 제반 안전사고 및 재해예방에 유비무환의 정신으로 대처 해 나가야 한다.' 고 본다.

9.2. 대자연의 본성과 지혜

9.2.1. 대자연의 본성(本性, nature)

저자는 제7비료공장(남해화학주식회사)건설이 한창일 때 제4비료공장(진해화학주식회사)에서 이곳 남해화학으로 자리를 옮겼다.
30대 초반에 초급 관리자(supervisor)로 이곳 남해화학에 입사했을 때는 20여개 대단위 공장들과 다양한 저장시설들, 그리고 부대시설과 하역시설 등이 그 규모 면에서 세계적(World-wide)이었기에 저자의 마음을 압도했다. 건설 현장의 보이는 것들 모두가 저자에게는 신기했고 배움의 대상들이었다.
특히, 여수 삼일 항에 건설된 제7비료공장전용 부두하역시설은 그 당시 1970년대 초에는 동양 최대의 규모로 길이는 1,050m, 폭이 30m였다.
특히, 해상에 파일(pile)을 박아 그 위에 부두를 건설한 특색 있는 공법의 부두였다.
이 부두는 동시접안능력(simultaneous berthing capacity)이 95,000톤으로 50,000톤급 1선좌, 20,000톤급 2선좌, 그리고 5,000톤급 1선좌 배가 동시에 접안 할 수 있는 규모였다.
년간 하역 량은 약 2,800,000톤 규모로 부두는 항상 분주하게 운영되었다.
대자연이 자연적으로 흐르며 진행되는 과정에 태풍시즌이 오면 예외 없이 부두시설의 안전유지를 위해서 태풍대비 비상이 걸렸다.
이 때 저자는 대자연의 흐름과정에 순응하며 그 본성(本性, nature)에 따라 시설안전 비상대비상태를 점검하고 확인했다.
태풍대비 하역 크레인과 선적시설이 매뉴얼에 명기된 설계조건으로 안전하게 고정되었는지, 매뉴얼 대로 조치를 취해 놓았는지 등을 확인했다.
태풍이 예고되면 대형 선박은 부두에 정박해서는 안 된다.
비료제조 해당공장에 원료가 되는 인광석, 유황, 염화가리 등을 적재하고 부두로 접안 하기 위해서 들어 오는 수만톤급 원양선박들은 태풍이 예고되면 멀리 외항으로 나가야 한다.
외항에 안전하게 정박했다가 태풍이 지나가면 부두에 다시금 접안 해야 한다.

또한, 원료선적선박이 부두에 접안 하여 하역 중일 때 태풍예보가 발령되면 하역을 중단하고 바로 그 선박은 외항으로 멀리 나가야 한다.
태풍이 불어 파도가 일게 되면 외항으로 멀리 나간 선박은 수심이 깊은 곳에서 파도의 물입자 운동이 상하 원형궤도를 따라 움직이기 때문에 선박은 아래 위로 움직이기에 안전하다.
그렇지만 수심이 얕아지게 되면 파도의 물입자는 타원운동을 하게 되어 위험이 따르기 시작한다.
더욱 수심이 얕은 부두지역에 이르게 되면 파도의 물입자 운동은 앞뒤로 왕복운동을 하기 때문에 정박된 선박은 부두시설을 향하여 돌진하게 된다.
따라서, 선박은 부두시설과 계속 충돌하게 되어 선박과 부두시설은 대형사고의 파손을 피할 수 없게 된다.
태풍이 예고되면 대자연의 흐름과정에 순응하며 대자연의 본성에 따라 선박은 외항으로 나가 파도의 상하 원형궤도를 따를 수 있도록 하면 된다.
우리들은 기억한다.
14만 5천톤급 유조선, 시 프린스호가 원유를 싣고 여수항에 입항하여 태풍이 몰아치는 대도 불구하고 하역작업을 강행하다가 늦게야 피항하던 중에 암초와 부딪치는 사고로 원유가 유출되는 대형 해양사고가 발생했던 사실을……
태풍이 예고되면 대형선박은 외항으로 멀리 나가야 하는 원칙을 지키지 않은 돌이킬 수 없는 인재(人災, human error)였다.
선장 한 사람이 원칙을 무시하고 의사 결정한 판단이 죽음의 바다로 만든 재앙적 사고였다.
대자연의 순리와 본성에 역행한 선장 한 사람의 무지가 낳은 대재앙의 사례이다.
대자연의 태풍 앞에 바다에 떠있는 선박이 수십만 톤, 수백만 톤의 선박인들 그 원칙을 피해갈 수 있을까?
대양에선 하나의 조그만 보트(a small boat)인 일엽편주인 것을……!
이 재앙적 해양오염과 생태계 파괴, 인근 어민들의 양식장 피해와 생계소득피해, 건강피해 등으로 인한 불행을 어떻게 행복 된 삶으로 돌이킬 수가 있을 까?
우리들도 그 시 프린스호의 선장이었다면 태풍의 본성 앞에 외항으로 안전하게 피항하는 leadership을 발휘했었을까?
대자연 앞에 순응하며 순리를 따르고, 대자연의 흐름과 본성에 따라 동화되고 이론적 전문성에 바탕 하여 철학적 의사결정을 했더라면, 이러한 human error(인재, 人災)가 발생될 수 있었을까?
우리 세대들은 더불어 행복을 추구하기 위해서 이들 질문에 지혜롭게 대처해야 할 것으로 생각한다.

9.2.2. 대자연의 지혜

대자연은 우리들에게 아래의 마음을 전 해 준다.
· 햇살 같이 밝은 마음
· 산과 같이 깊은 마음
· 바다 같이 넓은 마음

· 반석 같이 굳은 마음

대자연의 산과 바다, 강과 들, 숲과 대초원, 푸른 하늘과 밤 하늘, 그리고 빛과 소리 등을 통하여 우리들은 대자연의 박동하는 소리를 느낄 수 있다.

대자연에 동화될 때 우리는 그녀의 대자연적 생태와 흐름을 알게 된다.

대자연으로부터 원초적 내음과 향기를 느낄 수 있고, 성장하며 발산하는 찬란한 빛을 보고 느낄 수 있다.

하늘로부터 다양한 소리와 빛, 물줄기와 눈(雪), 회오리와 바람 등으로 변화하는 다양성을 느낄 수 있다.

역동적으로 약동하는 대자연의 순리를 배울 수 있는 기회이기도 하다.

대자연에 동화 되어 시청각을 통하여 배울 수 있는 대자연의 순리는 우리들이 성장발전 해 나갈 수 있는 데에 초석이 될 수 있다.

대자연에 잠재되어 있는 무한대의 기운을 받으며 우리는 생동감과 활력을 얻게 된다. 대자연을 아끼며 사랑하는 이유이다.

오늘을 살면서 성장기에 대자연과 함께 공존하며, 무한함을 발견하고, 변화에 순응하면서 삶을 영위 해 나갈 수 있을 때 우리는 창조적 진화를 해 나갈 있게 된다.

'대자연의 품 안에서 다양성을 찾고 다양성 속에서 새로움을 찾아 무엇이 근원(根源, origin, root)이고 본성(本性, original nature)이며, 창의적이고 독창적인 착상(着想, conception, idea)은 어디서 오는지를 찾아 나갈 수 있다면 꿈과 목표는 순조롭게 이룰 수 있다.' 고 확신한다.

'꿈과 목표는 창의적 착상 없이는 이룰 수 없다.' 는 것을 우리들은 재 인식할 필요가 있다.

'살며 사랑하며 배우면서 이 신비로운 대자연의 순리와 아름다움을 마음에 담고 그 속에서 새로움을 찾아 나갈 수 있다면 그러한 분위기는 지속적으로 끝까지 꿈과 목표를 찾아 나가는 길에 활력을 불어 넣어 줄 것이다.' 고 저자는 생각한다.

상기에 언급한 '대자연의 4가지 근본적 마음에 바탕 하여 늘 기쁜 마음 속에 대자연의 순리와 지혜를 꿈과 목표에 접목 해 나간다.' 면 우리들은 대자연의 기운을 받아 역동성과 지속성을 끝까지 유지 해 나갈 수 있게 되어 행복한 마음을 찾게 될 것이다.

9.3. 지진과 쓰나미가 몰고 올 화학적 천재지변

우리나라는 환태평양 지진대에 근접해 있고, 주변국에서 대규모 지진이 빈번히 발생할 뿐만 아니라, 지진발생 빈도수도 지속적으로 증가하고 있다. 더 이상 우리나라도 지진과 쓰나미의 안전지대라고 말할 수 없게 됐다. 이번 일본 대지진으로 인한 원자력발전소의 피해처럼, 우리나라의 대단위 공업단지나 원자력 발전소 등에서 연쇄적으로 독가스나 폭발성 가스 그리고 방사성 물질이 유출되는 '화학적 천재지변'이 겹친다면 국가존립의 위기에 처하게 된다. 대량 인명손실은 말할 것도 없고 동 · 식물계 및 환경피해로 인한 국가적 손실은 상상을 초월할 것이다. 천재지변으로부터 손실을 최소화하기 위해서 다음의 대비책을 세워야 한다.

첫째는 지진 대비이다. 기존 대단위 공업단지 내 공장과 원자력발전소 내 회전기계장치류와 공정시설의 취약상태를 정밀 진단하고 국제 내진설계 기준으로 강화 보강해서 미약한 진동으로 인해 이들이 가동 정지되거나 붕괴되지 않도록 한다. 공업용수 저장시설은 비상시에 최소 3일 이상 사용할 수 있는 시설을 갖추고 비상시에 공동 사용할 수 있도록 단지 간 공동배관 설비류를 갖추도록 하며, 위험성이 높은 공장들은 비상시에 비상가동 정지를 현재보다 더 빨리 하도록 비상조업정지 회로시스템을 개발해야 한다. 또한 공정상 독극물 재고가 공정에 머물지 않도록 공정시설을 개조해야 한다.

둘째는 쓰나미 대비이다. 자연재해 쓰나미의 예고에 대하여는 해안선 바닷물 높이의 이상 증가와 낮아짐을 경고할 수 있도록 곳곳에 경보장치를 설치하고, 해안선 및 해안가 물밑바닥의 진동 및 흔들림을 탐지할 수 있는 탐지 경고 시스템을 요소에 설치하며, 해안가의 물 높이에 따른 수압변화의 이상 유무를 감지할 수 있는 수압변화 감지 시스템도 요소마다 갖춰야 한다. 더욱 중요한 것은 해안가 높은 곳에 해안 지진 및 쓰나미 감지 및 통보 센터를 설치해 탐지 내용들을 각 공업단지와 발전소에 실시간 긴급 전파해 위기에 조기 대처하도록 정보망을 구축한다. 이를 위해 정부는 전문연구기관과 학계, 그리고 전문 기술진들을 부문별로 나누어 공동 안전진단 추진체를 구성해 지진대비 안전진단과 대책을 긴급히 실행에 옮길 수 있도록 해야 한다.

(상기 내용은 저자가 조선일보 2011년 3월 24일자 오피니언 칼럼 [편집자에게] A33 페이지에 게재된 내용임.)

10. 극한상황위기 시나리오 대응

우리들은 조직생활이나 일상생활에서 위기와 조우할 때가 종종 있게 된다. 이 때 해당 담당자들은 위기에 맞서 최악의 극한상황까지 시나리오를 개발하여 위기관리를 해 나가야 한다. 위기관리를 어떤 개념에서 어떻게 대비하느냐에 따라 국가나 회사의 운명은 갈리기도 하고 국가와 사회는 불행의 나락으로 떨어 질 수도 있다.

우리들은 평상 시 주워진 조건과 과정에서 불현듯 나타나는 위기에 대책 없이 함몰되어 수많은 사람들이 고통과 비운 속에 일생을 마쳐야 하는 국 · 내외 경우를 많이 보아 왔다.

이러한 결과를 초래하는 비극적 위기는 해당조직의 최고 의사결정권자들에게 전문성이 결여되었거나, 운영철학과 가치관이 없고, 부정부패에 쉽게 빠져들게 하는 윤리적 정신을 상실했을 때 나타나는 증상(症狀, symptoms)이다.

최고 의사결정권자 자리는 소양을 갖춘 사람에게 맡겨져야 하며, 이 자리에 오른 사람은 위기관리(危機管理, crisis management)에 열정을 쏟아야 한다.

위기관리 방법에는 What if……? (……하면 어떻게 될 것인가?)방법에 따라 각가지 시나리오(scenario)를 만들어 어떠한 위험요소들이 잠재되어 있는지를 밝혀내고 이에 해당되는 대비책을 제시하여 실행함으로써 위기를 벗어나도록 해야 한다.

몇 가지 대비해야 할 시나리오를 예로 들어 보기로 한다.

1) 원자력 발전소 원자로의 연료봉 재질을 설계규격(設計規格, design specification)이하로 낮추어 부정으로 납품하면 원자로에 어떤 현상이 나타날까?
2) 독극물/폭발물 등 위험물을 생산 취급하는 공장이나 원자력발전소, 그리고 대단위 화학공장에서

비상발전기(emergency generator)가 적기에 가동되지 않을 경우에 어떠한 현상이 나타날까?
3) 산업현장에서 설계규격을 하향 조작하여 부정규격성적증명서를 발급할 때 불량품의 공급결과는 어떤 현상을 초래할까?
4) 태풍이 예고되었는데 태풍 풍속이 시간 초당 45m(45m/sec)로 발령되어 이에 대비 하였으나 풍속이 더 강한 50m/sec로 접근했다면 어떻게 될까?
5) 제반 산업현장에서 설계규격을 조작하는 부정부패를 방치하고 눈 감아 버린다면 산업현장에 어떠한 재앙이 오게 되며, 국민의 생명은 안전하게 보장될 수 있을까?
6) 해당조직의 최고 의사결정권자가 전문성이 결여되었거나, 운영철학과 가치관이 없고, 부정부패에 쉽게 빠져드는 윤리적 정신을 상실한 사람을 영입할 때 국민건강과 안전은 어떻게 보장받아야 할까?

상기와 같이 국민안전과 생명을 보호 해 주기 위해 각 해당분야에서 무수한 시나리오를 최악의 극한상황까지 개발하여 이에 대비하는 참다운 지도자들을 적재적소에 앉혀야 한다.
재해와 재앙을 불러 올 수 있는 화학공장과 원자력 발전소의 대형사고를 예방하기 위해서 응용설계에 반영해야 할 위기 시나리오의 예를 아래와 같이 들어 보기로 한다.

10.1. 화학공장의 위기 시나리오 예

공장 및 공정의 응용설계에 있어 위기 시나리오(Scenarios) 연구는 응용설계의 품질을 최대한으로 향상 시킬 수 있는 방안중의 하나이며, 응용설계를 위해 거쳐야 할 연구 과정이기도 하다. 시나리오 연구는 공장 및 공정의 설계 전반을 검토하게 되며, 현실에 있어 공장 운영 전반에서 나타나는 문제점과 잠재적 사고의 위험성, 그리고 사고 가능성과 예측을 해 볼 수 있다. 여기서 가상 사고분석과 원인을 파악해 볼 수 있기에 더욱 실질적인 응용설계가 가능하게 된다.
더욱 중요하게는 시나리오 연구는 이론과 경험이 총동원되기에 가치 있고 실질적인 응용설계를 할 수 있게 된다.
따라서 품질이 우수한 응용설계를 위해서 이와 같은 시나리오 연구를 필수적으로 심도 있게 해 볼 필요가 있다.

10.1.1. 화학공장의 시나리오 연구 주제 예

여기서는 시나리오 연구를 위한 주제를 예로 들어 보기로 하고, 이 주제 질문에 대한 폭 넓고 세밀한 대응책을 제시함으로써 이들을 응용설계에 반영 할 수가 있다.
다음과 같이 예를 들어 보기로 한다.

Case-1:

What-to-do and How-to-do when suppose that the 10Cubic Meter of DNT Hydrogenation Reactor (Hydrogenator) to produce Toluene Di-amine (TDA) was exploded at 08:00 hours of January, Winter Season?

Case-2:

What-to-do and How-to-do when suppose that the 15,000MT of Ammonia Storage Tank in the dike was ruptured in the midnight of 17:00 hours?

Suppose that the weather temperature around the exploded Ammonia tank shows 20 degree C, and Wind is blowing toward South North on the wind velocity of 5meter/sec.

Case-3:

What-to-do and How-to-do when suppose that the 50Kg of Phosgene Reservoir is leaking through along with the wind velocity of 10meter/sec on Southeast Wind in the Evening Shift of 23:00 hours? And Weather Temperature shows 25degree C.

Case-4:

What-to-do and How-to-do when suppose that huge amounts of SOX gas are directly emitting from the Stack of Sulfuric Acid Plant, Sulfuric Acid Production Daily Capacity of 1,400MT, due to Emergency Total Shutdown of Circulation Pumps on Absorption Towers? Time now shows 02:00 hours.

Those whole SOX gas is diffusing to Downtown through Neighboring Plants toward the South north of Wind Direction on 10meter/sec of velocity. Weather Temperature and Relative Humidity show 33 degree C and 85%, respectively.

Case-5:

What-to-do and How-to-do when suppose that the Water Source Dam is seriously cracking and breached by Earthquake happened in the early

Morning of 06:00 hours?

And also Water Supply Lines going to the Complex Plants was broken down. Accordingly, Daily 250,000MT of Water Supply is not available to the Water Storage Ponds in the Industrial Complex Park Area.

Case-6:

What-to-do and How-to-do when suppose that the Power Transmission Tower of one Thermal Power Plant of 500,000 KW of Power Capacity was terribly fallen down by Earthquake Wave in the midnight of 04:00 hours?

Consequently, Power Supply was stopped to the Complex Industrial Park.

Case-7:

As a Worst Case on the Tsunami Inundation Model, What-to-do and How-to-do when suppose that the Tsunami is warned at as of 20:00 hours that the Predicted Tsunami Arrival Time will be after 7hours in this Complex Industrial Park Area located in low-lying coastal Area?

10.1.2. 공장사고 위기 시나리오 대응 연구

공장 및 공정상의 비상 상태에서의 다음을 정의하고 요약한다.

a) Emergency in Plant, and also Neighboring Plants

b) Major Emergency to be applied to Critical Scenarios
c) Types of Emergency in Plant including Neighboring Plants
d) Level of Emergency in Plant including Neighboring Plants

위험 물질의 확인점검(Identification of hazardous materials)을 실행한다.

공정 설계상의 설계조건과 실제 운영상의 다음의 해당 사항들에 대해서는 재고수준, 범위 등의 확인점검을 정확히 하도록 한다.

1) Identification on Volume of Storage/Reservoirs of Hazardous Materials in Detail: In Plant including Neighboring Plants
2) Types of Consequences of Accidents on very serious Hazardous Plants in the Complex
3) Classification of Chemical Accidents; In Plant including Neighboring Plants
4) Dispersion Range in case of Dispersion of Toxic Chemicals/Gases in Detail: In Plant and including Neighboring Plants
5) Flammable Chemicals' Hazard in Detail: In Plant and including Neighboring Plants
6) Consequences' Result and Effect happening in case of Emergency

10.1.3. 공장사고 대비 비상조직 (Emergency organization)

공장 및 공정사고 시나리오 대응 시 다음과 같은 전문 팀을 구성하고, 이들 각 팀의 비상 업무 내용과 책임에 대해서 언급한다. 이들 전문 팀에서 각 시나리오 별로 대응 연구한 내용들을 응용설계에 반영하도록 한다.

1) Formation of Overall Joint Committee Members' List (Security Team, Company Crisis and Community Crisis Groups)
2) Operation Expert Team
3) Maintenance Expert Team
4) Traffic Control and Transportation Team
5) Heavy Equipment Supporting Team
6) Security Guard Team
7) Civil and Construction Team
8) Accident Inspection and Control Team
9) Safety Supervision Team
10) Fire Fighting Control and Rescue Team
11) Health and Medical, and Ambulance Team
12) Materials Supply Team
13) Toxicity Monitoring Team
14) Evacuation Team
15) Demolition and Reconstruction Team
16) Public relation and mass media communication team, etc.

10.1.4. 위기 대응 전략 (Response strategy on critical situation)

공장 및 공정사고 시에는 조직화된 경로를 통해서 해당 공장의 인명 피해와 자산 손실을 최소화 시켜야 한다. 아울러 이웃 공장과 지역사회에 인명 피해와 자산 손실 등을 최소로 줄여주어야 한다. 이를 위해 다음사항을 더욱 준비하여 이에 대응토록 한다.

1) Organization diagram for company crisis group
2) Information line diagram for community crisis group
3) Flow chart for emergency response
4) Telephone and cellular phone directories for the above crisis groups
5) Responsibility and duty chart for company and community crisis groups
6) Installation of weather vanes (weathercock) and siren
7) Evacuation area and route map
8) Security deployment plan
9) Medical Resources: Dispensary, local hospital, available doctors/nurses, facility and equipment
10) Operational control room: For message receiving and response on the scenario accidents
11) Availability of transportation for evacuation
12) Preparation of MSDS materials and chemical properties hand books
13) Operation manual and specification collecting book
14) Fire and safety manual in operational control rooms
15) Preparation of P&ID in operational control rooms
16) Storage and inventory tables, etc.

10.2. 원자력발전소의 위기 시나리오 예

핵심적인 위기관리 시나리오 연구의 예를 들면,

1) 원자로 냉각재 펌프 시스템이 긴급한 위기상태에서 제어기능을 상실할 때 어떻게 대응하겠는가?
2) 제어봉 구동장치가 긴급으로 제어기능을 잃을 때 어떤 조치를 취하겠는가?
3) 증기발생기에 공급하는 급수펌프가 비상 정지될 때 어떻게 정상화 할 것 인가?
4) 1차 계통 냉각제 펌프가 과열로 공동화 (空洞化, Cavitation) 현상을 초래하여 심한 진동을 초래하며 냉각재 흐름에 지장이 초래될 때는 어떻게 대처해야 하는가?
5) 각종 기기장치에 공급되는 기기냉각수계통의 제어 시스템이 순간적으로 기능을 잃을 때 어떻게 위기를 극복할 것인가?
6) 고압터빈으로 유입되는 증기조절밸브가 갑자기 닫힐 경우에 어떻게 긴급 대응해야 할까?
7) 원자로 증기압력 제어밸브가 갑자기 기능을 잃고 닫힐 때 어떻게 긴급조치를 취해야 할까?
8) 비상 정전 경우에 비상발전기가 즉각 시동되지 않을 때 어떻게 공정제어를 할 것인가?
9) 원자로 가압기의 가열기가 갑자기 제어기능을 잃을 때 어떤 조치를 취해야 할까?

10) 비상 노심냉각계통이 갑자기 제어기능을 상실할 때 어떻게 공정제어를 할 것인가?
11) 원자로 상단에 위치한 비상 압력밸브가 제어기능을 상실할 때 어떻게 원자로를 보호할 것인가?
12) 공정 별로 불량부품을 사용할 때 어떤 사고가 예상되며 이를 예방하기 위해서 어떻게 해야 할까?
13) 원자력발전소의 공정제어계통과 기기장치들의 부품(spare parts)들에 대하여 품질보증서 허위조작, 시험성적서 위조, 성능시험성적서 위조, 부품시험성적서 허위조작 등으로 불량품들이 각종 해당 장치에 조립된다면 어떠한 결과를 초래할까? 등 다양하다.

11. 자연재해에 대비한 응용설계

대단위 화학공장들은 해안가에 위치한 공업단지(Industrial complex)에 해면(Sea level) 보다 약간 높은 곳에 건설된다. 그리고 그 공업단지들은 지진대에 밀접한 곳에 위치 할 수도 있다. 또한, 근접한 거리나 멀리 떨어진 대양에서 지진이 일어나거나 Tsunami 가 발생 할 때에도 그 여파는 시간이 흐른 뒤에 이들 공장이 위치한 곳까지 영향을 미치게 된다.
또한 우리나라도 이제는 지진 발생에 있어 안전지대가 될 수 없다는 것이 지난 20년 동안의 통계로 입증되고 있고, 계속 발생 빈도가 증가 추세에 있다. 이 외에 Typhoon/Hurricane, Flood, Windstorm등에도 응용설계를 대비해야 한다. 또한 이들로부터 자연재해를 불러일으킬 수 있는 요소들을 세밀하게 검토하고 공장 응용 설계에 반영하여 그 피해 범위가 최소화 될 수 있도록 해야 한다. 따라서 우리 화학공학 기술자들은 자연재해 예방을 위한 공장 응용 설계를 지금보다 더 심도 있게 응용보완 해 나가야 한다. 아래의 자연 현상들이 나타내는 자연경고를 자세히 분석하여 공장 응용설계에 반영하도록 한다.
그러면 여기서 자연재해(Natural disasters)에 영향을 미치는 자연 현상에 대하여 살펴 볼 것 같으면 다음과 같다.
1) Tsunami,
2) Earthquake and its Wave,
3) Typhoon and Hurricane Strike,
4) Thunderstorm Winds
5) Windstorm,
6) Rainstorm,
7) Flood/Flash Flood,
8) Fire weather/Wild land Fire,
9) Heat Wave,
10) Volcanic Earthquake,
11) Volcanic Eruption,
12) Weather Events, etc.

11.1. 자연 경고 분석 (Analysis of the natural warnings)

여기서는 상기 자연 현상 중 Tsunami/Earthquake and its Wave에 대하여 예를 들어 보기로 한다. Earthquake에 의한 Tsunami가 발생하면:

1) 해안가의 해면 수위(Coastal waters level)는 불규칙하게 증가하거나 감소하게 된다.
2) 해안선(Coastline)이나 해변가(Seaside)에서 발아래 지각이 흔들리는 현상을 느끼게 된다.
3) 수면 밑의 압력(Sub-surface pressure)의 변화가 나타나게 된다.
4) 밤, 낮 어느 때건 이와 같은 자연현상이 발생하면 기차 또는 항공기와 같은 강한 소음을 내게 된다.
5) 낮은 해안가에서 강한 지진을 느낄 수 있다. 등

11.2. 자연재해 최소화를 위한 응용설계

상기에서 언급한 자연현상들로 인하여 그의 여파가 공장에 영향을 미칠 때는 상상을 초월한 연쇄적 재해를 입히게 된다. 예를 들어, 공장 내에 독성이 강하거나 폭발성이 강한 치명적 화학제품이나 약품을 별도로 저장하고 있다거나, 제조공정중의 기기 장치 내에 많은 양의 이와 같은 물질들을 내재하게끔 설계가 되어 있다고 가정해 보자.

만일 위와 같은 자연현상의 여파와 조우하게 되면 그 독성이 강하고 폭발성이 강한 화학제품과 약품들은 유출되어 공장 주변과 이웃 공장에, 그리고 그 주변 생태계에 엄청난 연쇄적 피해를 입히게 된다. 따라서 자연재해를 최소화하기 위한 응용설계를 해야 한다. 아래와 같이 예로 들어 본다.

1) 재해 물질(Hazardous Materials)들의 재고수준(Stock level)과 그의 양(Amount)을 쉽게 제어 할 수 있는 제어시스템(Automatic control)을 응용설계에 반영한다.

2) 극도로 독성이 강하거나(Extremely-toxic), 독극물이거나(Poisonous), 폭발성(Explosive)이 강한 물질들은 재고로 저장하지 않도록 한다.

3) 또한 상기에 언급한 물질들을 제조공정 중의 재고(Store in the process unit)의 목적으로 유지하지 않도록 제조 공정을 개발하고 재설계를 하도록 한다.

4) 재해물질 규정(Regulations on the hazardous materials)에 따른 최소 재고수준(Minimum stock level)을 응용설계에 반영한다. 또한 이들 물질들을 공정이나 공장 내의 재고로 얼마의 양을 유지해야 하는 지의 제한수준(Limit level) 을 설정한다.

5) 더 빠른 가동(Faster start-up)이나 더 빠른 가동정지(Faster shutdown)를 위한 공정 재어 기술(Process control technology)을 개발하여 응용설계에 반영한다.

6) 최악의 위험(Risks)이나 손실(Loss)을 최소화하기 위해서 종합 운전조정 판(Operating control board)에 비상 전체가동정지(Emergency total shutdown)를 하기 위하여 One-touch push-button을 설치토록 응용설계에 반영한다.

7) 비상 전체가동정지(Emergency total shutdown)가 요구되는 가장 짧은 시간 내에 이뤄질 수 있도록 Operational sequence control system을 개발하여 응용설계에 반영한다.

8) 위기의 비상상태(Critical emergency)에 대비하여 한 번에 비상 전체가동정지를 할 수 있도록 응용설계에 반영한다.

9) 상기에서 언급한 위험물질들을 지진에 대항하여 안전하게 견디어 낼 수 있도록 다음 구조물들

을 더욱 보강하도록 한다.

· Unit structures

· Process piping system

· Pipe rack foundation/its structures

10) Electrical switch gear room을 어떻게 보호 할지를 재검토한다.

11) 비상사태 및 재해 응답 시스템이 쉽게 이뤄지도록 응용설계에 반영한다.

11.3. 재해예방 제어 공정응용설계

앞에서 자연경고분석(Analysis of the natural warnings)을 한바 있는데, 이의 분석 내용들을 해안가 공업단지에 위치한 각 공장에 즉시 자연현상 정보를 주어 공장 측에서 바로 공정제어를 할 수 있도록 응용설계에 반영한다. 여기서는 해안 지진 (Earthquake on the coastal area), Tsunami에 대하여 응용설계에 반영해 보도록 한다. 다음의 내용들을 응답 받아 공정 제어를 하기 위해서는 자연현상 정보를 실시간 즉시 받을 수 있어야 한다.

즉, 종합 운전 조정판(Operating control board) 설계에 다음의 내용들이 실시간 기록되고 나타날 수 있도록 조정판 응용설계에 반영한다.

1) 해안가와 해안에서 발생된 지진의 여파가 지표에 영향을 미치고 있는 지진파(Ground shake)의 정도를 리히터 지진계(地震計, Richter scale)로 Monitoring 한다.

2) 해안가와 해안에서 나타나는 불규칙적인 수위의 변화(Irregular sea-level difference)를 Monitoring 한다.

3) 해안가와 해안에서 기차나 항공기에서 나는 소리와 같은 비정상적으로 들려오는 굉음을 음파탐지기(Acoustic sound detector)로 Detecting한다.

4) 해안의 수압 감지장치(Sub-surface pressure sensors)로 부터 얻은 데이터를 분석한다.

5) Tsunami/Earthquake/its wave의 실시간(Near-real time) 분석을 한다. 상기와 같이 감시 추적하고 탐지하고 분석 한 내용들을 해안 경비센터의 종합상황판에 실시간 기록되도록 하고, 동시에 공업단지 각 공장에도 기록되도록 한다.

11.4. 내진설계 (耐震設計: Earthquake-proof design)

현재 우리나라는 지진 빈도수가 계속 증가 추세에 있다. 특히 주요 집중관리가 요구되는 공장: 즉, 독성이 강한 화학제품이나 독극물, 그리고 폭발성 화학제품 제조공장 들이 건설될 지역은 반듯이 내진설계(耐震設計: Earthquake-proof design)를 위해 지진계수(Seismic factor)의 설계기준을 리히터 지진계(Richter scale)로 얼마를 설정 할 것인가를 특별히 고려하여 응용설계에 반영한다.

또한 기존 공장들은 독성이 강하고 폭발성이 강한 물질을 사용하거나 공정에서 처리하는 기기장치들의 기초(Foundation)와 구조물의 설계조건을 검토하도록 하고, 내진설계 기준에 미흡하면 이들 기기장치들을 지진에 대비하여 설계보완하고 해당 기기장치를 보강하도록 한다.

제4장 공학과 인문사회과학의 융합통섭

1. 인문사회과학과 연계된 공학의 창의성 발현

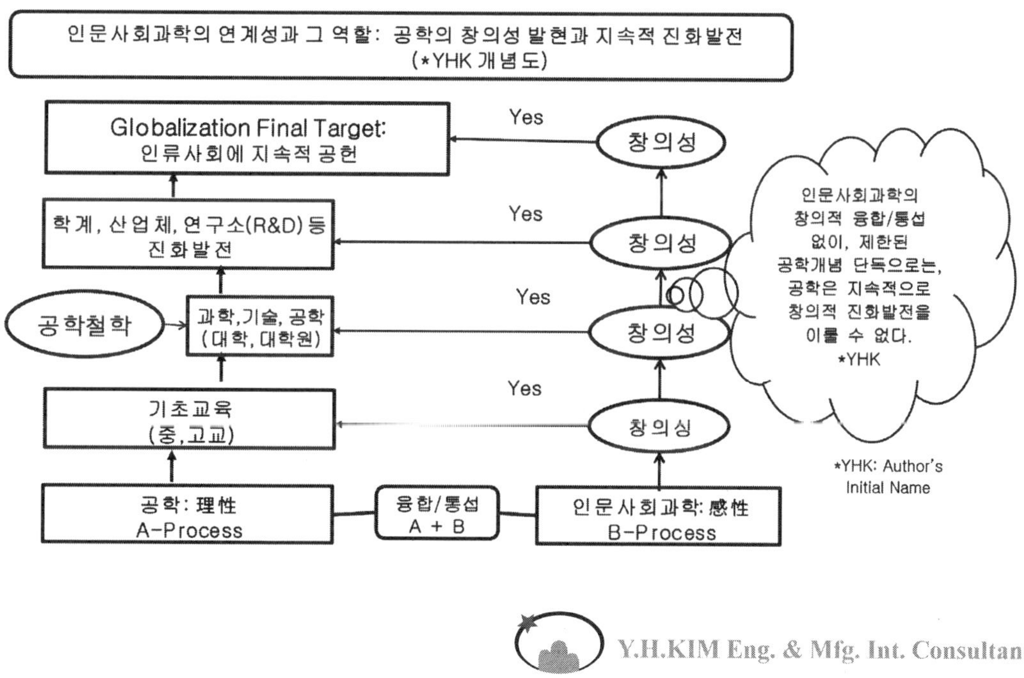

그림 7. 인문사회과학과 연계된 공학의 창의성 발현 개념도

이성(理性)에 바탕 한 공학(Engineering)은 그 자체 학문으로는 지속적 연구개발(R&D)과 현재로 다가올 미래의 다양한 변화의 예측, 그리고 창의성을 착상하여 응용하는 데에 한계가 있다.

감성(感性)에 바탕 한 인문사회과학(Humanities & Social Sciences)은 창의력과 사고력 확장, 고정관념탈피, 그리고 다차원적 사고(思考) 등을 할 수 있는 영역이기에 창의성을 발현, 창출 해 낼 수 있는 잠재력이 있다.

그래서 공학에 인문사회과학으로부터 창출된 창의성을 접목하게 되면, 공학은 새로운 영역의 결과물을 개척/창출 해 낼 수 있는 역량을 갖추게 되어 지속적 성장을 할 수 있게 된다. 이러한 목적을 위해서 공학(Engineering) 그 자체로서는 지속적 연구개발(R&D) 및 각종 변화의 예측, 그리고 창의성을 착상하는 데에 한계가 있다.

따라서, 이 한계적 공학에 인문사회과학을 융합 통섭함으로써 창출되는 사고력 확장, 고정관념 탈피, 그리고 다차원적 사고(思考) 등을 통해서 성취할 수 있는 창의성을 접목하여 공학을 지속적으로 진화 발전시켜 나가야 한다.

따라서 지속적으로 진화발전 해 나갈 수 있는 공학을 창조 해 나가기 위해서는 절대적으로 인문사회과학과 융합통섭이 이뤄져야 한다.

여기서 명약관화한 것은 인문사회과학으로부터 발현되는 창의성을 지속적으로 창출하여 공학에 접목시켜 나가지 못할 때는 그 분야에 해당되는 공학은 경쟁 성을 잃게 되어 성장을 멈추고 소멸하게 된다.

뿐만 아니라, 새롭게 발현된 창의성을 공학에 접목시켰다 할지라도, 공학에 공학철학이 근본이 되지 못한다면 이는 사상누각이 된다.

2. 지속적 창의성 발현을 위한 인문사회과학의 핵심요소 분석

1) 공학/인문사회과학 총체적 분석/확장→지속적 창의성 발현→공학에 응용:

공학은 그 자체만으로는 창의성을 발현하여, 지속적 진화발전을 할 수 없기에 반듯이 인문사회과학과 융합 통섭해야 한다.

창의성과 그의 발현을 위해서는:

- 문제예측, 발견, 해결의 Key가 된다.
- 개인, 사회, 국가가 지속적으로 발전할 수 있는 성장동력원의 기초가 된다.
- 실질적(practical)이고 현실성 있는 창의적 Idea는 국가의 경쟁력을 향상시키게 된다.
- 독창성 있는 정보는 생산성과 직결되어 국가, 사회발전의 동력원이 된다.
- 미래의 국가 경쟁력을 끌어 올리고, 국민의 삶을 지속적으로 안전하고 풍요롭게 하기 위해서 생산활동에 창의력을 반드시 주입해야 한다.
- 세계적 규모의 대열에 들어 가기 위해서는 반드시 창의력 개발에 집중하고, 그것이 주입된 결과물을 얻어내야 한다.
- 문제해결능력과 문제예측 및 발견, 그리고 해결을 위해서는 창의력이 반드시 요구된다.
- 이들 문제점들을 해결하기 위해서 요구 되는 창의력은 기초과학과 사회과학분야에서 고도의 전문성이 요구되며 분석력과 상상력, 그리고 발명성과 차별성이 갖춰져야 한다. 다양한 정보와 아이디어 위에 융합과 통섭을 이루고 응용하며 심도 있는 관찰을 통해 창의력을 얻을 수 있다.
- 독창성과 차별성, 그리고 발명성이 보장된 아이디어의 창출이 실질적으로 우수한 창의력을 탄생시킬 수 있게 한다.
- 창의력은 일상생활에서 전천후 취미와 자기가 좋아하는 영역의 것들을 즐기며 휴식하고 긴장을 풀고 수시로 대자연과 접하면서 호연지기를 할 때 감성적 사고력(思考力, thinking power)

이 강화되어 확장될 수 있다.

· 감성의 영역인 인문사회과학 분야의 철학, 문학, 독서, 음악, 미술, 예체능 등에 관심을 가지고 R&D 개발연구에 열정을 쏟을 필요가 있다.

2) 창의적/다차원적 思考: 세부적/총체적/차원적 사고확장/취미다변화 모색 등

3) 사고력 확장: 유사성/연관성/공통점, 동질성/이질성/상반성, 고정관념탈피 차별성/다양성/직관성, 상상력/연상력/가능성, 편의성, 직관성/직감력, 비정상/비 균일조건, 이론적 경험 등

4)추론: 연역법, 귀납법, 귀추법 응용

5) 통합, 융합, 통섭 영역 조화: 상호 영역을 탐색, 추리/추론/유추, 응용

6) Application Tools: Three plus Five Process, What & How to apply, Trial & Error Method, Scenarios Study, etc.

7) 창의적 신개념 영역 확장: 구체화, 응용, 창의성 발현, 도입 등.

그래서 공학의 지속적 진화발전은 인문사회과학의 영역인 사고력확장 및 창의적 다차원적 思考, 고정관념탈피, 상상력과 연상력, 차별성과 다양성 등의 핵심요소들을 확장 개발함으로써 성취되는 독창성과 창의성을 창출하여 공학에 응용 접목할 때 진화발전의 목표를 달성할 수 있게 된다. 따라서, 인문사회과학과 연계되지 못하는 공학은 더 이상 발전 해 나갈 수가 없으며, 그 상태에서 머물다가 쇠퇴하여 소멸하게 된다.

3. 인문사회과학과 연계한 창의성 개발

창의성(originality)은 독창력(creative power)과 같은 말로 문제해결능력(problem solution ability) 또는 창의적 사고(creative thinking ability)로 말할 수 있다.

즉, 독창적(creative) 사고력(thinking power)을 총 동원하여 얻어내는 창작적/독창적 아이디어(creative/original idea)이다.

새로운 아이디어를 착상하여 발견 해 내는 능력이며, 욕구를 충족시키기 위한 상상력을 동원하여 얻어 내는 능력일 뿐만 아니라, 인류사회를 위해 공헌할 수 있는 안전성이 보장된 독창성 있는 새로운 결과물(product)을 만들어 내는 능력이기도 하다.

창의성은 진인사대천명(盡人事待天命, Do your best and leave the rest to God.)까지 실행, 실천하는 자세로 지속적으로 공부하며, 시간도 적절히 배분하여 충분한 휴식과 기분전환 취미도 즐길 수 있는 상태에서 발현될 수 있다.

특히, 다음의 격언들은 창의성 개발을 위한 정신력에 기반이 된다. 는 것을 밝혀 둔다.

· 뜻이 있는 곳에는 반드시 길이 있으며,
· 두드리면 열릴 것이고,
· 하늘이 무너져도 솟아 날 길이 있으며,
· 호랑이 새끼를 얻으려면 호랑이 굴에 들어가야 한다.

창의성 개발을 위한 seed, 창의성 창출은 공학철학에 바탕 한 · 공학과 · 인문사회과학의 융합, 통섭 개념 도입으로 · 생각하는 힘, · 사고력확장, · 고정관념탈피, · 다차원적 사고 등으로부터 발현된다.

3.1. 창의성을 키우기 위한 핵심요소

· "만약에~~~을 하면 어떻게 될까? (What……if?)방법을 사용 해 본다.
· 좌뇌와 우뇌가 Networking (회로망)을 무수히 구축하도록 기초과학과 인문사회과학을 융합, 통섭하며 공부한다.
· 생각하기와 창의적 분위기창출을 위해 충분한 휴식, 놀이시간을 갖는다.
· 현장이나 현장의 전시물을 통해 체험하고, 기본 원리를 터득한다.
· 관심분야와 흥미가 무엇이며, 무엇을 하고 싶어 하는지를 생각 해 본다.
· 책 읽기는 "What & How, Why"를 사용하여 논리성과 인간성을 찾는다.
· 과정중심적, 자기주도적 창의력, 과정과 이해, 토론, 현장체험을 실행한다.
· 경청, 집중, 끈기의 자세를 기른다.
· 입체적 사고로 전체를 보는 눈을 갖도록 한다.
· 종합예술: 연극, 명화, 음악, 미술, 예술작품 등을 감상 할 수 있는 기회를 갖는다. 등

3.2. 감성 영역의 사고력(思考力)을 증진 시키기 위한 사례

· 대자연에 동화되어 산책을 해 본다.
· 대자연을 찾아 동화되며 대자연의 변화 속에 감탄하며 대화한다.
· 산에 오르며 나타나는 변화들을 감상하며 인생행로에 비유하며 기쁨을 찾는다.
· 전천후 취미와 놀이를 즐기면서 주위 사람들과 대화를 즐긴다.
· 주위 공원에서 심호흡을 하며 근육이완운동(stretching)을 한다.
· 창의력에 집중하여 일에 몰두하는 동안, 잠자리에 들 때나 화장실에 앉아 있을 때 창의적 생각이 떠오르면 바로 메모한다.
· 다양한 음악을 감상한다.
· 다독(多讀)을 동하여 생각하는 힘과 사고력을 확장 해 나갈 수 있으며, 고정관념에서 해방될 수 있다.
· 대중교통을 이용하여 차창 밖 대자연의 풍광을 즐기면서 여행을 한다.
· 세계여행을 통한 다양한 문화와 풍속을 접한다.
· 대자연에 동화되며 사색하고, 詩와 수필을 써 본다.
· 대자연을 찾아 나서며 주변에 나타나며, 보이는 모든 형상들과 열애 빛 밀어를 한다.
· 대자연의 변화를 느끼며 그 속에서 발견되는 신비로움과 오묘함에 감탄하며 감동을 그녀에게 들려준다. 등

4. 인문사회과학과 공학의 연계성과 지속적 창의성 발현 Road Map

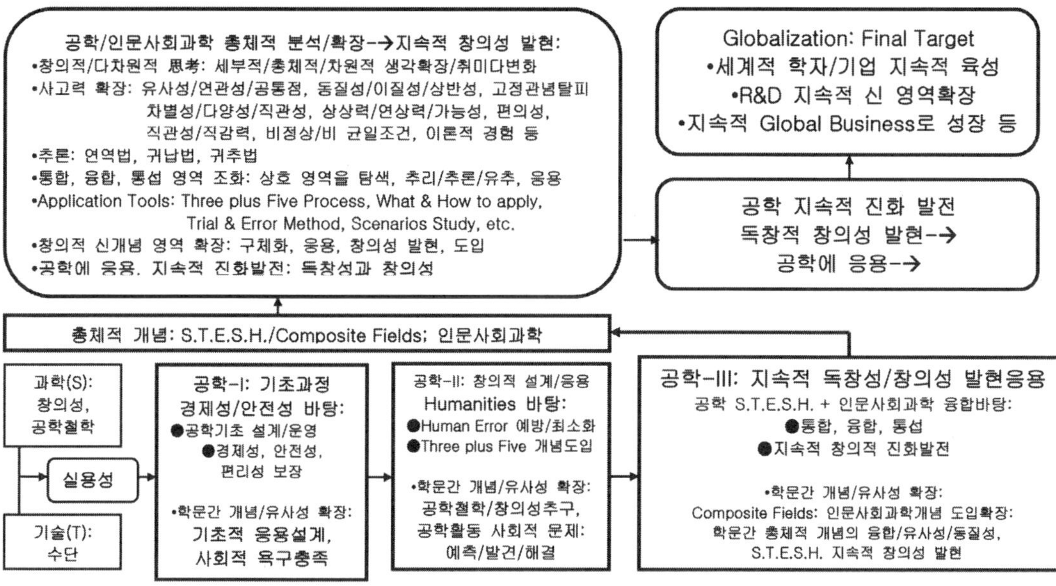

Y.H.KIM Eng. & Mfg. Int. Consultant

그림 8. 인문사회과학과 연계된 공학의 창의성 발현 개념도

과학과 기술의 발전 과정에 실용성을 바탕 하여 위에서 보는 바와 같이 공학-I, 공학-II, 공학-III의 영역들을 통합하며, 인문사회과학의 총체적 개념들을 이해하고 융합할 영역을 탐색, 개발 해 나간다.

여기서 공학과 인문사회과학의 연계성을 분석 확장하여 지속적 창의성을 발현 창출 해 나가면서 독창적 창의성을 찾아 공학에 응용 접목 해 나간다.

결과적으로 인문사회과학으로부터 창출 될 수 있는 사고력 확장과 다차원적 사고(思考) 등을 통해서 독창적 창의력을 발현할 수 있게 된다.

이 새롭게 발현되는 창의력이 공학에 지속적으로 접목될 때, 공학은 지속적으로 진화발전 해 나갈 수 있게 된다.

5. 인문사회과학 개념과 공학 개념의 차원적 진화발전 Y.H.K. 공정도

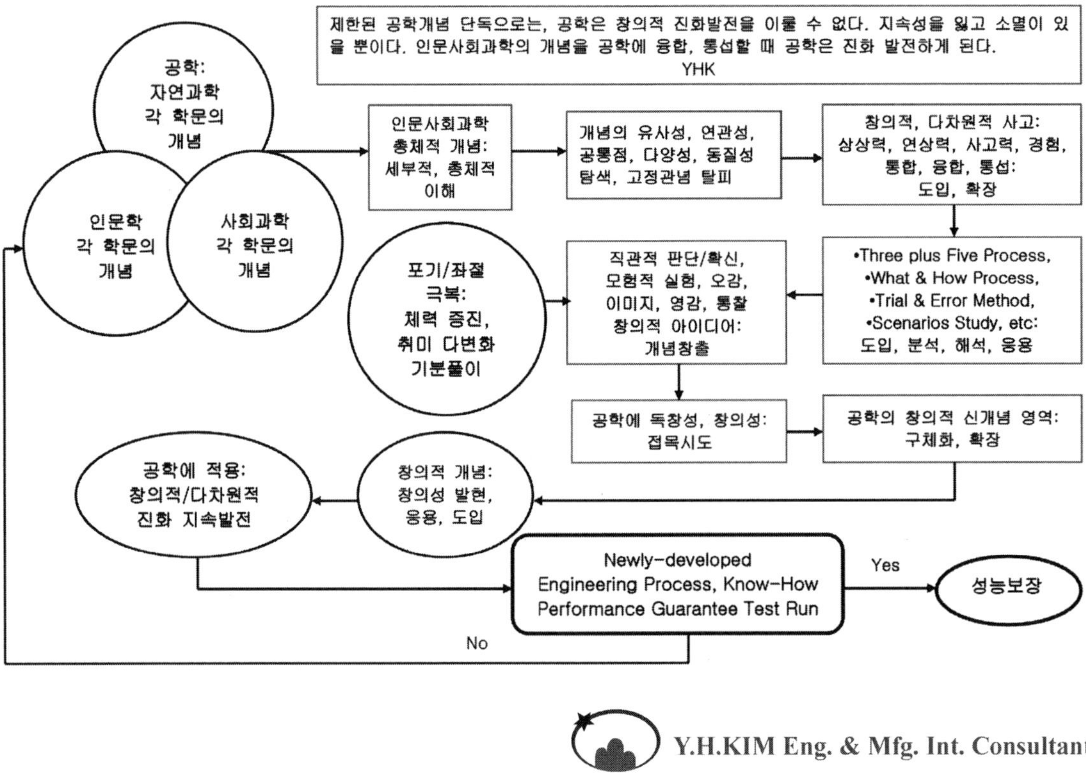

그림 9. 인문사회과학 개념과 공학 개념의 차원적 진화발전 Y.H.K.공정도

제한된 공학개념 단독으로는, 공학은 창의적 진화발전을 이룰 수 없고, 지속성을 잃고 소멸을 하게 된다.

인문사회과학의 개념을 공학에 융합, 통섭할 때 공학은 진화 발전하게 된다.

그래서 공학은 인문학과 사회과학의 총체적 개념들을 세부적으로 이해하고, 여기서 개념의 유사성, 연관성, 공통점, 다양성, 동질성, 고정관념 등을 탐색하며 창의적 다차원적 사고를 함으로써 독창적 창의성을 창출 해 내야 한다.

이 과정에 응용방법으로는 · Three plus Five Process, · What & How Process,
· Trial & Error Method, · Scenarios Study등을 도입, 분석, 해석, 응용 해 나간다.

이 응용과정에서 창의적 아이디어 개념을 찾아내고 독창적 창의성을 창출 해 공학의 신개념 영역에 확장, 응용 해 나간다.

이런 과정의 프로세스를 통하여 공학의 창의적인 다차원적 진화발전이 성취될 수 있다.

결과 새롭게 개발된 Know-how를 응용 발전시켜 새로운 신공정의 R&D 신 개발품을 얻게 되는데 이 때 신 개발품의 성능보장 시험을 거쳐 생산 정상화를 실현할 수 있게 된다.

6. 인문사회과학과 연계한 공학의 필수핵심요소, Y.H.K.’s Three plus Five theory 응용

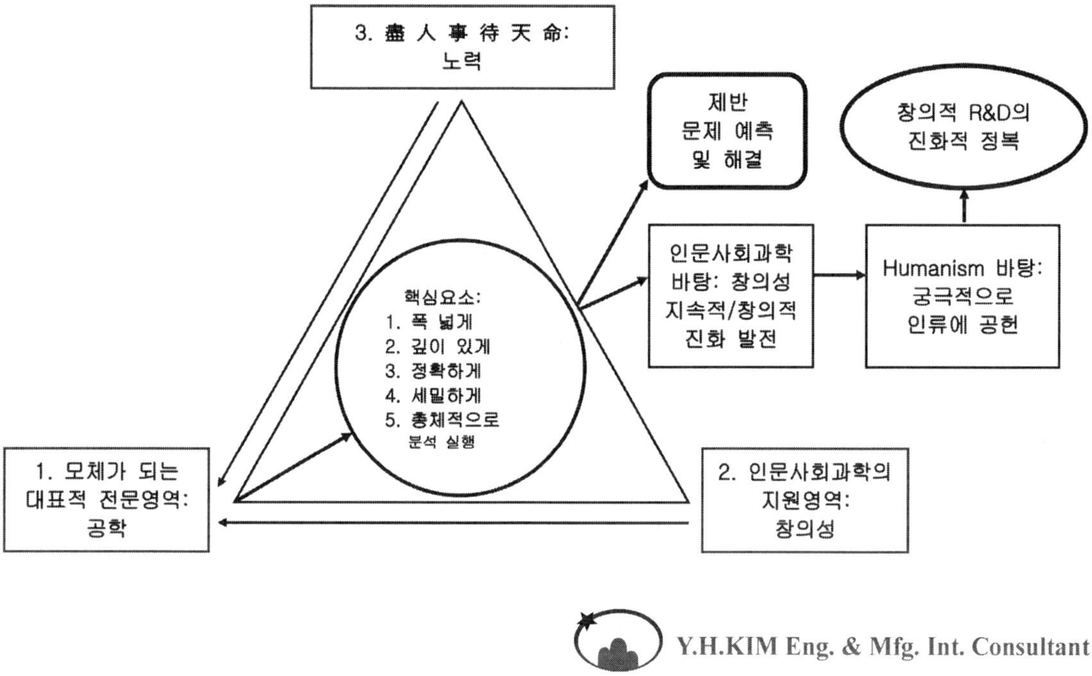

그림 10. 공학의 필수핵심요소, Y.H.K.'s Three plus Five theory 응용 개념도

여기서 인문사회과학과 연계한 공학의 필수핵심요소인 “YHK’s Three plus Five theory”에 있어서: Three는 삼위일체에 해당하는1. 전문영역의 공학, 2. 인문사회과학의 지원영역인 창의성, 그리고 3. 진인사대천명까지의 노력, 이들 3 가지 영역을 뜻하며, 창의성과 진인사대천명까지의 노력이 공학을 지원할 때 제반 문제예측 및 총체적 해결(Total solution)을 성취할 수 있게 된다.

이 삼위일체의 바탕에 해당되는 필수핵심요소들 Five는 1. 폭넓게, 2. 깊이 있게, 3. 정확하게, 4. 세밀하게, 그리고 5. 총체적으로 분석하여 실행할 때가 이에 해당된다.

공학의 R&D 연구목적 및 제반 공학과 연관되는 예측문제 그리고 제반 문제의 조사 및 해결에 있어 예외 없이 적용되어야 할 “YHK’s Three plus Five theory” 프로세스(process) 이다.

이 프로세스의 과정을 따르지 않은 위에 열거한 제반 프로젝트(project)들은 성능보장시험(performance guarantee test run)에서 적합판정을 받는데 영향을 받게 된다.

이 “YHK’s Three plus Five theory” 프로세스를 완벽히 적용할 때 목표한 제반 문제예측 및 총체적 해결을 할 수 있게 될 뿐만 아니라, Humanism 바탕의 창의적 R&D의 지속적인 진화발전을 이룰 수 있게 된다. 또한 이 프로세스를 적용할 경우에 전문성을 고취시킬 수 있고, 전문성을 확보한 후에는 창의성이 발현될 수 있게 된다.

따라서, 창의성을 발현, 창출 해 낼 수 있는 이 "YHK' s Three plus Five theory" 프로세스는 논리적 사고(思考)에 의한 사고력 확장, 고정관념 탈피, 그리고 다차원적 사고(思考) 등을 실현할 수 있는 원동력의 이론이다.

7. R&D 및 제반 문제해결과정에서의 인문사회과학의 역할

7.1. 심리적 변화 (특히, 문제해결 장기지연으로 인한 책임감, 사명감에 따른)

1) 심리적 변화 Process

· 불안→초조→당황→근심 걱정→낙담→고민→좌절→책임의 한계→자포자기/소멸→사표 각오/의지→사고 수습 후 사표 제출→결단→사회에 재도전

2) 정신적 위안의 희망적 메시지 각인

· 오랜 세월 동안 제반 대단위 공장에서 발생한 모든 문제의 근본원인들은 예외 없이 탐색 해 냈다. 따라서, 이번 문제 또한 반드시 해결되리라.

· 뜻이 있는 곳엔 반드시 길이 있고, 두드리면 반드시 열린다. (Where there is a will, there is a way. If you knock on the door, the door will open.)

따라서, 이번 문제의 근본원인 또한 반드시 찾아낼 수 있고 해결될 것이다. 라는 메시지를 마음에 각인시킨다.

그리고 문제해결을 위해 "YHK' s Three plus Five theory"의 프로세스를 적용 해 나간다.

7.2. 역경극복을 위한 정신적 대응 (안정을 찾기 위한 위안, 일반화 예)

1) 詩, John Stanton의 "몽고 대초원 지대에서 온 지혜" (Wisdom from the Mongolian Steppe)를 떠올리며 암송함.

2) 음악, Tchaikovsky의 "그리움을 아는 자 만이" (None but the lonely heart)를 심취하여 감상함.

3) 위의 詩와 음악으로 정신적 위안과 안정을 찾고, 극기력을 키워 위기를 극복 해 나감.

위의 예는 필자가 대단위 공장에서 공학활동을 하는 과정 중에 조우한 문제점 해결에 성공한 실질적 경험(practical hands-on experience)을 통해 얻은 예에서 요약한 것이다.

8. 인문사회과학이 제반 공학활동에 미치는 영향 분석

1) 연구자의 결함적 인성(人性, Human nature)을 정상화로 유도

2) 연구자의 위기상황에서의 심리적 변화와 정신적 대응에 극기력 부여

3) 연구 및 공학활동의 악조건에서 용기와 극기력 발현

4) Human Errors 예방 및 최소화의 창의적 제안의 확장자 역할

5) R&D 개발을 위한 창의력 발현으로 새로운 영역개발에 원동력 부여
6) 공학철학의 응용과 연계하여 창의적 개발의 seeding역할
7) R&D 추진 시에 기진맥진 상태에서 복원력과 지속성 유도의 원동력
8) 공학사고 Trouble-shooting을 위한 핵심요소의 Idea 및 힌트 제공
9) 전문영역의 지속적 진화발전을 위한 사고력확장과 고정관념탈피에 조력
10) 제한된 공학영역에 창의적 착상과 차원적 착안을 위해 아이디어 창출
11) 공학사고 위기 및 발생시 불행요소 엄습에 대한 심리적 변화의 완화 및 위안
12) 공학사고 수습 및 대응과정에서 정신적 불안/엄습/자포자기를 완화
13) 공학활동의 위기 및 역경극복을 위한 도전적 정신의 지속성 유지와 안정화
14) R&D 추진 시에 스트레스로 인한 불행요소를 행복요소로 전환
15) 공학활동에 있어 책임감과 사명감, 그리고 결단력과 리더십 발휘의 원동력
16) 제반 공학활동의 지속적 진화발전을 위한 창의성 발현의 핵심적 역할
17) 인문사회과학적 思考로 예술영역의 지원요소들을 접목하여 창의성 확장
18) 제반 R&D 과정/공학활동에서의 실패요소들을 성공요소로 전환하는 힘 부여
19) 공학활동의 문제점 예측 및 총체적 해결의 근본적 핵심요소의 제시
20) 학문간 융합통섭을 위한 핵심적 개념 분석 및 동질성 접합/접목역할
21) 제반 공학활동에 원초적 Humanism을 바탕 하여 잉태, 진화발전의 역할
22) 제반 공학활동에 철학적 思考를 할 수 있는 능력 배양 등

9. 인문사회과학 전문가와 공학 전문가의 시각차이 분석

9.1. 인문사회과학 전문가의 시각:

· 총체적 시각으로 폭을 넓혀 접근하는 장점이 있다.
· 객관적으로 다각적이고 입체적 사고를 하는 경향이 있다.
· 가설-연역 추론에 밝다.
· 열린 마음을 가지고 토론에 임하는 자세가 되어 있다.
· 창의적 신개념 영역확장 발현에 역동성을 보인다.
· Humanism바탕에서 철학적 思考를 하는 경향이 있다.
· 예술영역의 개념을 다양하게 응용하는 사고력을 보인다.
· 문제해결에 힌트/조언을 제공하는 능력을 보인다.
· 사고력 확장과 다차원적 思考로 새로움을 창출하는 능력을 보인다. 등

9.2. 공학 전문가의 시각:

· 한 곳에 집착하는 경향이 있다.
· 주관적으로 판단하고 결론을 내리려는 경향이 있다.
· 가설-연역 추론에 취약함을 보인다.
· 일반 지시 형으로 문제해결 토론에 빈약함을 보이는 경향이 있다.
· 문제해결에 편견 된 견해를 주장하는 경향을 보인다.
· 고정관념에 빠지는 경향을 초래할 때가 있다.
· 빈약한 이론에 바탕 한 일방적 지시로 위험성을 초래하는 경향이 있다.
· 인문학개념이 결여되어 있어 Humanism바탕의 적용력이 빈약한 편이다.
· 철학적 思考力이 빈약한 경향을 보인다. 등

10.융합통섭에 바탕 한 Y.H.K.' s S.T.E.S.H. 교육학습모형과 공학의 진화발전

10.1. 공학철학에 바탕 한 YHK's S. T. E. S. H. 교육 학습모형

*Y.H.K.' s S.T.E.S.H. (Science, Technology, Engineering, and Society with Humanity) 교육학습모형은 S.T.S. (Science, Technology, Society)의 진화를 통해서 S.T.E.S. With H.의 Humanism 바탕 위에 공학의 영역들을 지속적으로 진화 발전시켜 나가기 위한 TARGET 모델이다.
즉, 이 모형은 Science, Technology, Engineering, and Society with Humanity의 지평과 영역들을 확장시켜 나가며 지속적으로 인류의 안전과 행복을 추구하기 위한 역할을 하게 된다.
S.T.S.의 영역을 확장하며 발전 응용 해 나가기 위한 이 학습모형, S.T.E.S.H.의 궁극적 목표는 Humanism과 공학철학에 바탕 하여 공학활동에 창의성을 부여함으로써 공학의 지속적 진화 발전을 유도하는데 있다.
또한, 공학철학에 바탕 하여 공학활동의 부정적 행위와 Human Errors (인재, 人災)를 지속적으로 예방하고 최소화 함으로써, 인명손실 및 자산손실, 그리고 생태계 파괴를 예방하고 최소화하는 데에 그 목적을 둔다.
결과, 이를 실행함으로써 단기적으로는 국가사회의 안전을 도모하여 비상사태를 예방하고 차단하며 중장기적으로는 인류사회를 보호하고 그들 사회에 공헌하는 것이다.
*Y.H.K.는 저자의 영문이름, YoungHo Kim의 initial name이다.

Step1: S.T.S.의 진화→S.T.E.S.→S.T.E.S.H. 실용적 성숙단계

Step2: Humanism과 공학철학 바탕 S.T.E.S.H. 실행→공학의 지평과 영역확장→창의성 부여 →인문사회과학/공학영역 Human Errors와 재해 예방, 최소화→인명손실, 자산손실, 생태계 파괴 예방, 최소화→국가사회의 안전 도모, 구축→비상 위기 및 사태 예방 및 차단→인류사회 보호 및 공헌 단계

10.2. S.T.E.S.H. 교육학습모형에 따른 공학의 진화발전 TARGET 모형
Base : **학문간의 교류와 통합**(Integration), **융합**(Convergence), **통섭**(Consilience)

Step 3: S.T.E.S.H.진화→ *Composite Fields(종합학문: 인문학, 사회과학)와 교류

Step 4: S.T.E.S.H. + *Composite Fields→통합, 융합, 통섭→공학철학 바탕 위에 **창의성 창출 →Humanism 바탕 위에 지속적 S.T.E.S.H.실행→지속적 안전과 행복추구, 성취→인류사회에 공헌

**Composite Fields(종합학문):* 인문학 + 사회과학
· 인문학 (문학, 사학, 언어학, 철학, 미학, 예술, 미술, 음악, 종교학, 고고학)
· 사회과학 (정치학, 경제학, 사회학, 법학, 심리학, 교육학, 인류학, 지리학, 응용사회과학)

*****창의성 창출:*** 공학철학에 바탕 한 · 공학과 · 인문사회과학의 융합, 통섭 개념 도입으로 · 생각하는 힘, · 사고력확장, · 고정관념탈피, · 다차원적 사고 등으로부터 발현되는 창의성 창출
철학적 의사결정 바탕: · 생각하는 힘 · 사고력 확장 · 고정관념탈피 · 다차원적 사고

Sustainable Developing TARGET on Engineering Philosophy and Ethics should jointly protect the 5 Oceans and the 6 Continents from Disasters and Catastrophes caused by Human Errors.

10.3. S.T.E.H.S. 반석 위에 최고 의사결정권자의 역할

'과학(S). 기술(T). 엔지니어링(E)은 3위일체가 되어 사회와 하모니 (Harmony)를 이루어 주어야 하고, 여기에 공학의 근본이 되어야 할 Humanity(인류애)를 포함하여 사회(Society)에 공헌해야 한다.' 고 본다.

뿐만 아니라, 과학-기술-엔지니어링 영역 에서 창출되는 산물들은 반드시 Humanity에 바탕 하여 국가사회에 공헌해야 한다. 는 것을 저자는 강조하고 있다.
여기서 제3의 전쟁, 즉 기후변화에 따른 자연재해(自然災害, Natural Disasters), 휴먼에러(human error, 인재, 人災)에 의한 산업재해(産業災害), 부정부패에 의한 부실과 취약성, 그리고 의사결정권자 들의 무능과 비전문적인 판단 오류가 빚어내는 재해와 재앙 등을 도입하여 논하기로 한다.
저자는 오랜 세월 속에 대단위 산업현장에 근무하면서, 태풍이 상륙하는 매년 여름, 가을 철에 간헐적으로 발생하는 비상정전 때 담당 직원들이 비상조치를 취하는 과정 속에 실수로 Human Errors를 유발시킨 결과: 바람 방향에 따라 어느 한 시(city)가 유독가스로 뒤 덮이는 비극적 상황을 본적이 있다. 또한, 바람과 함께 유독가스가 산야의 초목들을 휩쓸고 지나가 영향을 받은 모든 수목의 잎새들이 노랗게 고갈되어 죽어 간 생태계도 보았다.
과거에 그랬다고 해서 현재에 두려워할 것은 없다.
과거의 경험에서 교훈을 찾아 내고 그 교훈에 따라 휴먼에러와 재해를 미리 예방하는 것이 지혜로운 공학철학의 운영이 되겠다.
이와 같이, 앞에서 언급한 Three-카테고리(공학철학, 공학윤리, 그리고 의사결정의 6-가지 철학적/윤리적 판단기준)라고 하는 부정부패 예방을 위한 정의로운 정신적 지표를 마음 속에 바탕 하여 실행실천 해 나간다면 모든 부정부패는 예방될 수 있기에 그들은 공학철학에 바탕 하여 인류에 공헌할 수 있게 된다.
따라서 하루빨리 청소년과 대학생 그리고 우리세대들에게 이 정신적 지표를 교육시켜야 한다.
이 정신적 지표인 예방묘약은 교육 후 바로 효험을 볼 수 있지만, 받아드리는 대상에 따라서 1~2년이 걸릴 수도 있고, 역행하여 이 지표를 이행하지 않는 어느 대상에서는 문제를 유발하는 경우가 있다.
Human Errors는 언제 어떻게 어디서 나타날지 모르기에 각 기업체, 산업체, 연구소 등의 최고 의사결정권자들은 이 Three-Category 접종에 최우선 하여 기본적으로 의사결정하고 정책을 입안 실행실천 해 나가도록 해야 한다.
각 분야: 정계, 기업계, 산업계, 연구업계 등의 최고 의사결정권자들이 솔선수범하여 애정과 사랑을 담아 시간을 다투어 정책입안하고 실행실천에 옮겨 주어야 국가적 효험을 얻을 수 있다.
각 분야의 발전은 상기와 같은 Three-Category 영역의 효험을 인식하고 최고 의사결정권자 가 직접 관심을 가지고 사랑과 애정을 담아 주어야 실현 가능하다.
그런데 진정 이들 분야에서 사랑과 애정을 담아 대한민국의 5천만 국민을 위해 정신적 3-카테고리 영역을 지휘할 능력 있는 최고 의사결정권자들이 과연 몇 명이나 나올 수 있을까?
이들 분야의 최고 의사결정권자들이 과학(S), 기술(T), 공학(E)의 S.T.E.분야 위에 정신적 Three-Category로 각 분야에 알 맞는 안전문화정책을 입안 수립하여 실행실천 해 준다면 국가는 제3의 전쟁이 없는 선진국가로 바로 성장발전하고 진입하게 된다.
이들 분야의 최고 의사결정권자들이 S.T.E.를 사랑과 애정에 바탕 하여 여기에 Humanity를 포함시켜 반석 위에 올려 놓고, 이어서 그 결과 들을 사회(Society, S)에 접목시켜S.T.E.H.S. 사회를 만들어 줄 수 있다면 그 파장효과는 국가사회의 내분도 예방할 수 있고, 국가 통일을 이루는데 지름길이 될 수 있다고 본다.
그래서 각 분야의 최고 의사결정권자들이 S.T.E.H.S.의 건실한 사회를 만들어 나갈 수 있다면 그들은 새로운 위대한 인물로 다시 태어나게 될 것이다.
이 S.T.E.H.S.의 영역 반석 위에 그들의 정신을 불어 넣을 수 없는 무능력의 최고 의사결정권자들이라면 그들을 우리 5천만 국민들의 기억에 더 이상 남겨 둘 필요는 없다고 본다.
공학철학에 바탕 한 S.T.E.H.S.의 반석 위에 사회에 아무런 공헌을 하지 못하는 그 분야 최고 의사결정권자 들이라면 우리 5천만 국민들은 그들을 진정한 정치가, 기업가, 연구가라고 말할 수 있을까?
이 제3의 전쟁을 미리 예견하고 다스리지 못하는 각 분야의 최고 의사결정권자들은 이 소리 없는 제3의 전쟁을 먼저 불러 오게 하는 장본인들이 될 것이다.
물론 제3의 전쟁을 미리 예방하고 모두 통일할 수 있는 최고 의사결정권자들이라면 그들은 위대한 인물로 기억되고 우리 5천만 국민의 존경을 받을 수 있게 되며, 역사에 칭송 받으며 우리들 가슴에 기리 남게 된다는 것은 자명한 사실이다.

10.4. 공학 S. T. E. S. H. 실현과 인류사회의 공헌

S.T.S. (Science, Technology, and Society), 즉 과학과 기술은 사회에 안전을 보장하고 공헌해야 한다는 기존의 S.T.S.의 바탕은 Y.H.K.' s S.T.E.S.H. (Science, Technology, Engineering, and Society with Humanity)의 실질적 성숙단계로 진화하여 인간적으로 인류사회에 공헌해야 한다.
이의 목적을 달성하기 위해서는 S.T.E.S.H.에 Composite Fields, 종합 분야(정치, 경제, 철학, 물리, 화학, 수학, 미학, 미술, 음악, 역사 등)가 응용, 융합, 통섭되어야 한다.
과학과 기술은 선행(good deed)과 인류애(humanity)를 바탕 하는 공학(Engineering)의 터전 위에서 사랑을 머금고 발전하여 지속적으로 인류사회에 공헌 해 나가야 한다.
따라서, 과학 기술 인들이 S.T.E.S.H.를 실현할 때 비로서 인류사회에 공헌할 수 있으며, 이에 기반하여 인류사회는 공존할 수 있게 된다.

Note: 여기서 Y.H.K.는 저자의 영문이름, YoungHo Kim의 머리글자 임.

11. 공학은 인문사회과학과 왜 융합통섭 해야 할까?

자연과학뿐만 아니라 사회과학, 제반 공학과 산업분야 그리고 창작, 문화, 음식 등의 생산 창출을 위한 활동분야라면 예외 없이 지속적 발전과 진화가 요구된다.
소멸되지 않고 끊임없이 진화 발전하기 위해서는 미래를 예측하며 창의성을 발휘, 모색하여 현재의 활동 분야에 접목시켜 지속적으로 개발 해 나가야 한다.
이 때 해당 분야의 지속적 발전과 진화를 위해서 그 분야에 도약(jumping)을 할 수 있는 모멘트(계기, 요소, momentum)를 불어 넣어 주어야 한다.
이 모멘트를 찾기 위해서 제반 공학의 활동분야는 창의성을 개발 해 나가야 한다.
따라서, 이 창의성 개발을 위해 모든 공학의 활동분야는 인문사회과학과 융합통섭 해 나갈 때 그

본연의 창의적 발현과 창출이 뒤따르게 된다.
아래와 같이 융합통섭의 타당성을 전개 해 보기로 한다.

11.1. 인문사회과학 영역의 가설-연역 추론 도입

인문사회과학의 가설-연역 추론이 사고조사(Accident Investigation)에 얼마나 중요한 역할을 하는지 그 예로 저자의 논문: "가설-연역 추론을 기반으로 한 대단위 화학공장들의 공정사고조사" 를 바탕으로 하여 생각 해 보기로 한다.
인문사회과학을 공학과 융합하여 대단위 화학공장에서 발생하고 있는 공정사고 조사를 하는 과정에 체계적이고 논리적인 가설-연역 추론을 도입하여 재 조명시켜 보면 확실한 근본원인을 찾을 수 있게 된다.
제반 사고조사의 내용들을 살펴보면 대부분 그 원인에 대한 다양한 가설들을 내세우는데 문제가 있었다.
다양한 가설에 의해 계획된 내용들은 대부분 설계변경이나 보완, 그리고 시스템 개량에 적용할 경우에 확실한 근본원인을 찾아 내지 못할 뿐만 아니라, 투자 비용도 증가하게 되고, 또한 사고원인도 부정확하게 이루어 진다.
그러므로, 사고의 재발이 높아 질 뿐만 아니라, 그 규모에 따라 인명손실에 의한 재해(災害)가 많아 지게 된다. 또한 다양한 가설로 인해 투자를 늘리게 되므로 원가부담을 안겨주게 된다.
따라서 '이러한 확실치 못한 다양한 가설들을 미연에 방지하고, 확실한 가설을 정확히 선택하여 제반사고의 근본원인을 찾아 내기 위해서는 인문사회과학의 가설-연역의 논리적 추론을 일반 사고조사에 도입할 필요가 있다. 고 본다.

11.2. 인문사회과학의 가설-연역추론 응용

가설-연역 추론을 도입하여 연역으로 가설의 진위를 가리고, 귀납으로 그 확실성을 높여 나가며, 이에 유비귀추로 가설을 확장/생성하는 논리를 제반 사고조사에 응용하여 정확성을 높임으로 사고의 근본원인을 밝혀낼 수 있다.
산업현장의 기술자들은 오랜 경험을 통하여 많은 자료들을 확보하고 있지만, 막상 사고가 발생하게 되면 그 원인규명의 핵심이 되는 근본원인을 논리적이고 가설-연역 추론에 바탕하여 찾아 내기에는 한계가 있다. 고 본다.
그들 나름대로 가설을 세워 경험과 이론에 비추어 그 근본원인을 찾으려고
접근 해 보지만, 인문사회과학의 논리와 추론에 이르지 못함으로 정확한 결론을 얻기가 어렵다.
따라서, 인문사회과학의 논리적 가설-연역추론의 이론을 공학에 융합시켜 제반 사고 조사에 응용해 나간다면 정확한 근본원인을 찾을 수 있다. 고 본다.

11.3. 화학공장 폭발사고에서 인문사회과학을 융합한 근본원인 분석 사례

1) 폭발사고내용: 질화물질 축적에 의한 활성탄 흡착탑 폭발

2) 인문사회과학의 논리적 가설-연역 추론의 이론을 도입하기 전:

(1) 사고요인분석: 폭발가능성이 높은 것부터 아래와 같이 나열하여 분석함

· 정전기에 의한 폭발

· 분해온도 저하에 의한 폭발

· 불안정한 질화물질 누적에 의한 폭발

· 폐황산에 의한 유기물들의 불안전한 분해로 인한 폭발

(2) 대책: (1) 활성탄 흡착탑에 9가지의 공정설계보완

(2) 추가로 11가지의 취급 방법을 개선하기로 함

(3) 사고요인분석 및 대책내용 해석

· 가설설정형태의 논리적 접근방법을 시도하지 않았음

· 분석내용이 사고의 가능성만 제시하고 있음

· 폭발가능성에 대한 내용들을 모두 채택하여 시설설계보완 함으로 경제성을 고려하지 않고 원가부담을 상승시킴

3) 인문사회과학 영역의 논리적 가설-연역 추론의 이론을 도입한 후:

(1) 논리적 이론 도입:

· 논리적 가설-연역법의 이론 도입

· Lawson의 과학적 탐구 추론모형 도입

· 조사탐구활동 모형 도입

(2) 폭발사고의 근본원인을 찾기 위한 주가설과 보조가설설정

· 주가설 설정: "운전조건을 질화물질의 분해온도 이하로 유지하면, 폭발은 발생하지 않을 것이다." 라고 주가설을 설정한다.

· 보조가설설정: "정전기가 발생할 수 있는 요인을 제거하면, 질화물질은 분해되지 않을 것이다. 라고 보조가설을 설정한다.

(3) 주가설과 보조가설을 만족시키기 위한 실행:

아래와 같이 근본원인은 2가지가 있다.

· 주가설을 만족시키기 위해서, 흡착탑 내부의 질화물질이 항상 분해온도, 250℃ 이하로 유지되게 하기 위해서, 흡착탑 내부를 물로 채워져 있게 한다.

· 보조가설을 만족시키기 위해서, 흡착탑 받침대(Support)에 접지선 (Earth line)을 설치한다.

11.4. 인문사회과학 영역의 논리적 가설-연역 추론을 공학에 도입한 결과

사고조사에 있어 가설-연역의 논리적 추론을 도입하여 연역으로 가설의 진위를 가리고, 귀납으로 그 확실성을 높여 나가며, 유비귀추로 가설을 확장/생성하는 논리를 적용함으로써, 가설의 확실성을 높여서 논리로 공정사고의 근본원인 2가지를 찾게 되었다.

제5장 공학활동에 영향을 미친 인문사회과학의 역할사례

5.1. 인문사회과학과 연계한 창업

5.1.1. 창업배경

저자는 공과대학/대학원에서 화학공학을 전공했고, Consulting회사를 창업하기 전에 공과대학/대학원의 화학공학과에서 전공하는 교과목의 전 과정(curriculum), 즉 화학공정(Chemical Process)과 기기장치 (Machinery & Instrument Equipment)들을 모두 포함하고 있는 세계적 규모(World-wide capacity)의 제4비료공장 (진해화학주식회사)과 제7비료공장 (남해화학주식회사)에서 28년간 이론을 근간으로 하는 실질적 경험(hands-on experience)을 쌓아 왔다.

이들 두 회사들은 한 · 미 합작회사(joint venture company)로써 경영과 공장운영 방식이 모두 미국 방식을 그대로 도입하고 운영하는 미국시스템 (American System)회사였다.

특히, 제7비료공장의 경우에는 22개의 대단위 화학공장과 비료공장, 부대시설과 저장시설, 그리고 부두 하역시설 등이 한 구역(boundary)에 자리하기에 그 크기 가 세계적 규모로 평가 받고 알려져 있다.

저자는 이들 회사에서 공장건설, 프로젝트 사업추진관리, 시운전 및 성능보장시험, 생산 정상화, 생산공정개선, 공정개량기술설계, 공정안전위험성 평가, 공정사고조사 등의 기술관리, 생산관리, 공정관리, 사업추진관리, 안전 및 환경관리, 기기장치 운영관리 등의 실무를 책임지는 핵심 부서들의 관리자로서 이론적이고 실질적인 경험의 폭을 넓혀 왔다.

이들 핵심부서의 관리자(Manager)로 요직부서들을 모두 거치면서 특색 있고 차별성 있는 실질적 경험들을 쌓을 수 있는 행운을 얻었었다.

저자는 신입사원 때부터 퇴직 시까지 실질적 경험을 쌓을 때는 이론에 바탕 하여 문제점들을 탐구 분석하고 그 근본원인을 찾아내 문제를 해결하는 것을 업무의 홍미와 재미로 삼아 왔다.

문제해결을 위한 일을 즐기며 지속할 때는 밤을 세워가며 몰두해도 전혀 피곤 하거나 지루하지가 않았다.

저자는 평소 이러한 차별성 있는 업무추진으로 쌓아 온 기술업무에 다양한 장점 을 가지고 있었다.

기술 업무 향상 목적으로 외국에 출장을 갈 경우에는 그 외국회사의 동 관리자 (counterpart)와 업무수행능력과 업무처리능력, 그리고 실질적 경험의 정도를 항상 비교 해 보면서 저자의 수준과 자질을 점검 해 보고 자극 받으며 미진한 부분을 보충하면서 그 질적 향상을 시도 해 왔다.

저자는 언젠가는 퇴직하게 되어 있는데, 그 때 가서 대학강의와 특강을 목적으로 화학공학 전공자들을 위해 전문서적; "화학공장의 건설과 관리" 라는 제목으로 집필하여 출판했다. 아무리 현직에 있을 때 실력을 인정 받았다 한들 퇴직 후의 사회에서 그 누가 그 실력을 인정 해 줄까 하고 생각도 해 보았다. 아무도 인정 해 주는 사람이 없다는 데에 착안하여 대학 교재인 기술 전문서적, 화학공장의 건설과 관리를 집필하게 된 동기가 되기도 했다. 상기와 같은 업무의 독특성과 차별성 그리고 이론에 바탕 한 문제해결능력의 자신감이 있어, 이들을 감안하여 Consultant가 되기로 했다. 이렇게 하여 저자는 1998년 11월 1일 퇴직과 동시에 컨설팅 회사를 창업하게 되었다.

사진: 남해화학㈜, 여수 제7비료공장 전경
출처: 미국 합작회사 Agrico Williams World, Pamphlet에서 발췌

5.1.2. 필자의 국제컨설팅사업 경영철학

저자는 국내 · 외 화학공장 및 산업체에서 40여년간 실질적 경험(Hands-on Experience)과 Consulting사업을 통해 얻은 값진 핵심적 내용들을 후학들에게 전수하고, 지식의 생성과정에 요구되는 필수적인 창의적 특성 등을 지도 해 왔다. 현 시대에 산 · 학계가 요구하는 Global Leader를 키워 내는데 어떤 효율적 역할을 해야 하는지에 깊은 관심을 가지고 있다.

따라서, 저자의 Consulting사업의 경영철학은 산 · 학계 인재들이 인문사회과학 요소인 공학철학과 행복론을 바탕 하여, 공학과 인문사회과학과의 학문간 융합과 통섭을 통해 사고력 확장, 고정관념 탈피, 그리고 다차원적 사고(思考)로부터 발현되는 창의성을 이끌어 내어 공학에 접목시킴으로써 현재의 학문과 산업을 한 차원 위로 향상발전 시켜 나가게 하고, 최종적으로 그 결과물들은 인류사회에 행복을 줄 수 있도록 공헌할 수 있게 하는 것이 저자의 경영철학이다.

5.1.3. 창업회사의 명칭과 로고(logo)

1) 창업회사명칭: Y.H.KIM Eng. & Mfg. Consultant

· ***현재 개정명칭: Y.H.KIM Eng. & Mfg. International Consultant***

회사명칭에 저자의 영문이름(YoungHo Kim, Y.H.Kim)약자; Y.H.KIM을 도입한 이유는 Consulting사업의 총괄적 서비스 목적이 신뢰와 믿음에 있기 때문에 저자의 이름을 회사 명칭으로 채택하기로 했다.

저자가 Consulting하는 분야가 과학, 기술이 바탕인 엔지니어링과 제조기술, 그리고 공정설계에 대하여 고객에게 자문 해 주고 서비스 제공하는 것이기에 자기(저자) 이름만큼 신뢰와 믿음을 줄 수 있는 것이 없겠기에 저자의 영문이름 약자를 도입하게 되었다.

저자의 Consulting 결과물에 결함(缺陷, defect)이 발생할 때는 자기(저자) 이름에 치명적 오점(汚點, blemish)을 남기게 되어 더 이상 Consulting 사업을 할 수 없게 된다.

따라서, Consulting에 신뢰와 믿음을 주고, 만일에 Consulting에 결함이 발생할 때는 오명(汚名)을 안고 책임을 지겠다는 의지를 보이기 위해서였다.

2) 창업회사 로고(logo)와 그 의미

· *logo:*

Y.H.KIM (YoungHo Kim)
Eng. & Mfg. Int. Consultant, Representative

· **로고(logo) 의미:**

(1) 타원형 안쪽에 보이는 초록빛 세 봉오리는 생명체를 위한 땅, 물, 공기가 각각 살아 존재하는 대자연, 지구를 의미한다.

(2) 파란 하늘색 타원형은 무한히 살아 움직이는 우주를 뜻한다.

(3) 빨간 별은 열정적 활동을 하는 저자, Y.H.KIM을 의미한다.

(4) 빨간 별의 위치가 Y.H.KIM의 실제 나이에 비한다면 별의 위치가 파란 궤도 중간 약간 오른 쪽에 위치해야 하는데, 아직 열정과 활력, 그리고 넘치는 생동감으로 인류에 공헌할 정열을 지속적으로 불 태워 나갈 수 있는 활력과 기술적 본 바탕의 저력과 자신감, 그리고 생동감이 넘치기에 왼쪽으로 옮겨 놓았다.

(5) 별의 빨간색은 불타는 정열로 태양 같이 에너지를 분출하고 있음을 상징한다.

(6) 생동하며 움직이는 Logo상의 3가지 의미는:

· Y.H.KIM은 지구 왼쪽 파란 하늘색 시작 되는 곳에서 탄생하여, 파란 하늘색 우주궤도를 따라 열정을 쏟다가, 지구에 도달할 때는 에너지를 모두 소진하고 대자연으로 돌아간다.

· 파란 하늘색 궤도는 별이 진행됨에 따라 점점 굵어지다가, 지구에 접근할 때쯤부터는 가늘어 진다. 그 의미는 Y.H.KIM의 심신의 활동 범위와 인류에 공헌하고자 하는 정신력과 활력이 점점 강해지고 있음을 의미하고, 가늘어 질 때는 대자연의 활력이 순리에 따라 소진되고 저하됨을 의미한다.

· Y.H.KIM의 빨간 별은 지구 오른쪽 파란 하늘색이 지구에 와 닿는 순간까지 정열을 불 태우며 활약하다가 대지로 돌아간다.

(7) 삶의 목적은 이론적 학문과 40여년의 국·내외 실질적 경험을 바탕 하여, 인류에 공헌하고자 하는 마음이 강렬함에 따라, 사회적으로 조우하게 될 실제 상황의 문제점들을 미리 예견, 논문 화 하여 알림으로써 인류에 공헌하고자 함이 목적이다.

㈜1: 저자의 창업회사 이 로고(logo)는 아버지(저자)가 그 당시 홍대 미대에 재학중인 둘째 딸에게 상기와 같은 내용으로 창업회사의 목적과 경영철학의 뜻을 담는 로고(logo)를 그렸으면 좋겠다. 고 했더니 둘째 딸이 공부 방에 들어 가 30분 후에 그려가지고 거실로 나왔다.

저자는 함께 TV를 시청하며 대화를 나누던 처(妻)와 큰 딸과 함께 그 로고를 보면서 얼마나 창의성 있고 의미를 두어 예쁘게 디자인 했던지!

우리 모두가 감탄을 했다.

그 로고(logo)에는 아버지 마음의 경영철학이 완벽히 함축되어 있기에 저자는 교정 없이 그 로고를 채택했다. 저자는 그 때 로고(logo)가 딸에 의해 탄생된 것이 엄청 자랑스러웠고, 딸을 교육 시켜 온 것이 보람차고 한없이 행복했다.

16년이 넘게 흐르고 있는 지금까지 이 로고의 철학이 담겨있는 명함을 건 낼 때면 항상 두 딸과 처가 자랑스럽고 가족으로부터 얻을 수 있는 행복감에서 활력을 찾곤 한다.

㈜ 2: 저자는 외국 컬설팅 목적으로 고객들을 만나거나, 국제학회에 논문발표 목적으로 학자들을 만나 명함을 건 낼 때면 저자의 명함을 건네며, 약 1분에 걸쳐 상기와 같은 내용으로 로고(logo)의 의미와 뜻을 설명하며, 그들에게 첫인상을 심어주곤 한다.

그들은 설명을 듣고 나서 "로고에 그러한 깊은 철학적 의미가 있느냐?" 며 미소 지으며 흥미 있다는 듯이 저자의 명함을 지갑에 간직하는 것을 보고 보람을 느끼곤 한다.

5.1.4. 컨설팅 사업목적

저자는 해외에 있는 세계적 규모의 Taiwan, Formosa Group의 대단위 화학공장 Nan Ya Chemical Corp. 과 India의 GNVFC 비료공장과 OSWAL 비료공장, 그리고 DuPont (Korea)에서 Senior Consultant로 기술지원 Consulting업무를 수행 해 왔다. 특히, 대학졸업 후 한 · 미 합작사인 제4비료공장(진해화학주식회사)과 제7비료공장(남해화학주식회사)의 대단위 화학공장에서 28년의 오랜 세월 동안 이론적 바탕의 실무경험 (Hands-on experience)을 쌓을 수 있었던 것이 저자가 오늘의 수준 높은 Consulting을 이끄는데 견인차 역할을 하게 된 것이다.
그간 국제적 Consulting에서 대단위 화학공장건설, 공장 안전설계 및 응용설계, Pre-commissioning & Commissioning, 시운전 및 성능보장 시험운전, Trouble-Shooting, Normalization on Operation and Production, Process De-bottlenecking, Process Upgrading & Modification, Chemical Process System Engineering, 공정 안전진단 (PSRME: Process Safety Risk Management with Evaluation)등의 주 업무를 수행 해 왔다.
저자는 이 오랜 세월 동안 실무경험에서 얻은 제반 문제점 들을 탐색 분석하고 해결하며 설계 보완하는 과정에서 배우고 익힌 이론을 기초한 실무경험들을 토대로 화학공장의 건설, 공정 안전 설계, 공정 개량 및 개선, 생산성 향상, 효율적 생산관리, 총체적 제반 경영관리 등에 흥미를 가지고 열정을 쏟게 되었다. 이들 핵심적 요소들에 초점을 맞춰 총체적 관리를 해 줌으로서 기업이 원가 절감을 이룰 수 있도록 하는 데에 공헌 해 왔다.
그리고 더욱 값진 것은 국. 내외 대단위 화학공장에서 우수한 기술진들과 함께 일하면서 특히 화학공장 및 공정상의 문제점 해결에 많은 시간을 할애 해 왔는데, 이때 얻은 실무경험들을 귀히 여겨 학계 및 산업계에 공헌할 목적으로: "화학공장의 건설과 관리" 와 "화학공장의 응용설계와 건설" 이란 대학/대학원 교재를 집필하여 출간하게 되었다.
이 교재들은 공장건설의 타당성 조사와 공정안전에서부터 종합계획, 기본 응용설계와 상세응용설계, 건설공사, 시운전 및 성능 보장 시험, 이어서 정상 조업에 이르러 발전 단계에 이르기 까지 성장 발전 시켜 나가는 과정을 철학적 바탕 위에 체계적이고 구체적으로 접근하였다.
더욱 중요하게는 응용설계와 공장건설에 있어 철학적 개념 정립과 접근이 왜 기술인들 에게 절대적으로 요구되며, 총체적 공장 건설 및 경영 관리에 얼마나 중요한 역할을 하는지를 피력했다. 이론과 실질적 경험에 바탕 하여 창의적 응용설계(Applied Design)를 함으로써, 대단위 화학공장의 품질을 최대로 향상 발전시켜 국제 경쟁력 있는 World-class로 성장 발전 할 수 있도록 유도한 내용들을 담았다.
상기에 언급한 교재들이 담고 있는 내용들을 토대로 각 공과대학 및 대학원 에서 이들 책자들을 교재로 선택하여 후학들에게 교육을 시켜주었고, 특히 국내 유수 연구개발원에 근무하는 연구진들에게 본 책자의 주요부분들을 요약하여 전수(傳授) 해 줄 수 있었던 것들에서 저자는 보람을 찾는다.
따라서, 상기의 총괄적 실무경험에서 얻은 경영철학과 지혜가 국·내외 기술 및 연구진들이 탐색하고 연구하며 추진하는 사업에 초석이 되어 주고, 이를 기반하여 경영진들이 철학적 가치를 둔 기업으로 육성 발전시켜 인류사회에 공헌할 수 있게 할 뿐만 아니라, 국가와 기업이 미래의 새로운 비전과 목표를 세워 나가는데 원동력이 되어 줄 것에 Consulting목적을 둔다.

5.1.5. 국제컨설팅 서비스 범위

여기서는 화학공학 분야를 예로 들어 피력하기로 한다.

1) 서비스 범위:
화학공학분야의 공정설계(Process Design), 엔지니어링(Engineering Activities on Chemical Engineering Fields)과 제조기술(Manufacturing Technology)로 크게 구분된다.

2) 서비스 세부내용:
- ·공정설계
- ·프로젝트관리
- ·엔지니어링관리
- ·제조기술관리
- ·타당성 조사
- ·화학공정설계관리
- ·화학장치설계관리
- ·원료 및 화학약품평가관리
- ·공정제어관리
- ·총체적 규격관리
- ·환경관리
- ·안전진단 및 평가
- ·공정안전관리 및 진단
- ·총체적 안전관리 및 교육훈련
- ·공장건설 및 공장시운전/성능보장
- ·생산정상화
- ·교육 및 훈련
- ·사고조사 및 분석 등이다

5.1.6. 주요 컨설팅 고객회사 사업실적 사례

1) 대만 Formosa Group, Nan Ya Chemical Corporation: Senior Consultant
- ·공정설계도서 검토 및 보완

· 기기장치설계검토 및 보완
· 공장건설 및 시운전/성능보장시험
· 생산정상화 등

2) 인도 OSWAL Chemicals & Fertilizers Ltd.: Senior Consultant
· 제조기술 서비스
· 공정설계도서 검토 및 보완
· 기기장치설계검토 및 보완
· 생산정상화
· 공정안전 진단 등

3) DuPont(Korea): Independent Consultant
· 기업체의 공정안전 및 현장안전진단
· 기업체에 DuPont Safety Resources Program을 가지고 안전교육 등

4) 인도 Gujarat Narmada Valley Fertilizers Co., Ltd.: DuPont Independent Consultant
· 공정설계도서검토 및 보완
· 기기장치설계검토 및 보완
· 총체적 공정안전진단
· 생산조업 중 비상가동정지능력 시험 및 훈련 등

5) 대만 Formosa Group, Nan Ya Chemical Corporation: Consultant
· 중국의 화학공장에서 발생된 사고와 연관하여, 그들 공장의 제조공정과 흡사한 공정을 가지고 있는 공장의 공정안전진단
(PSRME; Process Safety Risks Management with Evaluation)

6) POSCO 엔지니어링 연구센터:
· 공정설계 Consulting 사례 특강

7) (재) 울산테크노파크 정밀화학사업단:
· 저자의 저서: 화학공장의 건설과 관리(제4판) 요약특강

8) 한국가스공사 연구개발원
· 저자의 저서: 화학공장의 건설과 관리(제4판) 요약특강

9) 포항공과대학 포스코패밀리:
· 프로젝트관리와 공장조업 요약특강

10) 대학/대학원, 연구소 및 기업 특강

11) 공과대학/대학원의 공학철학과 공학윤리 수업강의자료 제공 등

5.1.7. **계약조건**(conditions of contract)

계약 조건 중 "기술자문 비 및 지불(Consultancy Fees and Payment) 또는 기술용역 비 및 지불(Advisory Service Fees and Payment)" 항목은 Consultant의 수입과 연관하여 매우 중요한

사항이므로 명확한 계약 내용이 되도록 영어문맥을 쌍방이 합리적으로 작성해야 한다.
외국회사와 계약할 때 아래와 같은 내용이 포함된다.

1) 외국 회사와의 계약 시 주요사항

Ex: Advisory Service Contract (기술자문 용역 계약)

1) Scope of Service (용역 범위)
2) Advisory Service Fees and Payment (기술용역 비 및 지불)
3) Travel Expenses (여행 비용)
4) General Conditions (일반조건)
5) Annual Holidays (연간 휴가)
6) Insurance (보험)
7) Others (기타)
8) Terms of Contract and Termination (계약 기간 및 종료)
9) Place of Jurisdiction and Applicable Law (재판관할 구역 및 적용법)
10) Disputes (분쟁)
11) Infringement (침해)
12) Confidentiality (비밀준수)

2) 기술용역 비 및 지불 Advisory Service Fees and Payment

기술용역 비는 그 국가에서 발생하는 모든 세제공과금을 계약 "A" 회사에서 국가에 지불하고 난 후에, 용역 계약 "B" 회사는 순이익 기준(net basis)으로 계약을 하도록 한다.
아래 영문 계약내용은 필수적으로 포함해야 할 매우 중요한 조건이기에 필요에 따라 활용하기 바란다.
A company shall provide to B company for the Services in accordance with the following Advisory Service Fees on a lump-sum basis: ______US Dollars for the contract period of one year, on the basis of "net after all of taxes in country" paid by A company, which will be calculated and paid on a monthly basis of ______US Dollars.
(A 계약회사에 의해 지불되는 국가에 모든 세금을 지불한 후 순이익 기준으로, A 계약회사는 1년 계약기간에 대하여 일괄총액 ______US Dollars를 다음의 기술용역 비에 따라 B 용역회사에 제공한다. 그 일괄총액은 월간 기준으로 계산하여 월별로 지불된다.)

5.1.8. 창업을 희망할 때 준비사항과 고려사항

1) 취업을 희망할 때 준비사항과 고려사항

· 전공분야와 연관하여, 가장 좋아하는 분야의 회사를 선택한다.
· 최고 경영자 및 경영진이 공학철학/윤리, 그리고 일반 철학이 투철한 회사를 선택한다.
· 최고 경영자가 철학부재로 부정행위를 하여 사회에 물의를 일으켰던 회사는 입사하지 않도록 한다.
· 퇴직할 때 궁극적으로 Consultant가 될 수 있는 영역의 회사를 선택한다.

· 퇴직 후 재 취업이나 창업을 할 수 있는 고도의 전문성과 미래지향적으로 성장 발전해 나가는 비전이 있는 회사를 선택한다.
· 철학적이고 논리적 사고방식을 바탕 하여 추론(推論, reasoning)과 논증(論證, argumentation)의 기본을 배워 익힌다. 실무에 적용하면서 업무를 추진해 나가야 정확성과 확실성 있는 최종 결과물을 얻을 수 있기 때문이다.
· 전공분야의 중요한 자료들을 수집 정리하면서 창의성과 문제해결 능력을 키워 나간다.
· 기초과학영역과 인문사회과학영역을 융합, 통섭하여 창의성 창출능력을 기른다.
· 현재의 위치에서 문제점들을 탐구 분석하고 그 근본원인을 발견, 해결책을 찾아나가는 능력을 배양한다. 등

2) ***창업을 희망할 때 준비사항과 고려사항***

· 자기가 좋아하는 분야의 업종을 선택한다.
· 퇴직 전에 오랜 기간 동안 쌓아 온 고도의 전문성을 가지고 있는 분야에서 창업할 일을 찾아 내도록 해 본다.
· 창업하기 전 직장에서 실질적 경험(Hands-on Experience)을 쌓아 온 일들 중에서 선택할 것을 고려 해 본다.
· 실질적 경험을 쌓을 수 있고, 미래지향적으로 발전 가능성이 있는 분야를고려 해 본다.
· 퇴직 후 창업할 무렵에 새로운 분야를 배워 창업하려고 할 때, 새로운 분야의 고도의 전문성은 하루 아침에 이루어 지는 것도 아니고, 또한 짧은 시간에 터득할 수 있는 것도 아니기에 피하는 것이 바람직하다. 고 본다.

5.1.9. 컨설팅 철학(Consulting Philosophy)

문제해결의 Consulting 업무는 정확한 원인을 밝혀 내야 함으로 논리에 근거하여 추리력을 발휘해야 한다.
화학산업을 구(球; Sphere)에 비유했을 때 그 중심부에 축적되는 철학적 힘과 기(氣)를 가지고 기술경영 Consulting을 해 줄 때 양질의 결과가 나타나게 된다고 본다.
즉, '철학적 힘은 경영철학, 공학철학, 그리고 현장철학을 삼위일체로 했을 때 힘과 기(氣)가 중심에 집중 축적되어 발산하는 살아 숨쉬는 총채적 기(氣)의 힘이다.' 라고 말하고 싶다.
현재 국·내외에서 발생하고 있는 산업부문의 사고나 재해 중 많은 부분들이 의사결정권자들의 철학적 마인드의 결여에서 오는 문제라고 판단된다.
여기서 Consulting에 반영해야 할 주요 내용들은 다음과 같이 피력 해 보도록 하며, 특히, 철학적 의사결정에 대하여 아래와 같이 그 주요 내용을 명기해 보도록 한다.
컨설팅 철학 위에 그 어떤 경우에든, 의사 결정해야 할 사항들이 있으면 철학 (Philosophy)을 마음의 바탕에 두고, 해당된 사항들을 자연과학측면의 의사결정으로 답을 구할 것인가? 아니면 사회과학측면의 의사결정으로 답을 구할 것인가를 판정한다. 즉, 문제의 사항들이 자연과학측면과 사회과학측면 중 어느 쪽에 비중이 더 큰지를 반드시 전문적인 바탕에서 정확히 파악하고 판단하면서 계속 세부적으로 하향 의사 결정해 나가면 최종단계에서 지혜로운

명쾌한 답에 초점이 맞추어 지게 된다. 이러한 철학적 바탕 위에 컨설팅 의사결정을 하면 재앙적 재해를 예방할 수 있게 된다. 컨설턴트의 이 외로운 의사결정이야말로 지구적 재해(Global disasters)로부터 인류를 보호하게 되는 것이다.

여기서 결코 간과(看過, overlooking)해서는 안 되는 자연과학측면의 의사결정사항은 다수결로 판단하거나 표결할 수 없는 결정사항이란 것을 마음 속에 깊이 새겨두고 예외 없이 따르며 실행 실천해야 한다. 즉, 1%에 해당되는 자연과학측면의 전문적 의사결정권자가 연구하고 준비한 과학적이고 이론적인 보고서 내용, 실질적으로 체험한 기술자들의 보고서와 의견(Practical Engineers' reports and opinions with hands-on experiences)내용, 그리고 역사적인 사례 보고서(Historical reports on cases)내용이 옳다면, 비전문적이고 이론과 실제에 무지하여 오판하고 있거나 또는 실질적 체험이 없는 상태에서 비현실적 판단을 하고 있는 99%에 해당되는 의사결정권자들은 이 1%의 옳은 방법 또는 의사결정을 한 사람을 반드시 예외 없이 따라주어야 한다. 자연과학측면의 의사결정사항들은 결코 다수결로 결정하거나 표결로 처리해서는 안 된다는 사실을 재 강조한다.

또한 괘씸죄를 적용 하여 불이익을 받을 것이라는 암시를 주어 철학이 결여되어 있거나 판단오류를 범하고 있는 비전문적 의사결정자들이 오판하지 않도록 공학철학과 공학윤리에 바탕하여 호소하고 설득시켜나가야 한다.

반면에 사회과학측면의 의사결정은 과반수가 찬성하면 그것을 따르면 성공적이다.

그리고 과학적 측면과 인문사회학적 측면의 철학적인 눈(philosophic eye)의 군(群)에 속하는 인간의 눈(human eye)과 기계적인 카메라의 눈(camera eye), 사물을 보는 미세적인 눈(micro eye)과 거시적인 눈(macro eye), 객관적으로 생각하는 눈(objectively thinking eye)과 과학적으로 숙고하는 눈(scientifically considering eye), 분별 있게 생각하는 눈(reasonably thinking eye)과 종합적으로 보는 눈(overall view eye), 3차원의 입체적으로 생각하는 눈(3-dimentionally thinking eye)과 총체적으로 융합하는 눈(convergent eye)등의 다양한 측면들을 모두 종합하여 주어진 여건들을 탐색하고, 파악하며, 논리성에 합당하도록 Consulting의 결론을 유도해 나가도록 한다.

그리고 모든 화학공장 들은 살아있는 생명체와 같기 때문에 여기서 발생되는 기술적 문제의 Consulting은 사랑과 애정을 바탕 하여 Consulting을 해 주어야 한다.

진인사대천명(盡人事待天命, Do your best, and leave the rest to God.), 즉, 올바른 철학관을 가지고 인간으로서 할 수 있는 마지막 단계까지 모두 실행하고 더 이상 인간으로서는 할 수 없는 영역에 이르렀을 때 나머지부분은 신의 뜻에 따르도록 한다. 는 신념을 가진 Consulting을 해줄 때 그 기업은 활력소가 넘치고 생명의 기업으로 보람 차게 성장해 나가게 된다.

산업현장에서 모든 '기기장치(器機裝置, Processing Equipment)는 1살짜리 아기의 지능을 가지고 있다.' 는 것을 터득 할 때 사람 들의 실수로 인한 Human Errors는 사전에 예방 될 수 있다. 는 사실을 경영자와 구성원들은 인식해야 한다.

기기장치와 1살짜리 아기의 공통점은:

기본적으로 기기장치는 사랑과 애정을 가지고 때때로 어루만져주거나 적절히 돌봐 주지 않을 때 어느 시점 초기에 열이 나고, 말을 못하고 소음을 내며, 진동이 발생하게 된다. 그리고 끝내 애정과 사랑을 멀리하고 제때에 돌봐 주지 않으면 아픔은 점점 진전되어 참지 못하고 마침내 깨지거나 폭발하고 화재가 발생하게 된다는 사실을 꼭 마음에 새기고 애정과 사랑을 바탕으로 집중관리를 해 주어야 한다.
그렇지만 우리가 애정과 사랑을 가지고 아기를 다루듯이 수시로 이마도 짚어 봐 주고, 제때에 모유도 먹이고, 적절히 씻기고 입히면 항상 건강히 자라나는 것과 너무나 같다.
보통 사람들로부터 애정과 사랑의 손길이 잠시 멀어지면 기기장치 들은 홀로 설수가 없기에 심각한 문제를 발생시키게 되며, 보통 사람 들에게 저항하여 주위에 상상을 초월하는 비극적 사회문제 내지는 인류사회에 재앙적 재해를 불러 와 불행을 자초하게 된다.
따라서 오감(五感), 즉 시각, 청각, 후각, 미각, 촉각을 총 동원하여 사랑과 애정으로 아기를 다루듯이 기기장치를 다루어 준다면 모든 사고는 예방 될 수 있다는 사실을 명심하고 기기장치를 돌봐주어야 한다.

5.2. 외국인들과의 의사소통을 통한 전문성과 창의성

5.2.1. **외국인들과의 팀플레이**(team play)

캐나다 B사 USD 10,000$ 인센티브:

정밀화학공장 건설 준공을 마치고 시운전 과정 중에 카나다 시운전기술자들과 함께 시련을 극복하는 과정에 얽힌 휴머니티(humanity) 이야기를 하려고 한다. 즉, USD 10,000$ 인센티브와 Friendship 사이의 정담이 되겠다.
배경은 한 · 미 합작회사인 N 회사에서 D.N.T.라는 정밀화학 제품을 생산하기 위해서 국내 처음으로 이 제품의 정밀화학공장을 건설하게 되었다.
기술특허 공급 사는 캐나다의 B회사였다.
그 당시 현황으로는 D.N.T.공장의 생산 및 시운전에 대해 경험 있는 기술자가 한 사람도 없는 상황이었다.
그래서 문헌에서 D.N.T.는 폭발력이 TNT의 2/3 위력이며, 미국에서 DNT공장의 폭발사고가 있어 전체 공장이 잿더미로 변했다는 사례도 읽어 보았다.
그리고 이 제품은 발암물질이라는 것도 알게 되었다.
이 기술 정보만으로도 앞으로 건설될 공장은 다루기 힘든 제조공정(manufacturing process)이라고 미뤄 짐작하게 되었다.
그래서 공장 건설을 시작하기에 앞서 관리자(manager)로 있던 저자는 문헌을 통해서 이 공장의 특성과 제품의 제조공법에 대하여 이론적으로 철저히 접근하며 공정검토와 공부, 그리고 연구에 전념하기로 했다.
그 어느 공장이던지 간에 시운전 과정에서 사고가 발생할 확률이 가장 높기에 진인사대천명까지 열정을 쏟으며 이론과 실제에 몰두하여 공부하고 연구하며 준비를 했다. 이에 따라, 문헌조사를 통하여 공부와 연구를 세밀히 샅샅이 하는 과정에서 이웃 공장의 생산공정 중에 제조공법 프로세스(process) 일부가 당사공장과 비슷한 것을 알아 냈다.

1) 후배와의 만남과 기술자문

이웃 공장에 후배가 관리자로 있는 것을 알게 되어 바로 전화를 걸어 그 공장의 제조방법에 대한 프로세스를 문의 해 보았다.

프로세스 일부에서 배관(pipeline)을 통해 저자가 알고 싶은 반응물질이 지나 가는 것을 알게 되었다.

그래서 그 후배에게 공장 방문을 하여 자문을 구하고 싶다고 하니까, 흔쾌히 승낙 해 주었다. 그 길로 후배를 찾아가 공장을 견학하고 공정안전(process safety)과 제품관리(product management)에 대한 총괄 안전(safety)에 대하여 상세히 설명을 듣게 되었다.

후배는 방문을 마치고 돌아 가려는데, "형, 잠깐만 하면서……" 제품 제조공법(product manufacturing process)과 제품 안전(product safety)에 대한 전문서적 상. 하권을 보여 주면서 필요하면 빌려 주겠다고 했다. 차례를 보니까 바로 저자가 꼭 필요한 화학반응 및 제조공정, 그리고 공정안전등이 수록된 전문서적이었다. 그래서 그 서적을 빌려 와 독파하며 제조공법 상의 주요 화학공정(chemical process)과 화학반응 메커니즘(mechanism of chemical reaction)을 세밀히 알 수가 있게 되었다.

2) 폭발성 높은 공장 건설과 Human Error 안전성 확인

이렇게 주의 깊게 이론을 공부하면서 알게 된 것은, 이 공장의 제조공정과 제품관리를 소홀히 하거나 공정교육 및 안전교육훈련이 철저하지 못하면 직원들 건강에 해를 끼칠 뿐만 아니라, 폭발사고로 이어질 것은 명약관화 했다. 그래서 화학반응을 위해 원료를 첫 공급하는 시점에서 시운전은 모든 직원들을 긴장하게 했다.

저자는 관리자로 있으면서 폭발성이 높은 이 공장의 설계와 건설과정에 인간의 실수(인재, 人災, human error)로 인한 결함들이 숨겨져 있는지를 세밀하게 검토, 확인 점검 했다. 폭발성이 높은 이 공장이 공정설계 면에서 안전성이 보장되게 설계되었는지를 철저히 검토하고 확인 해 나갔다.

공장 건설을 하는 동안 설계조건에 따라 기기장치와 부품들이 설계명세서 내역 대로 똑 같은 규격의 합격 부품들을 사용했는지 와 정확히 조립되고 건설되는지 관리감독을 세밀하게 철저히 했다.

이렇게 공장건설관리를 철두철미하게 하고, 안전설계가 최고 수준으로 되어 있는지를 확인하면서 공장건설을 마치게 되었다.

카나다의 기술공급사 B회사에서 경험 많은 시운전 기술자 4명이 공장건설을 마치기 전 미리 6개월 전에 공장에 도착했다. 그들은 공정 시스템은 물론 기기장치 조립과 부품들이 설계명세서와 설계조건에 따라 정확하게 이뤄지며, 부품들이 설계규격과 같은지 등을 점검했다.

시운전을 성공적으로 유도하기 위해 세부적으로 작성된 전문 기술절차서 에 바탕 하여 세밀하게 전 품목들을 점검하고 확인 해 나갔다. 카나다 기술자 들의 세밀하고 철저한 태도와 성품이 믿음직스러웠고 배울 바가 있었다.

시운전에 참여할 B회사 기술자들 중에는 폴란드 출신의 유명한 폭약 제조전문가가 두 명 있었다. 부사장, Mr. B.R. Suchy와 세계적 명성을 가진 기술자, Mr. H.C.Prime이였다.

이 두 전문가들은 공장건설이 완료되기 3개월 전에 공장에 도착하여 총체적으로 시운전 준비과정을 총 지휘했다.
이 공장의 경험이 전무한 우리들로서는 이 6명의 전문가들과 함께 시운전을 하게 되어 어느 정도 마음은 놓였다.
이들 6명과 함께 저자가 이끄는 공장 기술자와 직원들은 함께 시운전 단계로 들어 가게 되었다.

3) 시운전 성능보장 시험의 가혹한 시련

시운전 준비 과정을 모두 마치고 마침 내 원료를 공정에 투입하기 시작했다.
공정 화학반응이 시작되면서 노란 색깔의 반응물이 첫 반응기에서 소용돌이를 치면서 다음 반응기로 흘러 들어 가면서 반응기를 하나씩 차례로 채워가고 있었다. 중간 반응제품이 반응기를 모두 채우고 난 후 다음 단계 공정인 세척공정(washing process)으로 넘어 가기 시작 했다. 중간 제품은 세척기를 하나씩 채워나가고 있었다. 그런데 마지막 세척 공정에서 제품과 물이 규격대로 완전히 분리가 되지를 않고 제품이 물과 함께 다음 완제품 저장 탱크로 넘쳐 들어 가는 것을 발견하게 되었다.
처음 시운전이기에 그럴 수 있겠구나 하고, 운전 조건을 조정하면 정상화 되겠지 하고 기다려 보기로 했다.
그런 상황에서 하루가 지나고 이틀이 지났다. 여러 가지 운전변수들을 조정 해 보아도 분리공정에서 완전 분리가 되지를 않았다.
완제품 저장 탱크에는 제품 반, 물 반으로 채워져 가고 있었다. 계속 반응을 진행시켜 가며 공정조정 요소들을 변화 시켜 생산을 지속시켜 보려고 해도 완제품 저장시설 능력에 한계가 있었다. 그리고 이런 비 규격의 제품을 고객에게 공급할 수도 없는 상황이었다. 시운전 전문 기술자들로 하여금 공정 조정을 더 시도 해 볼 기회를 주기 위해서 저자는 완제품 저장 탱크에 분리되어 있는 물을 공정으로 회수하도록 지시를 내렸다.
그리고 또 다시 원료를 계속 투입하면서 공정 조정 제어요소들을 변화 시켜 볼 기회를 그들에게 주었다.
그렇지만, 그들은 제어 조정을 여러 각도로 시도 해 보았지만 정상화는 되지를 않고 전과 같은 결과를 되풀이 하고 있었다. 이제 더 이상 그들도 다른 공정 변수들을 시도 해 볼 여력이 없었다. 그들은 긴장하기 시작 했다.
원료를 공정에 투입한지 2주일이 지나 3주가 지속되었다.
상호쌍방 측이 성능보장시험 (performance guarantee test run)을 해야 하는 시점도 지나쳐 버렸다.
그들은 더 이상 해결방안(solution)을 내 놓을 수 없게 되어 속수무책으로 당황하며 어쩔 줄을 몰랐다. 저자도 보기가 애처로웠다.
이런 상황에서 최고 경영자는 더 이상 기다릴 수 없다고 하시면서 외국 기술자들을 모두 본국으로 귀국 조치시키라고 지시를 내렸다.
그들은 이 귀국조치 지시를 듣고 낙담하며 아무 말도 하지를 못했다.

6개월 간 모두 함께 화기애애하게 땀 흘리며 고생 해 왔는데, 시운전 성능보장 시험도 못 해 보고 돌아 가야 한다면, 그들 자신 모두는 불명예로 일자리를 유지 하기 어렵게 될 뿐만 아니라, 더구나 그 회사는 국제적으로 기술의 명성을 잃게 되어 사업유지하기에 어려움을 겪게 될 것은 불 보듯 뻔 했다.

저자는 시운전의 총 책임을 맡고 있었던 매니저(manager)로 걱정이 이루 말할 수 없었다.

지금 당장 이들 전문 기술진들을 귀국조치를 시키면, 그 이후부터는 경험이 전혀 없는 우리 기술자들이 시운전을 해야 하는데, 이런 폭발물 제조 공장을 경험 없는 우리 기술진 만으로 홀로 시운전하고 성능보장을 시도해야 한다는 것은 무모한 판단이며 엄청난 모험으로 공정사고를 불러 올 가능성을 전혀 배제 할 수 없었다.

그리고 만의 하나 무모하게 시도하여 공정사고로 이어지면 그 사회적 책임은 모두 당사인 N회사에서 흡수해야 만 하는 상태였다.

제조 공정의 이론도 빈약하고 경험도 없는 상태에서 시운전을 우리 기술진들만으로 무모하게 시도한 다는 것은 만일의 경우 그 사회적 피해 손실은 눈에 보듯 선했다. 가장 중요하게는 과학기술에 있어 저자의 공학철학이 이러한 무모한 시도를 허락하지 않았다.

그렇지만 막연히 주저앉는 다는 것은 기술자의 본분과 명예에 맞지 않는 판단이며 행동이기에 반드시 새로운 길을 찾아 나서야 했다.

4) 과학기술과 기술자의 역할

여기서 과학기술에 대하여 언급하고 그 내용들을 이어가도록 하겠다.

과학기술은 정확한 이론에 바탕 하여 경험응용력을 토대로 하여 한 단계씩 정확하게 밟아나가면서 그 과정에 문제가 발생할 때는 철학적 의사결정을 반드시 해야 한다. 이 세가지(정확한 이론, 경험응용력, 철학적 의사결정)가 만족되어야 기술 공정사고(process accident)를 예방하며 성공적 결과물을 얻을 수 있게 된다.

이론이 빈약하거나 경험 응용력이 부족하고, 또한 철학적 의사결정을 할 수 있는 리더십(leadership)이 결여된 상황에서는 그 어떠한 경우에든 무모한 판단과 행동을 시도해서는 안 된다.

무모한 시도는 반드시 인재(人災, human error)를 불러와 인명손실 피해는 물론 자산 손실, 그리고 환경파괴를 불러 오게 된다.

기술자는 공학철학에 바탕 하여 안전 상 사회적 피해를 완벽하게 예방하면서 그들이 추구하는 목적에 합당한 결과물을 생산하여 인류사회에 공헌해야 한다.

5) 최고 의사결정권자의 따뜻한 배려와 Friendship으로 시련극복

본론으로 돌아 와서 저자는 성공적 시운전을 위해서 처음부터 다시금 문제점들을 찾아 보고 새로운 길을 찾아 나가기로 했다.

그래서 저자는 이러한 상황들을 배경으로 공장장께 긴급 건의를 했다.

건의내용은 "제가 실험실적으로 분리공정의 시험적 테스트(Pilot Test)을 하여 문제점을 찾아내겠으니 3일만 Pilot Test를 해 볼 수 있는 기회를 달라." 고 했다. 그리고 이어서 이 Pilot Test에서 문제점을 발견하게 되면 바로 시운전을 다시 하겠다며, 앞으로 모두 7일간만 여유를 달라고 했다.

다음은 공장장과 대화한 내용을 써 보기로 한다.

- 공장장: "그럼 자신 있는 겁니까?"
- 부장: "네, 진인사대천명 (盡人事待天命)까지 노력을 경주하고 해 내겠습니다. 그리고 그 이후는 그 때가서 생각하겠습니다."
- 공장장: "그러면 사장님께 김 부장(저자)의 제안을 말씀 드리고, 그렇게 해 보도록할 테니 기다려 주게나". 하시면서 희망적 답변을 주셨다.
- 부장: "네, 알았습니다. 고맙습니다."
- 공장장: 다음 날, "부장의 뜻이 받아 드려졌으니," 그렇게 할 것을 지시하셨다.

참으로 희망을 주는 경영진의 판단이었다.

얼마나 부하 직원들을 사랑하는 경영진의 판단이었는지 지금도 그 때를 회상하며 그 때의 경영진들을 떠 올리곤 한다.

이러한 사실을 알게 된 외국 시운전 기술자들은 안도의 숨을 쉬며 환희의 밝은 미소를 띤 얼굴들을 보여 주었다. 이 때 부사장, Suchy가 저자에게 "YHKIM!(저자의 영문 이름 머리글자) Pilot Test가 성공하기를 바라겠네." 하며 그의 바램을 말 해 주었다.

그래서 저자는 Mr. Suchy에게 "걱정하지 말게." 반드시 "YHKIM이 Pilot Test를 통하여 문제점을 찾아 내겠네." 하면서 낙담하고 있는 Mr. Suchy의 마음을 북돋아 주었다. 그리고 내가 Pilot Test를 하는 동안 다시금 시운전할 공정준비를 해 달라고 당부를 했다.

저자는 실험실로 가서 화학전공 과장에게 Pilot Test를 위한 실험장치 세팅(setting)을 준비시켰다.

그리고 분리공정의 화학반응 조건의 조정 변수들을 하나씩 세밀한 범위 조건에서 변화시켜가며 시도하고 조정하는 방법(Try & Error Method)으로 Pilot Test를 해 나갔다. 3일째가 되는 날 조정변수의 일정한 범위 내에서 분리가 되기 시작하는 경향을 파악하게 되었다. 그 변수 범위 내에서 계속 반복 테스트를 하여 생산 가능한 조건의 변수 조정 범위를 보장하기 위해서 정확성과 확실성, 그리고 안전성을 찾아 나갔다. 반복 테스트에서 결과는 성공적으로 안전성을 보장했다. 그래서 저자는 시간을 다투어 Pilot Test 결과를 리포트(report)로 작성하여, Suchy에게 전달하며 검토(review) 해 보고 의견을 달라고 했다. 그랬더니 전문기술자 Prime과 리뷰를 끝낸 Suchy는 흡족 해 하면서 이 보고서의 조건으로 시운전을 다시 해 보겠다고 했다.

이미 Suchy 기술진들은 3일 동안 전 공정의 기기장치와 성능보장을 위한 계기장치류, 그리고 공정 제어(process control) 장치들을 모두 정밀 점검하고 투닝(tuning) 조정을 말끔하게 완료 해 두고 YHKIM의 Pilot Test 결과를 기다리고 있었다.

6) 새로운 도전과 환희의 자축

"새 술은 새 부대에 담는다."고 새롭게 준비된 깨끗한 장치들을 통하여 시운전은 다시금 시작되었다.

원료를 투입하면서 제조공정(manufacturing process)은 부드럽게 흘러 갔다.

드디어 중간제품들은 세척 분리공정(washing purification process unit)으로 흘러 들어 가기 시작했다.
공정제어 상 일정 유지 체류시간(retention time)을 거치며 세척 분리공정은 안정화 되면서 분리현상이 나타나기 시작했다.
드디어 Pilot Test의 열정은 정상적 성공이라는 결실을 맺게 해 주었다.
이어 72시간 성능보장 테스트(Performance Guarantee Test) 런(run)으로 바로 들어 갔다. 성능보장시간을 채우며 정상적 제품 량을 생산 해 내야 하는 성능보장이 성공적으로 완료될 수 있도록 모두 기원하는 마음이었다.
마침 내 그렇게 갈구하던 72시간의 성능보장 시험은 성공적으로 끝나게 되었다.
외국 B회사의 기술진들은 저자에게 달려와 포옹을 하며 고마움을 표시했다.
성능보장시험(Performance Guarantee Test) 성적서(Data Summary Sheet)에 부사장 Mr. B.R.Suchy와 저자는 함께 서명을 하고 자축했다.

7) Mr. B.R.Suchy와 Farewell 대화

다음 날 부사장 Mr. Suchy가 비행장으로 떠나기 전에 저자를 찾아와 송별 (Farewell) 악수를 청하면서 저자에게 다음 말을 했다.

- 부사장 Mr. Suchy: "우리 회사는 YHKIM의 큰 도움을 받고 Performance Guarantee Test를 성공시킬 수 있었다. 그래서 귀국하면 고마움의 뜻으로 USD 10,000$을 인센티브(Incentive Pay)로 보내 주려고 하는데 송금계좌번호를 알려 달라" 고 했다.
- 저자 YHKIM: "우리는 6개월 간 밤을 지새우며 Friendship에 바탕 하여 어려움을 함께 극복 하였습니다. Mr. Suchy의 마음은 고마움으로 YHKIM Heart에 간직하겠습니다. Friendship에 어떻게 그 USD 10,000$을 받을 수 있겠습니까? YHKIM은 그 USD10,000$을 받을 수 없습니다. Mr. Suchy와 YHKIM 사이에 Friendship만 Heart에 새기고 떠나기 바랍니다." 하면서 "Mr. Suchy, Good Luck." 하며 "언젠가 또 만날 수 있기를 바랍니다." 하고 Goodbye를 했다.

그 때 저자가 송금계좌번호를 Mr. Suchy에게 알려주고 인센티브 (incentive pay)로 USD10,000$을 받았다면 지금까지 지속적으로 행복감을 느끼며 진정한 Friendship을 유지할 수 있었을까?

5.2.2. 외국인의 신의: 캐나다 B사 부사장의 재회와 극적 지원

그 후 13년, 캐나다 B사의 부사장, Mr. Suchy가 방문허락을 받아 준 미국 DuPont사에 얽힌 이야기가 되겠다.
Mr. Suchy 부사장과 헤어진 지 13년이 흘렀다. 1995년 초에 또 다시 인연이 맺어졌다.
Mr. Suchy를 찾게 된 동기는 아래와 같다.

스위스 기술특허 공급사인 B사의 기술로 톨루이딘(Toluidine)제품 생산의 정밀화학공장을 건설하게 되었다. 공장 건설 후 시운전 과정에서 매니저(manager)였던 저자가 공장 현장을 점검하며 돌아 보고 있는 중에 운전 요원이 다가 와 부장님 하면서 말을 이었다.

"왠지 모르게 몸에 피부 트러블(skin trouble)이 발생했고, 교대 근무하는 현장 운전원(field operator) 4명 모두가 똑 같은 반응을 보이고 있다. 고 했다.

그래서 저자는 깜짝 놀라며 내일 아침 10시까지 4명 모두 조정실(process control room)로 오라고 비상 소집을 했다.

다음 날 스위스 기술임원 아이오즈(Hayoz)와 함께 조정실로 갔다.

현장 운전요원 4명 모두가 와 있었다. 대기실로 그들을 데리고 가서 몸에 나타난 피부 트러블을 보여 달라고 했다. 상의를 벗고 몸에 나타난 피부 트러블을 보여 주는 순간 놀라며 저자는 왜 그럴까? 하고 Hayoz에게 물었다.

저자는 이들에게 톨루이딘 가스에 의해 피부트러블이 발생한 것 같다고 전해주며, 내가 현장을 정밀 점검하고 나서 무엇이 문제인지를 파악한 후 대책을 세워 더 이상 이런 문제가 발생하지 않도록 해 주겠다고 그들에게 말 해 주었다.

그러면서, 본인들도 놀랐겠지만 집에서 부인들이 얼마나 놀랐을까? 하며 부인들께 우리 부장(저자)이 이 문제의 근본원인을 찾아 내서 완전히 해결 해 드리겠다. 는 말을 전 해 달라고 했다.

그러는 순간 저자의 머리를 스치는 예상되는 문제점이 떠 올랐다.

이들 모두에게 똑 같은 반응이 나타난 것으로 보아 이들 모두는 제조공정 어디에선가에서 누출되는 독성가스(toxic gas)가 원인이 되었을 것으로 생각되었다.

저자는 바로 현장으로 내려가 기기장치들을 하나씩 샅샅이 살펴보며 정밀 점검
을 했다. 제조 공정 배관의 이음매 여러 곳에서 가스가 미량씩 누출되고 있는 것이 발견되었다.

이와 같이 가스가 공정 밖으로 누출된다는 것은 가스/흄 흡수시설(gas/fume scrubbing unit)의 처리능력이 부족하게 설계되었기 때문일 것이라고 판단했다.

그래서 이 가스누출의 근본원인은 공정 기본 설계 상의 문제라고 판단했다.

이 문제를 해결하기 위해서는 용량(capacity) 보완공정설계가 이뤄져야 하고
이에 따른 설비가 제작되어 설치 되어야 했다. 따라서 장기간이 필요했다.

그래서 저자는 이런 상황들을 고려하여, 가스 누출이 발견되자 즉시 공장을 비상정지 시키라고 지시했다.

바로 공장장에게 운전 요원들이 겪고 있는 고통 이야기를 들려 드리고, 공장을 긴급가동 정지 시켰다고 보고를 했다.

그리고 제조 공정에서 가스가 누출 되는 모든 곳을 사진으로 찍어 보고서를 준비하여 내일 오전 중으로 서울 본사 사장님께 보고 드리겠다고 했다.

다음 날 이른 아침 비행기로 서울로 올라 갔다. 그리고 사장님께 보고를 드린 후 대책까지 보고를 드렸다.

대책은 현 제조공정 시설에서 발생하는 가스를 모두 효율적으로 흡수 처리할 수 있는 용량의 가스 흡수처리시설을 증설해야 된다고 사장님께 말씀을 드렸더니 사장님께서는 승인을 해 주셨다.

저자는 급히 공장으로 내려 와서 증설할 가스 흡수처리시설의 기초설계를 시작했고, 이어서 가스 흡수처리시설의 기기장치 설비를 발주했다.
장기간이 소요되는 점을 고려하여 이 기간 중에 정밀화학제품 생산으로 세계에서 제일 유명한 미국의 DuPont사를 방문하여 기술자문을 받고 싶었다.
그런데, DuPont사의 방문허가는 보안상 이유로 받기가 참으로 어려웠다.
그러던 중 저자는 캐나다 B회사의 Mr.B.R.Suchy를 떠 올리며 그에게 팩스(Fax) 를 보냈다. 팩스 내용은 미국 New Jergy, Deepwater에 있는 DuPont사를 방문하고 싶은데, 보안 상 방문허락을 받을 수가 없는 실정이기에 Mr. Suchy가 허락을 받아 줄 수 있겠는지를 타진하는 것이었다.
2주 후에 Mr. Suchy에게서 팩스 답신이 왔다.
답신 내용은 그간의 안부를 물으며 Manager, Y.H.KIM이 DuPont사를 방문할 수 있도록 방문허가를 받았으니 DuPont사의 생산부장(manufacturing manager), Mr. Paul Beach와 연락을 취하라는 내용이었다.
Mr. Suchy가 13년 후에 YHKIM이 애타게 바랐던 DuPont사의 방문허가를 받아주었던 따뜻한 배려였다.
Mr. B.R.Suchy와 Farewell 대화를 나누며 헤어진 지 13년 만에 느껴보는 또 다른 인연으로의 보람이었다.
그 후 발주했던 가스/흄 흡수시설(gas/fume scrubbing unit)의 설비가 도착되어 흡수시설을 증설했다. 가스/흄 흡수시설이 증설되어 처리 능력이 충분하였기에 더 이상 가스/흄 누출은 발생하지 않았다. 운전원들은 부장에게 고맙다고 하며 찬사를 아끼지 않았다. 그 후 저자가 대만 Formosa Group, NanYa 대단위 화학회사 컨설턴트로 일 할 때, 대만 기술자들 기술 훈련 차 N회사를 방문하게 되었는데, 이 때 시운전 당시 피부 트러블(skin trouble)을 체험했던 현장 운전원을 만나게 되었다. 그 현장 운전원은 저자를 발견하고 환한 얼굴로 바로 달려왔다.
그리고는 부장님(저자)이 그 때 가스/흄 흡수시설을 증설 해 주셔서 지금까지 아무런 피부 트러블 없이 쾌적한 공장 분위기에서 모두들 즐겁게 일하게 되었다며 고맙다는 말을 전 해 주었다.
그 순간 행복이란 무엇이며 어디까지가 불행한 마음이며, 또 어디까지가 행복한 마음인지를 생각해 보았다.
행복……!
행복의 정의를 내리기에는 행복은 한없이 넓고 깊어, 마치 우주의 밤 하늘에 빛나는 수 많은 별처럼 무한한데 어떻게 행복의 범주를 탐색하며 알아 낼 수 있을까? 이 범주를 알아 낼 수 있는 자는 신의 영역을 알아 내는 자와 같다고 말할 수 있지 않을까?
'행복의 정의를 내리지 않는 것이 어떤 의미에서는 행복이다.' 라는 것을 저자는 알게 되었다.

5.2.3. 미국인들의 업무원칙

미국 합작사 Agrico사의 두명의 관리자:
한 · 미 합작사인 제7비료공장(남해화학주식회사)이 건설될 때부터 미국 측 합작회사인 Agrico International One Williams Center에서 두 명의 관리자가 제7비료공장에 상주했다.

제7비료공장건설이 끝나고 시운전을 거쳐 성능보장시험을 마친 후 생산정상화가 이루어진 뒤로도 계속하여 공장에 상주했다.
지금도 눈에 선한 Agrico사의 관리자 2명을 잊을 수가 없다.
1명은 미국측 공장장인 Mr. G.R.Coleman이고, 다른 1명은 20여개 대단위 공장 전체를 관리하는 Mr. James G. MacArthur관리자였다.
저자는 상사인 콜멘과 멕아더와 함께 제7비료공장에서 약 7년동안 일 하면서 그들로부터 기술 · 철학 · 안전 · 행정관리 측면에서 많은 것들을 배울 수 있었다.

1) 미국 관리자들의 체질화 되어 있는 안전문화

콜멘과 멕아더, 이 두명의 관리자들은 출근하여 퇴근할 때까지 하루에 3번이상 한결같이 공장 현장을 샅샅이 둘러 보았다.
이 두 명의 Agrico사 관리자들은 공장이 가동 중에 비상가동정지(emergency shutdown)가 되었을 경우에는 그 근본원인이 무엇인지 확인될 때까지는 재 가동을 해서는 안 된다. 는 원칙을 세우고 따르도록 했다.
이들은 안전측면에서 현장을 둘러 보면서 작업장에서 근무하는 직원들의 태도와 주요 기기장치들의 가동 상태를 살피곤 했다.
특히, 직원들의 불안전한 행동과 기기장치 및 시설들의 불안전한 상태를 주의 깊게 관찰하고 시정 해 나갔다.
이들 미국인들은 실질적 경험(hands-on experience)이 풍부하고, 전문성이 뛰어난 관리자들이었기에 공장전체를 관리 해 나가는 데에 총체적 현장점검(overall field auditing)능력이 뛰어 났었다.
이러한 사전 현장점검에서 관찰한 현실적 문제점과 기술적 정보를 가지고 일상적으로 열리는 회의(meeting)에 참석하여 한국측 기술진들과 정보를 공유했다.
그리고 매일 아침 출근과 함께 바로 공장 조정실(control room)에 들려 지난 하루에 있었던 주요사항들을 전 해 주는 관리자(Manager)의 보고내용에 경청하며 그들의 의견을 제시하면서 문제점들을 미루지 않고 해결 해 나가도록 관리했다.

2) 미국 기술자들의 문제점해결 접근방법과 추론

이 두 관리자들은 기술자였는데 문제점이 예측되거나, 문제가 발상할 때 업무 처리하는 것을 보면, 이론적 바탕에 논리적이며 세밀하고 구체적으로 질문을 던졌다. 근본원인과 구체적 해결방안이 제시될 때까지 다양하고 깊게 접근 해 나가면서 일반적 질문에서 구체적 질문, 그리고 단적 질문으로 범위를 좁혀 나가면서 전문성과 추론(推論, 推理, reasoning)의 논리성을 복합적으로 적용했다.
이치에 따라 논술하며, 알고 있는 사실을 바탕으로 하여 모르는 사실을 미루어 생각 해 내는 추론을 기반으로 회의를 이끌어 나가는 모습이 저자의 마음에 퍽 인상적이었다.
또한 그들은 상대방의 이야기에 경청하며 이야기를 듣는 동안 말을 가로 막거나 방해하지 않고 끝까지 격려하며 온화한 분위기를 만들어 주어 상대방이 편안히 모든 내용들을 말할 수 있도록 기다려 주며 귀를 기울였다.
이야기가 끝날 때까지 경청한 후에, 그들의 의견을 제시하며 상대방의 이야기 중에 나타난 의문점들을 찾아 내 다시금 확인하며 미소 지으며 온화하게 토론 해 주는 방식이 저자의 마음을 사로 잡았다.

3) 미국 기술자들의 현장점검과 확인

저자가 공장 건설 중에 설계도면 검토를 하면서 발견된 문제점과 설계에 반영해야 할 내용들을 설계 보완하여 결재 승인을 받기 위해 이들 두 임원들을 찾아갈 때면 항상 밝은 미소로 반갑게 맞이 해 주곤 했다.

그들의 질문내용으로 미뤄볼 때 그들의 전문성은 상당한 수준의 깊이를 가지고 있었다.

순간적으로 전문적 내용을 파악하는 능력, 문제의 근본원인을 찾아 내기 위해 논리적으로 접근해 나가는 그들의 생활방식, 그리고 평온한 분위기에서 그들의 의견을 상대방에게 쉽게 전달하는 능력 등은 그들을 대하면 대할수록 매력을 느끼게 했고 흥미롭게 했다.

그들에게서 배운 것은 전문성과 추론적 토론 외에 더 인상적인 것이 있었다.

그들은 직위나 나이에 걸맞지 않게 공장 내의 원료 하역 시 분진이 발생되는 저장 창고시설이나, 정비보수 때 개방한 유독성 가스가 발생되는 열악한 저장조(貯藏槽, tank) 내부까지 찾아들어 와 작업 중인 직원들의 노고에 고마움을 표시하며 격려할 뿐만 아니라, 기기장치들의 노화현상(老化現狀, development of aging), 노후화(老朽化, deterioration) 등의 상태를 철저히 확인점검하며 사용 가능한 수명(useful life)을 예측하고 제반 문제점들을 도출하여 해결책을 강구하는 것이었다. 그리고 이들 문제점들을 정확히 파악한 후 이를 배경으로 하여 일상적 회의에서 한국측 관리자들과 구체적 토론을 할 때 기술적 자문을 해 주고, 근본적으로 총체적 해결방안을 강구하는 대에 지원을 도와 주었다.

뿐만 아니라, 자신이 직접 현장에 가서 확인 점검한 내용들을 가지고 기기장치들의 예방정비(preventive maintenance)를 철저히 관리 지원함으로써 재앙적 공정 사고(process incident)와 휴먼애러(human errors)를 예방할 수 있도록 뜨거운 관심을 보여주었다.

저자는 '그들의 현장점검 및 확인의 궁극적 목적은 현장작업직원들의 안전성과 이들 기기장치들의 잔존수명 평가와 제반 문제점들을 찾아 기기장치들을 안전하게 보존함으로써 공정사고로 인한 재해를 예방하고, 인명손실과 환경 및 생태계 파괴를 예방하기 위한 실질적 예방관리와 경영을 하기 위함이었다.' 고 판단했다.

문제점을 예측하고 현장을 찾아가 직접 확인점검하고 문제점들의 해결방안을 강구 해 내는 그들의 한결 같은 행동에서 성실성과 철저한 그들의 책임감을 느껴보게 되었다.

미국 238년의 역사 속에 결결이 살아 숨쉬는 프런티어 정신이 낳은 그들의 행동철학이 아닐까?

5.2.4. 미국인들의 전문가 회의

미국, Deepwater DuPont사의 경영철학과 회의:

1995년 봄, 정밀화학제품들의 화학적, 물리적 특성 및 독성과 연관하여 세계적으로 알려진 DuPont사에서는 실질적 안전관리(practical safety management)를 어떻게 하고 있는지를 알고 싶고, 또한 세밀한 자료들을 받아 볼 목적으로 미국 New Jergy, Deepwater에 위치한 DuPont사를 3명의 직원들과 함께 방문한 적이 있었다.

방문하기 전에 앞에서 언급한 Mr. Suchy가 우리 일행이 방문할 수 있도록 허락을 받아 주는데 결정적 도움을 준 DuPont사의 Mr. Paul Beach에게 방문 목적을 아래와 같이 밝혔다.

DuPont사를 방문하고자 하는 YHKIM(저자)은 대한민국 제7비료공장인 남해화학 주식회사의 10개 정밀 화학공장들을 총체적으로 관리 책임지고 있는 생산부장(production manager)입니다. 이 10개 공장 중에 시운전 중인 톨루이딘 (Toluidine) 공장이 있는데, 시운전 과정에서 현장 운전원(field operator)들 몸에 피부 트러블 (skin trouble)이 발생 하였습니다.

그래서 "DuPont사의 정밀화학제품 공장들의 제조공정(manufacturing process)과 안전관리(safety management), 그리고 독성 정밀화학제품들을 어떻게 취급하며 특수 관리하는지를 알고 싶어 방문하려고 합니다." 라는 내용으로 Fax. 전문을 보냈었다. 그랬더니 방문해도 좋다는 회신이 왔다.

DuPont사를 찾아 갔더니 Global Marketing Manager, Thomas A. Bartolec이 친절히 우리 일행을 맞이 해 주었다.

그리고 회의장으로 우리들을 안내 해 주었다.

회의장에는 DuPont사의 세계적으로 최고 수준의 전문 기술자 매니저(manager)들이 5명이 참석 해 있었다.

회의를 시작하기 전에 회의주재를 하는 Thomas A. Bartolec이 "우리 DuPont사는 인류 사회에 공헌하기 위해서 어느 나라에서든지 정밀화학제품에 관한 제반기술에 대해서 문의사항이 있거나, 기술자문을 원할 때는 언제든지 도와 줄 수 있다." 는 것이 DuPont사의 철학이라고 말문을 열었다.

그리고 참석한 전문기술자들을 각각 소개하면서, YHKIM이 해결 해야 하는 문제점의 해결책을 지원하기 위해서 "미국 각처에서 DuPont사 해당기술 전문가 매니저들이 오늘 회의에 참석하기 위해서 여기에 와 있다." 고 했다.

이어서 Bartolec 매니저는 토론에 앞서 제7비료공장(남해화학주식회사)의 정밀 화학공장들이 어떻게 배치(layout)되어 있으며, 생산규모와 저장시설의 저장능력 등을 White Board에 스케치(sketch)하여 그려가면서 브리핑(briefing)해달라고 했다.

그래서 저자가 책임지고 관리하며 담당하는 정밀화학공장 10개 군을 그려가며 설명을 했다.

그들 전문기술자들은 공장배치안전(safety on plants layout)에 대하여 서로들 진지하게 토론을 해 나갔다. 30여분의 열띤 토론을 마치고 정밀화학공장들간의 기본배치(basic layout)가 안전에 매우 중요하다는 것을 많은 예를 들어 설명을 해 주었다.

그리고는 "지금 토론한 내용들은 남해화학의 건설 당시의 기본배치설계 상의 문제이기에 총체적 안전 관리(total safety management)를 철저히 해야겠다."

고 조언 해 주었다. 저자는 귀국하여 공장 전반에 걸쳐 안전진단(processsafety auditing)을 세밀하게 하고 해당 문제점들을 모두 보완했다.

본론으로 돌아와서 톨루이딘 공장에 대하여 문제점들을 논의하기 시작했다.

톨루이딘 공장과 제품의 특성 및 독성, 그리고 제품 처리방법 등의 세부 내용들을 설명 해 주고 많은 자료들을 제시 해 주었다.

특히, 제조 공정에서 톨루이딘 가스(gas) 와 흄(***fume, 증기, 발연***)이 누출되지 않도록 일정 주기로 주요 공정을 확인 점검 하는 것이 중요하다는 것도 설명했다.

또한, 공정안전(process safety)과 연관하여 관계되는 핵심요소와 공정 상의 이상한 증상분석 (process *symptom* analysis)등의 중요사항들을 공학적으로 접근 해 나갈 것을 강조했다.

이들 자료들을 가지고 철저히 점검 확인하며 기기장치 관리와 직원들의 교육 훈련에 집중 관리와 human errors(인재, 人災)에 대하여 심도 있게 설명했다.

그리고 더 세부적이고 다양한 자료들은 내일 전해줄 자료들을 참고하라고 했다.

그러면서 오늘 회의에서 논한 참고자료들을 준비하여 내일 오전에 주겠다고 하며 회의를 마쳤다.

다음 날 아침에 전 해 준 참고 자료들은 A4용지 크기 기준으로 높이가 약 45cm정도의 분량이었다.

그날 저녁에 호텔에서 그 참고자료들의 제목들을 훑어 보았더니 저자가 바라던 자료들이 모두 포함되어 있었다.

회의 참석자들은 남해화학의 기술적 문제점 해결을 위해 관계 참고문헌들을 모두 수집하여 건네 주었던 것이다.

세계적으로 정평 있는 DuPont사가 정밀화학 제품들을 개발하고, 이 개발품으로 인류에 공헌하는 그들의 철학관이 바탕이 된 만족스럽고 고마운 참고자료들이었다. 귀국하여 그 참고자료들을 세밀하게 분석 검토, 공부하며 공장에 적용 응용한 것이 오늘에 이르러 그 공장들의 생산제조공정이 안전하게 유지돼는 결과이기도 하다.

저자는 잠시 회상에 젖는다.

만일 미국 New Jergy, Deepwater에 위치한 DuPont사를 방문하여 Global Marketing Manager, Thomas A. Bartolec이 이끌어 준 세계적 수준의 전문가 5명과의 국제적 회의(Global Meeting)를 할 수 있는 기회를 갖지 못했다면 오늘에 이르러 그 공장들은 어떻게 되었을까? 하고 자문 해 보았다.

그 당시 1) 우리 톨루이딘 공장에 근무했던 운전자들이 Manager였던 저자를 믿고 신뢰하며 그들의 고통을 호소했던 분위기가 값졌고, 2) 우리 일행이 세계적 권위를 가진 DuPont사를 방문할 수 있도록 허락을 받아 준 Mr. Suchy 부사장과의 인연이 귀중했었고, 3) DuPont사의 Global Marketing Manager, Thomas Bartolec이 주도했던 그들 전문가 5명과의 만남, 4) 그리고 정직하고 순수하게 인류에 공헌하는 Dupont사의 200년이 넘게 이어 온 경영진들의 그 고귀한 철학적 정신을 깨달았던 그 순간들을 잊을 수가 없다.

특히, 오늘에 이르러 저자가 International Consulting을 고급수준으로 할 수 있게 한 원동력이 되어 준 것은 DuPont사의 세기적 경영철학이 저자의 심장에 뿌리를 내렸기에 가능하다는 것을 말하고 싶다.

대학, 대학원의 강단에서 후학들에게 행복론, 공학철학, 화학장치설계, 화학공정공학 등의 교과목 강의 입문에서 첫 시간 강의를 DuPont사의 경영철학에 대하여 논해 줄 때면 그 보람이 하늘을 찌를 듯이 높이 솟아 오름을 느끼게 된다.

기업체와 연구소, 그리고 중등학교와 국립과학관 등에서 특강을 해 줄 때도 서두에서 DuPont사의 경영철학을 들려줄 때는 저자의 심신은 하늘을 나는 기분이다.

저자의 행복 중의 행복은 대학과 대학원의 강단에서 DuPont사의 경영철학을 그들에게 들려 줄 때였으며, 저자가 지속적으로 중요시 다루는 공학철학과 공학윤리, 그리고 공학적으로 의사결정하는 판단기준이 학문으로 뿌리를 내리는 데에 원동력이 되었다.

5.2.5. 미국인들의 창의적 회의

미국전문가들의 문제해결 회의:

배경은 제7비료공장(남해화학주식회사)이 건설되고 시운전(initial startup)단계 에서 발생한 문제점을 해결 해 가는 과정 이야기 이다.

핵심 내용은 '그 문제점을 어떻게 해결했느냐?' 이다.

문제점은 인산공정에 설치된 속도자동조절 펌프(pump)가 자동제어 되지 않는 문제였다.

제7비료공장은 20개의 대단위 화학공장들이 한곳 한 울타리 내에 건설되어 있는 세계수준의 대규모 공장이었다.

20개 공장들은 각 공장이 연속적으로 연결되어 생산활동이 이루어 지기 때문에 이 문제점의 펌프가 미리 가동되지 않으면 20개 공장들은 어느 시점에서 가동 중단해야 하는 현실이었다.

이 펌프는 공정 상 자동제어가 되어 속도가 조절되어야 그 기능을 발휘할 수가 있게 되어 있었다.

속도 조절을 하기 위한 시스템(system)은 펌프와 모터(motor) 가 V-belt로 연결되어 있었다.

시험 테스트(test run)를 하는 과정에 V-belt연결을 풀어 놓고 모터 만 가지고 속도조절 시험을 했다.

그런데 여러 차례 시험을 해 보았지만 속도 조절이 안되고 오차의 범위가 매우 컸다.

한국측 기술자들이 모두 모여 시험 테스트를 해보았지만 결과는 항상 같았다. 모터 자체 내부의 속도변속기 시스템에 문제가 있나 해서 분해점검 차 기계 shop으로 이동하여 분해점검 후에 다시금 시도 해 보았으나 결과는 같았다.

이제 다른 공장 시운전 시작 스케듈 (schedule)과 연계하여 3주 밖에 여유가 없었다. 하는 수 없이 저자는 상사에게 이 사실을 알리고 미국측 기술자들과 문제점 해결을 위한 회의를 할 수 있도록 수선 해 달라고 요청 드렸다.

3일 후 미국측 기술자들과 함께 회의를 하기로 했다.

저자도 미국측 회의에 참석하여 현황을 브리핑(briefing) 해 줄 것을 요청 했다.

그간의 시험 테스트 했던 내용들을 요약하여 브리핑 자료를 준비했다. 미국측 회의에는 미국의 건설사인 Fluor사와 기본설계사인 Davy Power Gas사의 기술자들이 10여명 참석하고 있었다.

저자는 그들 앞에서 브리핑을 마쳤다.

그 후부터는 미국측 기술자들이 열정적으로 토의를 하기 시작했다.

약 1시간이 흘렀다. 그 때까지 문제점의 결론적 해결책이 나오지를 않았다.

저자도 답답했다.

그러던 중에 Fluor사 측 회의참석자가 제안을 했다.

제안 내용은 간단했다.

"펌프와 모터를 V-belt로 연결하고 load(부하, 負荷)를 걸어 보면 어떻겠느냐?" 고 했다.

저자는 바로 그 제안이 답이라는 것을 직감하고 무릎을 탁 쳤다.

저자는 그것이 이 문제 해결의 결론적 답이 되겠다고 말했다.

그 제안자가 누구인지를 알고 싶어 물어 보았더니 기술자가 아닌 인문사회과학을 전공한 행정가였다.

저자는 문제해결의 창의적 결정적 답은 바로 인문사회과학을 전공한 행정가가 제안 했다는 사실에 깊은 의미를 두었다.

바로 공학과 인문사회과학이 융합을 해야 창의적 착상이 떠 오른다. 는 것을 알게 된 순간이다.

후에 Davy Power Gas사 기술자에게 "왜 기술자들 회의에 인문사회과학을 전공한 행정가가 참석했었느냐고?" 고 물었더니 이런 종류의 문제점 해결을 위한 회의를 할 때는 생각이 다양하고 시야가 넓은 인문사회과학 전공자를 회의에 참석시키는 것이 일반적이라고 했다.

바로 그렇게 기술자 회의에 인문사회과학 전공자를 배석 시킴으로써 창의적 착상을 불러 내게 하는 미국측 회의의 창의적 기법이 마음에 깊이 와 닿았다. 저자는 이 사실을 알게 되어 퍽 기뻤다.

저자는 가슴 두근거리던 문제를 그 인문사회과학 전공자의 창의적 착상의 답에 힘 입어 문제해결을 적기에 할 수 있어 엄청 흐뭇했다.

지금 미래학자, 최고통수권자가 학문의 융합에 대하여 강조하는 것은 창의력을 키워 미래지향적으로 발전시키기 위한 통찰력이다.

5.2.6. 외국인을 위한 배려: 유럽국제학회 논문발표 신청 때 누락된 Selda 양

그 때 Selda양을 돕지 않았다면 박사과정에 있던 Selda양은 이듬 해 박사 학위를 받을 수 있었을까?

그 때 등록을 마칠 수 있도록 조직위원회 관리자(organizing manager)를 긴급호출하여 적극적으로 끈질기게 설득하고 시도한 것이 Selda양이 박사학위를 적기에 받을 수 있게 된 동기가 되었다는 것을 알게 되어 참으로 보람을 느끼고 행복감에 젖을 수 있었다.

2002년 8월, 체코 프라하에서 제15차 국제화학공학유럽학회(CHISA 2002, 15th International Congress of Chemical and Process Engineering)가 열렸었다.

저자는 8월 24일 프라하 시내에 자리한 기술대학 발표장 현지에 도착하여 논문발표 주제: What and how to execute the overall management in the complex chemical plants? (대단위 화학공장에서의 총괄적 관리를 위해 무엇을 어떻게 할 것인가?)의 등록을 마치고 잠시 휴식을 취하고 있었다.

그러던 중에 아래와 같은 일이 발생했다.

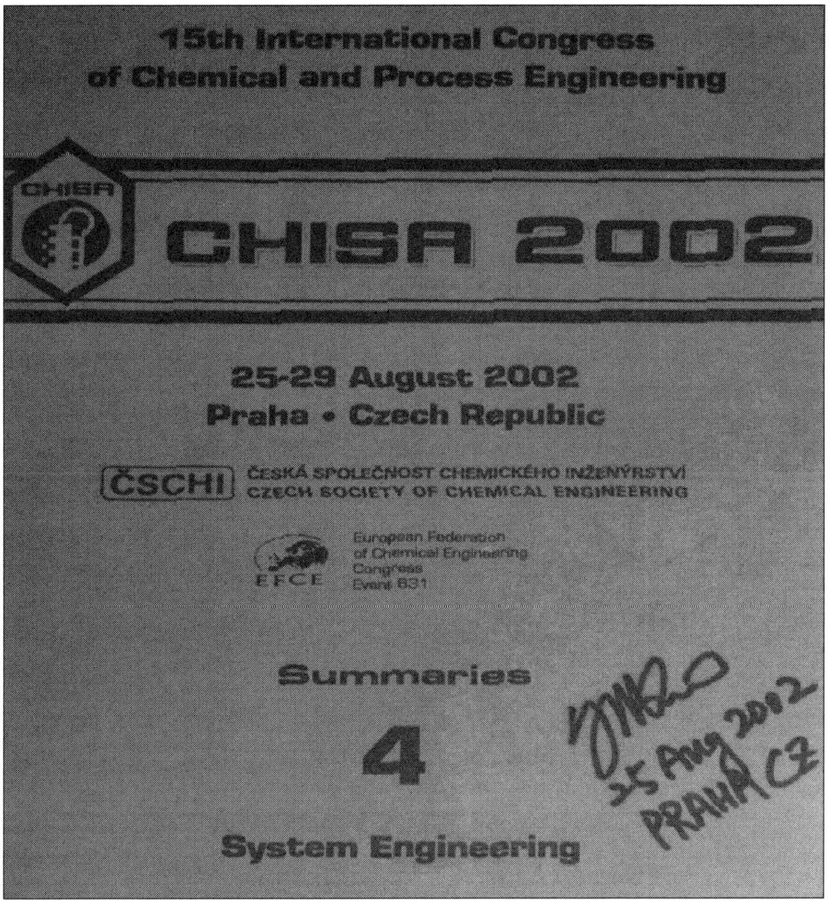

사진: 체코 프라하, 국제학회 CHISA 2002, 논문발표초록집

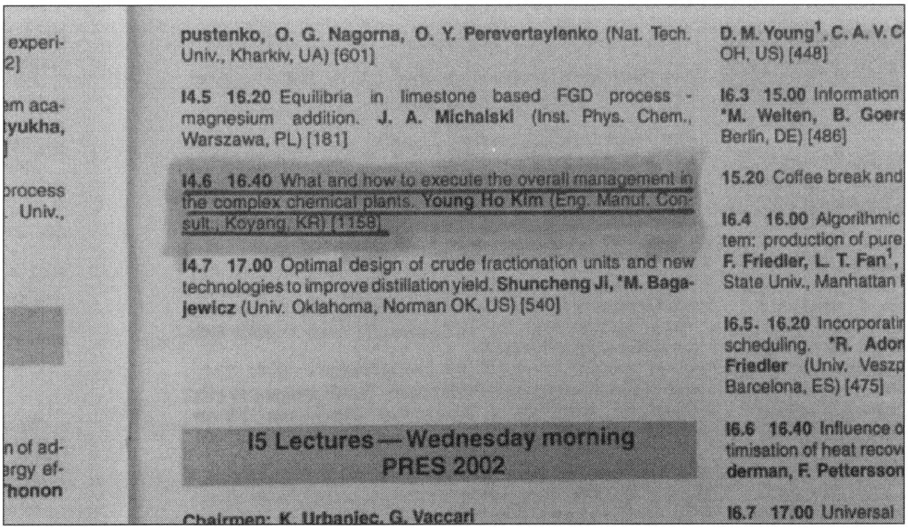

사진: 체코 프라하, 국제학회 CHISA 2002, 저자, YHKIM 논문발표 주제

1) 논문발표 사전등록 명단에 박사학위 예정자 Selda양 누락

논문발표 등록 데스크에서 웅성거리는 소리가 들려왔다.

저자는 왜 그런가 하고 등록 데스크로 가 보았다.

한 외국인 여자가 논문 발표 사전 등록 리스트(list)에 자기 이름이 누락되었다고 낙담하며 당황하고 있었다.

그 광경을 보면서 저자는 만일 내가 저 여자 입장이라면 어떻게 했을까? 고 생각 해 보았다.

저자는 그 여자에게 나는 Korea에서 논문 발표하러 온 YHKIM이라고 하는데 무슨 일이 발생했느냐고 물었다.

그랬더니, 자기는 Turkey, Istanbul 대학, 대학원에서 박사학위 과정에 있는 학생인데 이번 프라하 국제 학회에서 논문발표를 마쳐야 박사학위를 받을 수 있다고 했다. 그런데, 내일 아침 발표를 못하게 되었다며 울상이었다. 남의 일같지가 안았다. 그 여학생의 일생이 좌우되는 문제가 발생했던 것이다.

어떻게 이러한 행정착오가 발생할 수 있을까? 고 의아하게 생각했다.

2) 조직위원회 관리자(organizing manager) 긴급호출 도움신청

저자는 이 여학생의 미래가 걱정이 되어 내가 이 문제를 해결 해 볼 테니 다시금 등록 데스크의 등록 담당자를 만나 보자고 했다.

그 등록 담당자에게 "이 여학생의 입장을 알고 있지요?" 하고 문의한 후에 시간이 촉박하니 조직위원회 관리자(organizing manager)를 긴급히 불러 줄 것을 요청했다.

그런데 등록 담당자는 매니저가 지금 바빠서 불러 올 수가 없다고 했다.

다음은 그 때 상황 전개 이야기 이다.

· YHKIM: 이 여학생이 내일 오전에 발표를 못하면 박사학위를 받지 못하게 되는데 책임은 누가 져야 할까요? 그러니 제발, 지체 말고 지금 바로 오시라고 해 주세요.

· 등록 담당자: 잠깐 기다려 주세요. 찾아 오겠습니다.

10분 후에 담당 Manager가 실무책임자와 함께 왔다.

· 저자는 Organizing Manager에게 여학생의 긴급상황을 설명했다.

· Organizing Manager: 시간이 너무 촉박하여 지금은 어떤 조치를 취하기 어렵다고 난처해 했다.

· YHKIM: Organizing Manager에게 그러면 어느 측에서 행정착오를 했을 까요? 하고 질문했다.

· Organizing Manager: 물론 학회 측에서 누락을 해서 미안하지만, 지금은 늦어 도움을 줄 수 없다고 되풀이 했다.

· YHKIM: 그렇다면, Organizing Manager는 이 여학생이 박사학위를 받지 못하게 되는 문제에 대하여 어떻게 책임을 지겠습니까? 하고 질문했다.

· Organizing Manager: 잠시 침묵을 했다.

3) 조직위원회 관리자(organizing manager)에게 긴급제안과 수락의 기쁨

저자는 조직위원회 관리자에게 다음 사항들을 긴급 제안했다.

첫째, A-4용지에 이 여학생의 이름, 발표 주제, 발표장소와 시간을 명기하여 발표장 입구에 공지해 주고, 발표 시킬 것을 요청했다.

둘째, 이 여학생의 발표 주제를 긴급 print하여 논문발표 집에 첨부해 줄 것을 요청했다.
셋째, 이 여학생이 귀국하기 전에 논문을 발표했다는 확인서를 학회장 명의로발부하여, 이 여학생이 지도교수에게 확인서를 제출할 수 있도록 해 달고 했다.
넷째, 이 여학생의 논문 발표내용을 CD-ROM에 추가하여, 이 여학생의 주소로 우송해 줄 것을 요청했다.
Organizing Manager는 YHKIM의 긴급제안을 모두 수락하겠다. 고 했다.
Selda양은 위기를 모면하고 다음 날 예정대로 정상발표를 할 수 있게 되었다.
아! 비상 위기에서 벗어 난 이 얼마나 마음 뿌듯한 성취의 순간인가……!
위기를 극복 해 나가면서 정상화 시키는 과정에서 맞이하는 스트레스는 어떠했을까? 몰아친 태풍에서 벗어나 성취의 희열과 평온함을 찾았을 때 그 행복감의 세기(strength)는 어느 정도였을까?
행복! 행복의 범주와 강도(强度)는 심오한 정신세계가 느껴내는 영역과 그 깊이 따라 변화하는 무한함이 아닐는지……
문제가 모두 풀린 후에 그 여학생은 저자를 찾아 와 대단히 고맙다며 진정 어린 인사를 했다. 앞으로 Selda라고 불러 달라고 하면서, "Korea의 남자들 은 모두 YHKIM같으냐?" 고 질문했다. 그래서 YHKIM은 Korea의 남자들 본성(本性, real nature)과 똑같다고 했다.

사진: 체코 Praha, 국제학회 CHISA 2002 논문발표 등록 후 여가를 즐기는 저자 모습

서로 논문발표 준비를 돌봐 주며 격려 해 주었다.
Selda는 첫날 정상적으로 논문을 발표 한 후 YHKIM를 보고는 다시 한번 고맙 다고 하면서, 앞으로 프라하에 머무는 동안, Restaurant 식사, Orchestra공연
감상, Shopping, Praha 시 관광 등을 매일 함께 하자며 제의를 해 왔다.
흔쾌히 제의를 받아 드리고 오늘 저녁식사를 함께 하자고 했다.
Turkey, Istanbul, Praha, Korea의 문화 등에 대하여 서로 이야기를 나눌 기회를 가졌다.
발표 둘째 날, Selda는 나에게 Istanbul 대학 부교수가 내일 학회에 참석하러 오게 되어 있는데, 오늘 저녁에 Praha에 도착할 예정이라고 하면서 그 부교수가 오면 YHKIM에게 소개시켜 주겠다고 했다.
부교수는 자기를 매우 좋아한다고 하면서 결혼까지 하고 싶어 한다고 했다.

사진: 왼쪽부터 Meshalkin 러시아 교수, 저자, Selda양, Istanbul 대학 부교수와 만찬기념

Selda는 그 부교수가 도착했다며 나에게 데리고 와 인사를 시켰다.
그 부교수는 저자를 보고 자기가 Praha를 잘 안다고 하면서, 하루 시간을 내서 Praha 시내를 안내해 주겠다고 친절을 베풀어 주었다.
셋째 날 하루 시간을 내어 그 부교수를 따라 Praha 시내로 관광을 나갔다.
Selda는 귀국 후 친인척, 교우들에게 선물할 것을 사기 위해 Shopping하러 가겠다 하기에 함께 동행을 못했다.

4) 유럽국제학회 CHISA 2002 학회 만찬과 Crystal Mascot Shopping

Praha 시내를 인상 깊게 관광하고 돌아 와 Selda, 부교수, 나는 학회 저녁만찬에 참석했다.

Selda양, 부교수와 함께 만찬음식을 즐기며 각국에서 참가한 학자들과 인사소개도 하며 만찬을 즐겼다.
부교수는 다음 날 Istanbul로 떠났다.
넷째 날 Selda는 Praha 시내를 즐기며 Shopping을 같이 하자고 제의를 했다.
시간을 절약하기 위해서 넷째 날은 햄버거 등으로 식사를 하며 Shopping에 주력 했다.
Selda는 Czech Crystal 제품의 우수성을 잘 알고 있었다.
Crystal 제품 Shop에 들려 Selda양은 Crystal Mascot에 관심을 보이며, 동물무늬가 새겨진 (Engraving) 자그만 상품에 시선을 고정시켰다.
그리고 다음과 같이 대화가 오갔다.

- Selda: YHKIM! 이들 중에 어느 동물이 새겨진 것을 좋아해? 하며 물었다.
- YHKIM: wild한 동물을 좋아하니까, 이 중에서 어느 동물이 가장 wild할까? 하고 물었더니 Selda는 이 것하며 사자 상을 가리켰다.
- YHKIM: 그럼 Selda는 어느 동물을 좋아할까? 하고 물었다.
- Selda: Selda는 이것 하며 가리켰다.
- Selda: Selda는 YHKIM! 하며 YHKIM이 좋아하는 이 용맹한 사자의 Crystal Mascot를 저자에게 꼭 선물하고 싶다고 했다.
- YHKIM: Selda에게 "Turkey에서는 학생들도 돈을 버느냐?" 고 물었다.
- Selda: Selda는 Istanbul 대학에서 연구비를 받고 있다고 했다.

저자에게 이것 선물하는 것은 전혀 부담이 없다고 했다.

- YHKIM: Selda! 내가 그것을 선물 받고 어떻게 가만히 있을 수 있을 까요?

그러니까 우리 각각 구입해서 서로 선물하면 어떨까? 하고 제의를 했다. 그렇게 하는 것이 서로 마음 편하지 않을까요?
그런데, 이 선물 볼 때 마다 Selda 생각나겠지요? 하고 말을 이었다.

- Selda: "Selda가 위기 상황에 처했을 때 논문발표를 할 수 있도록 YHKIM이 도와 주었는데, 어떻게 YHKIM을 잊을 수 있을까요?" 했다.

Selda 는 말을 이어갔다.

- Selda: "내년에 Tokyo대학에서 논문발표가 있어 가게 될 거예요. YHKIM! Seoul에서 Tokyo까지는 1시간 거리니까, 그곳으로 오면 어떨까요?" 하며 물었다.
- YHKIM: "Selda! 그럼 YHKIM도 Tokyo대학에 논문 발표하러 가면 되겠네요." 하며 말을 이었다.

다섯째 되는 날, Selda는 귀국 선물을 더 사야 한다며 오늘도 Sopping하겠다고 했다. 오늘 저녁 저자는 러시아 Mendeleev University, Meshalkin 교수와함께 Opera를 감상하러 갈 예정이었다.

5) Hotel Mail Box에 남겨둔 Selda의 Farewell Gift

Opera를 감상하고 23:40시경에 Hotel로 돌아 왔다.

- Front Desk Manager: YHKIM! 손님이 와서 오랫동안 기다리다가 23:30경에 방금 돌아 갔다고 하며, Mail box에 무엇을 넣어두고 간다며, YHKIM들어 오면 알려주라고

사진: Selda가 선물한 사자상 Crystal Mascot

사진: Selda가 출국하기 전날 밤 Hotel에 남기고 간 Praha 기념선물

했다. 고 전 해 주었다.
Selda양이 저자에게 Praha 화학공학 국제학회 참가 논문발표를 기념하기 위해 남기고 간 선물이었다.
Hotel Room에 들어 와 바로 Selda에게 전화를 걸었다.
러시아 교수와 Opera를 감상하고 오느라고 늦게 도착했다고 했다.

6) Farewell, Say Good bye......!
Selda는 내일 아침 비행기로 Praha를 떠난다고 하며, 인사 차 조금 전까지 Hotel에서 늦도록 YHKIM을 기다렸다고 했다.
그럼 내일 아침 일찍 Selda의 Hotel로 갈 테니, 짐을 모두 싸두면, Praha 비행장까지 YHKIM이 Porter가 되어줄게 하면서 Good night! 인사를 했다.
아침 일찍 Selda가 머무는 Hotel로 갔다.
그리고 Selda의 짐을 가지고 Hotel을 나와 Taxi로 Praha 비행장으로 달렸다. 출발시간은 아직도 3시간 정도 남았다.
우리는 비행장에서 허기를 달래려고 Snack을 즐기며, 서로 마주 앉아 6일간 Praha에서 함께한 아름다웠던 시간들을 회상하며 추억 빛 이야기를 나누며 웃음꽃 향기를 만끽했다.
출발 시간이 다가 왔다.
Selda의 얼굴에는 순간 Melancholy 한 침묵이 흐르기 시작했다.
사라져 가며 손을 흔드는 Selda에게 저자는 Adieu의 손을 흔들어 주었다. YHKIM은 다음 날 서울로 향했다.

사진: Praha 시내 Opera House 전경

7) Selda양의 화학공학 박사학위(PhD) 취득

다음 해 2003년 7월 23일 Selda양은 Istanbul 대학에서 화학공학 박사학위 (PhD)를 받았다고 기념사진을 보내왔다.

Selda양의 PhD학위수여 축하를 해 주기 위해서 필자, YHKIM은 Selda양에게 아래에서 보는 바와 같이 축하 메시지를 동판에 각인하여 페넌트(pennant)로 제작하여 보내 주었다.

Ph.D., Gulin Selda Pozan,
University of Istanbul, Turkey

Dear Ph.D. Gulin Selda Pozan
My very heartiest Congratulations on your proud Ph.D. Degre awarded in University of Istanbul, Turkey in July 23, 2003.
Y.H.KIM understands your Ph.D. thesis called *"The Investigation of the Production of some Aldehydes by Catalytic Dehydrogenation"* is very impressive and brilliant in the application of the Chemical Industries for all over the World. And also, Y.H.KIM understands your thesis has very high potential productivity for the development of the Chemical Industries for many countries.

Moreover, Y.H.KIM sincerely hopes and prays all good wishes for your next stages will be successfully continued on your bright life in the academic fields.
I remain with my warmest regards.

Forever and Endless on your successful academic life for your present and future!

In commemoration of the presentation of our theses in the "15th International Congress of Chemical and Process Engineering," held in 25~29 August 2002, Praha, Czech Republic……

August 25, 2004

Young Ho Kim,
Representative of Y.H.KIM Eng. & Mfg. International Consultant,
And
Independent Consultant of DuPont (Korea) Inc.
Seoul, Korea

Y.H.KIM
Engineering & Manufacturing Int. Consultant

사진: 저자가 수여한 Selda양의 PhD 학위수여 축하메시지 동판 페넌트 (pennant)

사진: Selda양이 PhD학위를 받고 지도교수와 기념 촬영한 모습

5.2.7. Belgium Licensor, Central Prayon 기술자, Mr. Dubreucq와의 우정 Mr. Dubreucq의 배려: 남해화학 퇴직한 저자에게 일자리 알선

세계적 대규모의 비료공장에서는 인산 제조공정의 원천기술면허사(licensor)로써 대부분 벨기에(Belgium)의 Central Prayon사 기술 면허를 도입한다.
우리나라의 한·미 합작사인 제7비료공장(남해화학 주식회사)도 예외는 아니었다. 제7비료공장의 인산공장은 세계적 규모의 생산능력을 가진 자랑스러운 공장 이였다.
제7비료공장의 건설공사가 끝나고 시운전 단계에 들어갈 무렵에 벨기에의 Central Prayon사에서 Mr. Andre Dubreucq라는 인산제조공정의 전문 기술자가 공장에 도착했다.
Mr. Dubreucq가 공장에 도착하기 전, 미국 측의 인산공장 설계 계약사인 DPG (Davy Power Gas) 사에서 2명의 고급 기술자, Mr. Vince E. Leon과 Mr. R.E. Storlie가 공장에 상주하며 엔지니어링과 건설 업무를 감리지도를 하고 있었다.
Mr. Dubreucq가 공장에 도착할 때 저자는 인산공장의 한국측 시운전 성능보장 시험과 생산 정상화를 총 책임지는 관리자의 직책을 맡고 있었다.
Mr. Andre Dubreucq는 인산제조공정의 세계적 기술자이며, 특히 인산 (phosphoric acid) 에서 우라늄 (Uranium) 을 추출 생산할 수 있는 기술을 가진 세계적 수준의 기술자였다.
참고로 미국 Florida 인광석에는 우라늄이 약 140ppm 함유되어있으며, 농축된 인산에는 170ppm이 함유되어있다. 인산 중에 함유된 우라늄을 회수하고 농축 하면 핵연료 확보와 핵개발에 이용할 수 있다.
Mr. Dubreucq의 임무는 우리 제7비료공장이 Central Prayon사의 생산공정원천 기술을 도입하여

건설하였기에, Central Prayon사를 대표하여 인산공장의 성능 보장시험 (performance guarantee test run) 을 성공적으로 명예롭게 계약 기일 내에 수행하기 위함이었다.

여기서 성능보장시험이라고 하는 것은 마치 임산부가 해산을 하기 위해서 병원에 입원하여 정밀검사를 받고 사랑스러운 아기를 분만하는 과정과 이에 소요되는 시간 속의 참아내야 하는 고통과도 같다고 말할 수 있다.

우리 기술진들이 인산공장을 시운전하기 위해서 준비하고 점검하며 조율하는 동안 Mr. Dubreucq는 온종일 우리들의 계획과 실행하는 총체적 일들을 세밀하게 살펴 주며 오류를 범하지 않도록 전문성을 가지고 믿음직스럽게 지도하며 리더십을 발휘 해 주었다.

Mr. Dubreucq와는 매일 퇴근 시간 전에 1시간씩 시운전을 위한 1일 계획과 실행한 결과들을 살펴보고, 다음 날 수행할 계획에 대하여 논의하였다.

1) Mr. Dubreucq의 정감 넘치는 리더십(Leadership)

Mr. Dubreucq도 안전에 최우선하여 우리들을 지도 해 주었고 선진국형 안전 관리를 해 주었다.

Mr. Dubreucq의 표정은 한결같이 항상 밝고 활력과 생동감이 넘치기에 그를 만날 때 마다 행복의 바이러스가 전 해 오곤 했다.

늘 정감 어린 그의 특유한 스타일과 미소 그리고 유머 감각을 띄우며 우리들을 형제처럼 대해 줄 때 정감이 넘쳐났다.

우리들은 Mr. Dubrecq와 서로 의사소통도 흡족하게 잘 되었고, 우리 기술진들이 창의적으로 능력을 발휘하며 계획된 일들을 효율적으로 추진하는 것을 살펴보고는 감탄도 하고, 신기한 듯 우리 기술진들을 높이 평가도 해 주며, 기술 응용하는 방법에 대하여는 감탄도 하기도 했다.

우리들은 대규모 공장 앞에서 위압감을 느끼며 긴장하고 일하는 데 비하여 Mr. Dubreucq는 여유롭고 온화한 분위기에서 항상 미소를 머금고 진지하게 일하는 모습을 보여 주었다.

Mr. Dubreucq는 TARGET을 향하여 가는 길에 결코 서두르거나 조급하지 않으며 대자연의 순리와 법칙을 따라 정도를 걸으면서 안전을 최 우선하여 실무를 추진하고 실행하는 확고한 정신을 보여주었기에 그의 숭고한 관리 모습은 저자의 마음을 사로 잡았다.

이러한 Mr. Dubreucq의 리더십 분위기를 관찰하며 우리들도 그의 리더십을 배워 익히며 확산해 나가야 선진국에 진입할 수 있겠다고 생각 해 보았다.

유머 감각이 넘치는 리더십으로 의사소통을 하며, 원만한 인간적 분위기를 만들어 나가는 것은 총체적 업무 효율증진에 만족스러울 정도로 도움을 준다는 것을 알게 되었다.

2) Mr. Dubreucq와의 방과 후 시간 속에서

여기서는 Mr. Dubreucq를 명칭 할 때 그의 middle name을 불러 Andre라고 부르기로 한다.

어느 날 Andre는 자기 가정생활에 대하여 들려 주었다.

부인은 고등학교 수학 교사로 일하고 있으며, 부인과의 딸이 하나 있다고 하면서 대한민국에서 입양한 백(Baek)이라고 하는 아들이 하나 있다고 전 해 주었다.

그러던 중 아들에 대하여 말하면서 5살 난 백(Baek)이 등에 베개(pillow)를 업는 이상한 행동을 자주 한다면서 왜 인지를 모르겠다고 하면서 정신적으로 이상한 것이 아닌 가고 물었다.

그래서 나는 미소를 지으며 그러한 행동은 우리나라에서는 정통적으로 갓난 아기들을 기를 때 엄마가 아기를 등에 업고 일하는 습관이 있기에 백(Baek)도 벨기에로 입양되기 전에 엄마 등에 업힌 기억이 있기에 그러한 행동을 하는 것이라고 설명 해 주었다.
그제서야 Andre는 아들 백(Baek)의 행동이 정상적임을 이해하고 안도하는 마음을 보여 주었다.
방과 후 저자는 한 달에 한번 정도 직원들과 함께 여수 시내에 위치한 허술한 식당에서 회식을 하곤 했다. 회식 장소에 늘 Andre를 초대 해 주었나.
Andre는 우리나라 풍습도 익힐 겸 직원들과 회식하는 자리에 기쁜 마음으로 참석 해 주었다.
식당이라기 보다는 막걸리 술을 파는 선술집이라고 하는 편이 알맞은 표현이 되겠다. 식단은 조촐하지만 주인 여인이 정성스레 준비한 반찬들이 깨끗하고 전통적인 한식의 맛을 느끼게 해 주었다.
그 때 주인은 40대 젊은 여인으로 식당을 찾아 오는 손님들에게 정성을 다하여 식단을 차려주고 이익은 별로 챙기지 않는 순수하며 참다운 경영관을 가진 여 주인이었다. 언제나 찾아가면 한결같이 친절하고 식단에 비하여 비용 부담이 없기에 마음이 편해서 좋았다.
우리가 회식을 하는 날에는 선술집은 조촐한 식당으로 바뀐다.
우리들은 조촐하게 차려진 식단의 반찬들을 안주로 하여 막걸리와 소주를 즐겼다.
그렇기에 회식비도 아주 저렴했다.
공장에서 일하며 교육받는 과정에서 있었던 에피소드나 가정사의 희로애락의 다양한 이야기로 진지하게 대화를 하는 것을 보면 순수한 우리 직원들의 마음이 돋보이고 믿음직스러웠다.
술이 어느 정도 오르면 선술집 풍의 노랫가락이 나오기 시작한다. 모두들 정겹게 노래를 돌아가며 부르면서 Andre도 흥겹게 노래를 부르기 시작했다.
Andre는 어깨동무하며 노래를 신바람 나게 부르곤 했다.
1단계 회식을 끝내고 Andre와 나는 한국 술 문화에 대하여 논하며 즐거운 시간을 더 할애했다.
마침 여 주인은 계란탕을 준비하여 식탁에 놓아 주면서 직원들과 허심탄회하게 회식을 즐기며 따뜻한 가정적 분위기를 리드하는 모습이 보기 좋다고 했다.
Andre는 한국적 아름다움을 보이는 여 주인에게서 한국의 여인상을 찾아 보는 듯 했다.
Andre의 노래하는 스타일과 우리들과 어울리는 풍은 마치 우리 한국사람과 똑 같이 느껴졌다.
Andre에게서 형제애 같은 친근감과 humanity의 깊은 맛을 느껴보면서 서로의 정은 깊이 쌓여갔다.
Andre도 이 선술집의 문화에 익숙 해 지면서 이 선술집을 좋아하게 되었다.
어느 날 Andre는 나에게 저녁식사를 초대하겠다고 하면서 시간여부를 물었다. 나도 흔쾌하게 Andre의 초대에 응하기로 했다.
일과 후 Andre와 함께 사택 버스를 타고 여수 시내로 나갔다. 버스에서 내리자 여수 선창가 포장마차 식의 활어집 식당으로 나를 안내했다.
그러면서 Andre는 숭어에 계란을 풀어 덧씌워 프라이팬에 익힌 숭어를 좋아한다며 선택했다.
나도 Andre와 같은 메뉴를 선택했다.
그리고 소주를 기우 리며 여수 선창가의 갯내음을 음미하면서 여러 가지 대화에 시간가는 줄도 모르고 있다가 심야출근 버스를 이용하여 사택으로 귀가했다.

3) Mr. Dubreucq와 성능보장시험의 어려움을 극복하면서

인산공장의 성능보장 시험 생산 일자가 1주일 앞으로 다가왔다.

일반적으로 인산공장의 성능보장시험을 계획대로 목표한 일자 내에 성취한다는 것은 참으로 어려운 일이다.
원료인 인광석이 미국, 중국, 브라질, 모로코, 세네갈, 요르단 등의 세계 11개 국가에서 생산 되고 있는데, 이 생산국 산지에 따라 그 성분이 다양할 뿐만 아니라, 인광석은 20여종 이상의 성분으로 구성되어 있고 이중에서 1개 성분인 "인"(燐, Phosphorous)성분 만 추출하고 나머지 19개 성분은 모두 불순물로 원치 않는 성분이다.
이 "인" 성분을 추출하기 위해서 인광석을 황산과 반응시켜 인산과 석고결정의 혼합물로 만든 다음에 여과공정을 거쳐 고체인 석고결정을 분리 해 내고 액체인 인산 만 회수하면 되는 것이다.
그런데 문제는 여과하기 쉬운 형태의 석고결정을 만들어야 하는데 석고결정은 반응제어 조건에 따라 바늘모양 형 결정, 마름모꼴 형 결정, 판상 형 결정, 덩어리(송이)형 결정 등의 7가지 형태 결정구조로 나타나게 되고 반응 조건 변화에 따라 결정구조가 변하게 된다.
이 7가지 형태의 결정구조 중에서 가장 여과효율을 높일 수 있는 알 맞는 크기의 마름모꼴 형 석고결정구조를 만들어 내는 것이 성공적 여과조건이 된다.
이 마름모꼴 형 결정구조를 만들어 내는 기술이 바로 예술작품을 만드는 작가의 예능과도 같다. 고나 할 까?
바로 이 석고결정구조를 어떻게 만들어 내야 하는 지는 과학과 예술의 영역을 융합, 통섭시켜야 비로서 마름모꼴 모양의 석고결정을 만들어 낼 수 있게 되는 것이다.
반응기에서 반응제어조건과 불순물의 함량에 따라 다양하게 결정구조가 변하게 되고 또한 반응 중에 반응 액이 거품과 함께 끓어 넘치는 현상(carry over) 이 자주 발생하게 되어 값비싼 인산 성분이 공정 상부 밖으로 토해 넘쳐나가는 구토(vomiting)현상을 보이게 된다.
뿐만 아니라, 상부 공정에서 이런 현상이 나타날 때는 하부 공정인 여과공정에서도 비 이상적으로 형성된 비 규격의 석고결정으로 인하여 여과기에서 인산분과 불 안정한 결정구조의 석고가 함께 넘쳐나가는 현상(dumping)을 초래 하게 되어 막대한 손실을 초래하게 된다.
마치 인간세계나 동물세계에서 불순물을 섭취했을 때 토해내고 설사하는 현상과 너무나 똑 같다.
이러한 여건들을 예술적 차원에서 어떻게 공정 제어하는 것이 성공적 해결의 키(key)를 갖게 되는 것이다.
Andre는 계약 상 성능보장 내용과 각 원료 및 유틸리티의 원단위(unit consumption)들을 함께 정리하자고 제의했다.
그래서 저자는 이미 준비해둔 성능보장시험 해당항목 계산방법과 원단위 자료 및 데이터 요약서 등의 자료를 Andre에게 보여 주었다.
Andre는 저자가 준비한 자료들을 검토한 후 매우 정확하고 우수하게 정리요약 했다며 칭찬을 아끼지 않았다.
Andre도 Prayon사 style대로 성능보장 시험 계산방법과 데이터 요약서를 준
비하여 다음 날 다시금 미팅을 통해서 양사가 준비한 내용들을 확정시키기로 했다.
마침내 성능보장시험을 위한 인산생산 운전일자가 다가 왔다.
제조공정에 원료를 투입하면서 반응을 시작했다.
아닌 게 아니라 위와 같은 비 정상적 현상들이 발생하기 시작했다.

예술 작품인 마름모꼴 형의 석고결정을 얻기 위해 참고 견디며 진인사대천명까지 정성을 담은 노력으로 폭풍의 언덕을 넘게 되었다.
인산공장 시운전 역사에서 보듯 예외 없이 나타나는 반응제어 과정에서 겪는 성장의 아픔이기도 하다.
이와 같이 예술의 향기와 삶의 향기가 녹아 들어가는 화학반응공정 이기 때문에 이는 바로 융합과 통섭의 영역에서 이루어 지는 경이로운 경지의 화학공정 이기도 하다.
희로애락의 대자연적 향기와 예술의 불꽃이 아우르는 신비롭고 변화무쌍한 영역에서 빚어내는 홍미로운 인산제조공정이라고 말할 수 있다.
이런 과정 속에 마침내 성능보장 시험이 끝나게 되었다.
성능보장 시험의 수많은 해당 항목 중에 제일 중요한 72시간 연속 성능보장 시험 운전(1977년 6월 21일 24:00시~6월 24일 24:00시)기간에서의 생산량에 대하여 요약 해 보면:
· 성능을 보장하는 생산량(guarantee product volume)은 1,980MT인대 비해,
· 성능보장 결과는 2,058MT으로 103.9%의 성공적인 성능을 보여주었다.
이렇게 하여 인산공장의 성능보장 시험은 성공적으로 완결되고, 마침내 벨기에 원천기술면허제공 Prayon사, 미국측 설계사 Davy Power Gas사, 미국측 건설사 Fluor사, 미국 합작사 Agrico사, 그리고 마지막으로 대한민국 측 남해화학㈜의 5개사 대표자들이 인산공장 성능보장 시험 합격성적서에 공동 서명을 하게 되었다. 그 자랑스러운 서명일자는 1977년 6월 25일이었다.
Mr. Andre Dubreucq는 성능보장시험이 성공적으로 끝난 후 떠나면서 비밀사항(confidential)으로 간직 해 오던 자료를 저자에게 건네 주면서 이 자료는 대외비로 하고 개인적으로 필요할 때만 살펴보라고 하면서 주었다.
그리고 이어서 "당신의 인산공장 기술자들의 기술수준이 세계에서 두 번째 수준 이다." 라고 평가 (evaluation)의 말을 남겼다. 그래서 저자는 "그러면 첫 번째는 어디냐?" 고 물었더니 "일본" 이라고 말했다.
그래서 저자는 더욱더 '기술증진에 정진해야겠다.' 고 마음 다짐을 하게 되었다.

4) Mr. Dubreucq, 인산에 함유된 우라늄추출생산 프로젝트에 참여 공장방문

인산공장 성능보장시험을 1977년 6월 24일에 끝내고, 벨기에로 떠나갔던Mr. Andre Dubreucq가 1979년 초 다시금 인산공장을 찾아 왔다.
방문목적은 인산공장에서 생산하는 인산제품 중에 함유되어 있는 우라늄을 추출생산하기 위한 프로젝트에 참여하여 자문을 해 주기 위해 방문했다. 고했다. Mr. Andre Dubreucq가 공장을 방문할 때 평소 화학공장 공정개발과 연계하여 잘 알고 있는 한국과학기술연구소의 화학공정연구부장님께서 동행을 하였다.
미팅이 소집되고 화학공정연구부장님께서 방문 목적과 향후 추진될 우라늄 추출 생산 방법에 대하여 브리핑을 하였다.
미팅의 키 포인트는 국내 3개 공장(제7비료공장, 제4비료공장, 그리고 제3비료공장)에서 생산되는 우라늄 함유 인산(uranium rich phosphoric acid)을 한곳에 모아서 우라늄을 추출 생산하고 난 후에 다시금 처리된 인산(treated uranium free phosphoric acid)은 3개 공장으로 보내주는 프로젝트였다.
여수에 위치한 제7비료공장의 인산생산규모가 진해에 위치한 제4비료공장이나 울산에 위치한

제3비료공장의 생산규모보다 4배 이상 크기에 한곳으로 모은다면 제7비료공장으로 모아서 우라늄을 추출생산 해야 하는데 각 공장 간에 거리가 매우 멀기에 이 방법은 인산특유의 물리적/화학적 성질 때문에 실행 하기에 많은 난관이 있어 실질적이지 못했다.

즉, 2~3주에 한번 정도 주기적으로 인산 수송관을 약 50℃의 뜨거운 물로 세척 해 내야(Hot Water Flushing)하는데 이 방법은 환경적으로 수질오염을 초래하기에 비 현실적으로 타당하지 않았다.

또한 그 많은 양의 인산을 탱크로리로 수송한다고 하더라도 스케일 형성 문제와 이를 해결하기 위한 세척문제로 인해 심각한 환경오염 문제를 초래하게 된다.

따라서 우라늄 추출 생산은 각 공장 별로 우라늄 추출공장을 건설하여 회수 하고 생산된 우라늄 제품(yellow cake)은 한국과학기술연구소가 지정하는 곳으로 수송하는 방법이 최적이 되겠다고 저자는 의견을 제시했다.

미팅이 끝난 후 Mr. Andre Dubreucq는 일행들과 함께 서울로 떠났다.

5) Mr. Andre Dubreucq, 프랑스 SECO 비료공장 사장으로 취임

매년 크리스마스 때가 오면 Andre는 정성껏 크리스마스 카드 속에 명함을 동봉하여 보내왔다.

그 후 25년간 2002년까지 Andre는 카드 속에 명함을 동봉하여 보내왔다.

2001년 1월 Happy New Year Card가 우편으로 도착 했다.

그 카드 속의 명함에는 Mr. Andre Dubreucq는 프랑스에 있는 SECO 비료회사의 대표이사 사장으로 되어있었다.

저자는 그 Happy New Year Card를 받자마자 SECO 비료회사의 대표이사 사장으로의 취임을 축하한다는 편지를 보내주었다.

6) Mr. Andre Dubreucq, 남해화학을 퇴직한 저자에게 일자리 알선

저자는 퇴직 당시, 28년 간 비료공장에서 실질적 경험(hands-on experience)을 쌓아 왔다. 저자는 1998년 11월 남해화학㈜ 제7비료공장을 그만두면서 바로 세계 속의 외국 회사와 친구들에게 회사를 그만두었다.는 소식과 함께 1998년 11월 1일 자로, "Y.H.KIM Eng. & Mfg. Consultant"라는 상호로 회사를 창업했다. 는 인사 장을 보냈다.

프랑스에 있는 SECO 비료공장의 대표이사 사장으로 있는 Mr. Andre Dubreucq는 인사 장을 받자마자 저자에게 바로 E-mail을 보내왔다.

내용인즉, 저자가 원하면 프랑스에 있는 SECO 비료공장의 Consultant로 취업하여 일하라고 일자리를 알선 해 주었다.

이 얼마나 저자의 제2 인생길에 맞이하는 보람이며 고마운 일인가!

국제적 인연이 바로 이렇게 귀하고 값진 것이구나……하면서 Mr. Andre Dubreucq와의 지난 25년간의 고귀하고 깊은 우정에 삶의 보람을 느끼면서 Andre를 보아서도 더 열정적으로 활력 넘치도록 살아가야겠다고 다짐했다.

5.2.8. 용기 있는 전문성: 미국 Agrico사 전문가의 배려
지시사항이 불확실할 때 용기 있는 태도

1980년대 초에는 비료산업에 불황이 닥쳐 오고 있었다.
이 때 제7비료공장 기술진들은 새롭고 효율성이 높은 신비종(新肥種, New Grade Fertilizers)의 새로운 비료를 개발하기로 했다.
초등학교 때 비료의 3요소는 질소, 인산, 가리로 배웠다.
그것은 기본적으로 정확하다. 기본적으로 질소성분은 공기 중의 질소와 원유를 정제하여 얻는 나프타(일종의 휘발유)에서 수소를 만들어 합성하여 암모니아를 만들어 공급하게 된다.
이 3요소에 미량성분(유황, 마그네슘, 질산암모니움)중의 질소(질산태 질소) 등을 첨가하여 제조하게 되면 시대에 적합한 새로운 비료가 탄생되는 것이다.
이 새로운 비료를 개발하는 과정 중에 세계고객(World Buyer)들 중에는 새로운 질산태 질소 신비종을 주문하기 시작했다.
이 신비종은 생산만 하여 공급 해 주면 비료가격은 공급사(supplier)가 요청 하는 대로 지불하겠다는 조건이었다.
경영진에서는 시간을 다투어 공급시기를 앞 당기라는 지시가 내려 왔다.
어느 기술자는 이론적 검토 없이 단순한 경험 만으로 제조할 수 있다고 했다.
그렇지만, 그 당시 신비종 개발과 기술적으로 생산할 수 있는지의 여부를 판단 확정하는 업무는 공정과장(工程課長, Chief of Process Section)이었던 저자의 몫이었다.
저자는 주위에서 시간적으로 가장 빨리 생산 공급 해 달라는 주문 압박에도 불구하고 마음은 차분하였다.
이론적으로 제조 공정 상의 어떠한 위험요소의 잠재적 문제점이 있는 지의 여부를 세부적으로 검토 하고 나서 최종적 판단을 해야 한다는 것이 저자의 철칙이었다.
저자는 Agrico International사에 근무하는 Mr. James R. MacArthur에게 문의하여 최종적으로 제조공정 상의 안전을 확인한 후에 판정하겠다. 는 복안이 서 있었다.
이 신비종은 제조공정(manufacturing process)의 이론상 질산과 암모니아를 중화 반응시켜서 공급해야 하기에 반응공정 중에서 폭약의 일종인 초안(硝安, Ammonium Nitrate, 질산암모니움)이 형성될 가능성 때문에 폭발이 발생할 수 있는 매우 위험한 비료였다.
초안을 유류와 합성하면 다이너마이트가 되고 열만 가하면 폭발이 일어나게 된다.
비료제조 공정에는 유류로 방카C유, 또는 나프타를 사용하고 열을 가하는 노(爐, furnace)가 있다.
이론상 이 신비종을 선택하여 제조하게 되면 다이너마이트가 생성되고 가열되는 Furnace 공정이 있기에 폭발조건을 모두 갖추고 있는 화학공정이었다.
이러한 기초적 이론을 검토한 후 저자는 폭발 가능성에 등골이 오싹했다. 이론상 공정 기본검토가 끝나자 마자 바로 저자는 공장장 실로 올라가 비료제조 전문가이신 공장장님(현재 호주에 거주)께 이론 상의 폭발 위험성이 매우 높다는 사실을 보고 드렸다. 그리고 공장장님께 아래 내용으로 건의를 드렸다.
실제 제조상으로 이 질산태 비종이 얼마나 제조공정 상 위험한지를 미국 합작사 Agrico International사에 근무 중인 Mr. James G. MacArthur에게 긴급으로 문의하여 자문을 얻은 후에 생산여부를 판단해야만 하는 것이공정안전 상 지혜로운 길이라고 강력히 주장을 했다.

따라서, 이 새로운 신비종 개발은 공정안전 상 매우 예민한 문제이기에 1주일 만 시간적 여유를 달라고 공장장님께 용기를 내어 제안 했다.

공장장님께서는 쾌히 승낙 해 주셨다.

저자는 승낙과 동시에 Mr. MacArthur에게 상기 내용들을 종합하여 질산태 질소 신비종 제조공정 상의 공정안전에 대한 연구논문이나 참고자료가 있으면 긴급으로 보내주면 고맙겠다. 는 전문을 보냈다.

일주인 후에 Mr. MacArthur는 71페이지 분량에 해당되는 생산제조 공정안전에 대한 연구논문 자료를 보내 주었다.

사진: 공정안전에 대한 연구논문을 보내준 미국, Agrico사의 Mr. MacArthur와 필자,
제7비료공장 재직 시 방과 후 MacArthur와 인문사회과학적 대화/토론을 즐길 때 모습

자료를 이론적 측면에서 세밀하게 검토 해 보니 제조 공정상 인산암모니움, 황산암모니움, 질산암모니움, 염화가리가 혼합될 때 폭발할 가능성이 매우 높은 것으로 연구 보고되어 있었다.
경험 있는 기술자들이 누구나 다룰 수 있는 일반적인 제조 공정으로는 안전성이 보장되지 않기 때문에, 저자는 현재 제조공정을 가지고는 제조하지 않는 것이 공정안전을 최대로 보장한다는 기술적 결론을 내리게 되었다.
이 보고된 내용들을 요약한 자료들을 가지고 공장장님께 보고 드렸더니 이론적 근거를 보시고는 깜짝 놀라셨다.
공장장님께서는 이 이론적 근거에 따라, 우리 공장에서는 질산태 비종은 응용할 수 없는 공정이기에 더 이상 질산태 계통의 제조여부 검토를 불허 하셨다.
그 당시 경영진의 긴급한 지시와 어느 기술자의 요구대로 이론이 뒷받침 되지 않은 경험에만 의존하여 판단을 내려 생산을 시도했더라면 어떤 상황이 발생하였을까?
이론적 바탕을 꿰뚫지 않고 다수결에 따라 무모하게 생산을 시도했더라면 재앙적 재해와 함께 지금의 국가적 제7비료공장은 돌이킬 수 없는 재해를 입었을 것이다.
저자는 그 때, 공장장님께 건의를 드려 정도(正道)를 밟은 것이 오늘의 제7비료공장(남해화학주식회사)의 지속적 생산을 할 수 있게 한 용기 있는 기술자의 철학적 자세였다고 판단하고 있다.
이론이 뒷받침 되지 않고 단순한 경험으로 판단하여 의사 결정하려는 기술은 반드시 Human Errors를 불러 오게 되고, 재앙적 재해를 남기게 되어 인류공헌에 역행하게 된다는 사실을 일 깨워 준 기술관리의 실질적 교훈 이야기가 된다.
이 용기 있는 판단과 주장과 설득력 있는 태도가 얼마나 중요했었는지를 생각하면 하나님께서 도와 주셨음에 감사의 기도를 드린다.
그 당시 공장장님께서 서두르지 않으시며 과정을 중요시 다루시는 경영철학이 투철하셨던 점이 저자의 마음에 깊이 와 닿았었다.
'본대로, 느낀 대로, 있는 그대로' 를 직시하며 서두르지 않고 과정을 밟아가는 공학철학을 따른 것이 하나님께서 저자를 도와 주시지 않았을까?
고 저자는 종교적 측면에서도 생각 해 보았다.
호주로 이민가신 그 당시 김수안 공장장님의 올바르시고 훌륭하신 경영철학과 공학철학이 있으셨기에 저자도 더불어 오늘에 있게 된 점을 이 지면을 통해서 나마 감사를 드린다.

5.2.9. 세계적 기업리더, DuPont사의 215년 안전문화를 지켜온 비결은?

1802년 화약회사에서 시작한 듀폰은 설립 후 백 년이 지난 1920년부터 화학물질과 에너지 산업분야에 진출하였고, 오늘날에는 과학솔루션에 기반을 두고 변화에 적응하는 능력과 끊임없는 과학적 탐구의 정신으로 가장 혁신적인 회사로 성장하였으며, 계속적인 변화와 혁신, 발견 속에서도 듀폰의 기업 이념인 안전 및 보건, 환경보호, 윤리준수, 인간존중을 지켜 오고 있는 종합과학회사이다. www.dupont.co.kr
혁신과 과학 분야의 세계적인 리더, 안전 제1의 DuPont사가 7대를 이어 온, 215년의 지속적 발전의 비결은 무엇일까?

여기서 언급하는 내용들은 저자가 DuPont(Korea)사의 듀폰안전컨설팅 사업부의 독립 컨설턴트(Independent Consultant)로 일했을 때 세계 속의 DuPont사가 어떻게 해서 세계 최고의 안전 제1의 기업으로 최 정상에 오를 수 있게 되었는지를 공학철학 측면에서 분석하여 아래와 같이 요약 해 본다.

DuPont사의 안전 역사는 1802년 미국 델라웨어주 윌밍톤에 세워진 흑색화약파우더(black gunpowder)제조공장 가동에서부터 시작된다.

1) 저자에게 가장 인상 깊었던 것은 "창업주 E.I.DuPont과 경영자 가족들은 화약제조공장 주변에서 함께 거주했다."는 사실이다.

그렇기에, 자칫 안전관리에 소홀하게 되면 바로 폭발할 수 있는 화약제조공장의 안전에 최우선하여 관심을 집중시킬 수 있었다. 고 본다.

가장 중요하게, 그렇게 폭발성이 강한 화약공장 주변에 창업주가 거주했다. 는 것은 그만큼 '창업주가 직원들의 생명을 귀하게 여기고 사랑과 애정으로 직원과 그들 가정의 행복을 지켜주기 위해서였다.' 고 저자는 판단 해 본다.

저자는 창업주 E.I.DuPont이 실행 실천한 이 행동에서 그의 숭고한 인간존중의 인류애(humanity)와 이에 바탕 한 그의 경영철학과 공학철학의 위대성을 읽어 낼 수 있다. 저자는 창업주 E.I.DuPont이 실행 실천한 이 숭고한 정신이 DuPont사 에 이어져 내려 오는 한 DuPont사는 제3세기에 이어 제4세기를 무난히 이어갈 것으로 판단한다.

2) DuPont사는 1811년에 아래 내용을 가지고 세계 최초로 안전규칙을 제정하고 실천했다.

(1) 안전은 담당부서(라인) 관리자의 책임이다.

(2) 신설 또는 재건된 설비에는 최고경영자(관리자)가 직접 운전 해 보기 전에는 직원을 투입해서는 안 된다. E.I. DuPont

저자의 경영철학에 바탕 하여 볼 때, 상기의 두 가지 내용은 철학적 기술 인들의 심금을 울리는 정석이라고 판단 해 본다.

저자의 실질적 경험(hands-on experience)에 비추어 보더라도, 그 당시 이 두 가지 핵심적 안전관리 내용을 찾아 냈다. 는 사실은 경영철학에 바탕 된 획기적인 발견이라고 생각한다.

여기서 "……최고경영자(관리자)가 직접 운전 해 보기 전에는……" 이란 뜻 깊은 말은 공정기기장치나 제어장치가 안전을 보장할 수 없도록 설계되었거나, 또한 그 기기장치와 제어장치들 주변 기기들이 불안전한 상태에 놓여 있을 때 운전 스위치(operation switch)를 누르게 되면 그 즉시 그 공정이나 기기장치들은 폭발로 바로 이어지게 된다.

그래서 창업주 Mr. DuPont은 이를 깨닫고 이러한 사고를 예방할 목적으로, 운전 스위치를 누르기 전에 철저히 세밀하게 안전설계조건에 합당한지를 점검하고 확인한 후에, 이어서 그 시스템(system)들은 정확하게 사전 조정과 조율이 되어 있는지를 확인하고, 완벽하게 안전이 보장되었다는 사실을 서면(check list)으로 조목조목 확인 한 후에 직접 운전 스위치를 눌렀을 것으로 저자는 판단 해 본다.

창업주 최고경영자가 이 정도로 안전에 집중하여 깊은 관심을 가지고 책임 있는 행동을 하고 있었다. 는 데에 저자는 머리가 숙여진다.

3) · *"만일 듀폰이 안전하게 그것을 할 수 없다면, 듀폰은 결코 그것을 하지 않을 것이다.*
(If we can't do it safely, we won't do it at all)" 라는 깊고 폭 넓은 안전철학과 경영철학(문화)의 분야(field)를 정립했다. 고 저자는 판단한다. 안전이 보장되지 않으면 안전이 보장될 때까지 실행을 하지 않겠다. 는 확고한 의지를 나타내고 있다.

그렇기에 최고경영자 Mr. DuPont과 그 관리자들은 안전을 최우선시하며 안선이 보장될 수 있도록 현장에서 직접 확인 점검하고 문제점들을 찾아 적기에 해결하였을 것으로 저자는 판단한다.

또한 DuPont의 이 확고한 안전철학적 의지의 말은 경영철학에도 접목하여 응용 확장 해 나갈 수도 있다. 는 깊은 의미를 내포하고 있다. 고 저자는 판단 해 본다.

저자는 DuPont의 이 의지의 말을 다음과 같이 경영철학에 접목 해 본다.

즉, 저자는 '안전을 보장할 수 없다면, 행복한 가정도, 기업도, 사회도, 그리고 국가도 그들의 미래를 보장할 수 없다.' (If you can' t guarantee safety, you can' t guarantee the future of your sweet home, enterprises, society, and country.)라고 응용 해 본다.

4) 듀폰의 격언: "여러분이 원하는 바를 실행한 만큼의 안전수준에 도달할 것입니다." 라는 깊은 의미의 말을 남긴 것으로 보아 안전이 DuPont사의 미래를 성장 발전시킬 수 있는 원동력이 될 수 있겠다. 라고 저자는 예견 통찰 해 본다.

인간과 동물은 목이 마를 때 물을 찾아 나서게 된다. 물을 찾아 수 백리를 찾아 가기도 하고, 수맥을 찾아 파기도 한다.

그들은 마침내 갈구하던 수원지를 찾아 내게 되고, 또한 수맥을 찾아 땅 밑을 파기도 한다.

그들은 원하는 바를 실행한 만큼 물을 찾게 되고, 원하는 물의 양을 구할 수 있게 된다.

이와 같이, DuPont은 안전에 대하여 원하는 만큼 지속적으로 탐색하고 탐구하면서 안전을 실행 해 왔기에 오늘에 이르러 지구 상에서 최정상에 서게 되었고, 세계에서 안전관리 존엄성(dignity)의 권위를 갖게 된 것으로 저자는 판단 해 본다.

DuPont은 안전의 근본이 무엇인지를 현장철학을 통하여 꿰뚫어 왔다. 고 저자는 판단한다.

5) 듀폰의 신념(信念, belief): DuPont은 아래와 같이 두 가지의 신념을 가지고 있다.

(1) 모든 상해(傷害)는 예방될 수 있다. (All injuries can be prevented.)

(2) 모든 상해는 즉시 보고해야 한다. (All injuries must be reported immediately.)

모든 상해의 원인은 다양한 사고(事故, accident, incident)로부터 발생하게 된다.

이 사고의 근본원인은 인재(人災, human error)에 의하여 발생하기에 이 인간 실수에 해당되는 인재의 근본원인을 찾아 예방하면 상해도 예방될 수 있다. 고 저자는 본다.

이러한 안전사고 예방에 대한 신념, 즉 믿음은 인간이 추구하는 최고의 근본적 생각이기에 안전사고 예방에 최 우선하여 접근 해 가면 마침내 "모든 상해는 예방될 수 있다. 고 저자는 본다.

저자도 오랜 세월 동안 대단위 화학공장에서 근무 해 오면서, 인재(human error)를 최대로 예방하면 사고도 최대로 예방할 수 있고, 아울러 재해도 함께 예방될 수 있다. 는 것을 실질적 경험(hands-on experience)을 통해 확인 해 보았다.

따라서, DuPont의 신념은 그들이 실질적 경험을 통 해 얻은 현실적으로 접근 가능한 확실한 메시지가 된다. 고 저자는 확신한다.

6) DuPont사에는 아래와 같은 핵심적 가치(Core Values)라는 기업이념, 즉, 경영철학이 있다.

(1) 안전(Safety and Health)

(2) 환경보호(Environmental Stewardship)

(3) 사업윤리(Business Ethics)

(4) 인간존중(Respect for People)

저자가 오랜 세월 동안 대단위 산업현장에서 실질적 경험을 통해 깨달았던 내용으로 저자의 마음 속에 깊이 와 닿는 생동하는 메시지 이다.

저자는 이 대목에서 DuPont사가 215년을 지속적으로 진화하며 발전 해 올 수 있었던 원동력이 되고, 3세기를 향 해 출발하면서 인류사회에 지속적으로 공헌 해 나갈 수 있는 유일한 기업으로 자리할 것이라 굳게 믿는다.

인류의 장구한 행복을 위해 이 4가지 메시지 외에 무슨 메시지가 더 필요하겠는가?

7) DuPont사에는 규정 위반 시 엄격히 적용하는 Cardinal Rules(기본적 규칙)이 있다.

여기에 속하는 내용들은 9가지로 모두 기술적 규정을 위반할 때 적용하는 불안전한 행위들이다. 이 Cardinal Rules(기본적 규칙)을 위반할 시에는 듀폰의 징계절차에 따라 중징계를 받게 되는 것으로 저자는 알고 있다.

Cardinal Rules(기본적 규칙)에 해당되는 내용을 예로 들면:

(1) 안전/환경 규정 위반내용을 의도적으로 묵인하는 행위

(2) 적법하게 처리하지 않고 화학물질 또는 폐기물을 배수구 등에 버리는 행위 등이다.

저자가 대단위 화학공장에서 오랜 세월 근무하면서 가장 중요시 다루었던 것은 바로 이와 같은 기본적 규칙을 위반하여 불안전한 행위를 저지른 자들은 발견 즉시 징계 인사위원회에 회부시켜 규정대로 냉정하게 처리했다.

왜냐하면, 대단위 화학공장에서 안전규칙을 지키면서 일하는 직원들은 부정(父情)의 마음으로 사랑과 애정으로 감싸주지만, 위반자들을 감싸줄 경우에는 그 불안전한 행위로 사고를 유발하고 상해자 들을 속출 시키기에 그 사고 예방 차원에서 그렇게 해야 하는 당위성이다.

또한, 저자가 냉정을 잃고 그 위반자들을 감싸줄 경우에는 규정 위반자들이 속출되어 통제가 어려울뿐더러, 그러한 분위기 속에서는 공정안전사고(工程 安全事故, accident on process safety)로 이어져 지역사회에 거주하는 수많은 인명피해손실은 물론 환경파괴를 입히게 되어 국가 사회에 막대한 영향을 미치게 되기 때문이다.

저자는 DuPont사에서 이 Cardinal Rules(기본적 규칙)을 제정하여 엄격히 징계절차를 적용하는 것을 보고 세계에 퍼져있는 DuPont사의 각 정밀화학공장들이 안전하게 가동될 수 있는 까닭 중의 하나가 되고 있음을 알게 되었다.

8) DuPont사는 협력업체 안전관리 6단계 프로그램을 가지고 있었다.

저자는 대단위 화학공장에서 오랫동안 근무 해 오면서 협력업체의 안전관리가 얼마나 중요한지를 터득 해 왔었다.

협력업체의 안전관리 수준과 성능을 확인하지 않고 협력업체를 선정할 경우에 발생할 안전사고의 제반 피해 범위는 상상을 초월하게 된다.

저자는 DuPont사에는 안전관리 상에 사각지대가 없음을 발견하고DuPont사를 높이 평가하게

되었다.

9) DuPont사에는 "듀폰 안전원칙 10가지"가 있었다.

저자는 DuPont사가 "듀폰 안전원칙 10가지" 내용의 정신적 지주를 통해서 최고경영자에서부터 말단 직원에 이르기까지 서로 소통하며, 발전지향적 차원에서 안전문화의 가치를 드높이고 있다고 판단 해 본다.

상기와 같이 DuPont은 9개 군의 정신과 신념과 철학이 있기에 앞으로도 미래지향적으로 진화하며 지속적으로 세계적 수준을 고수하면서DuPont사가 인류사회에 공헌 해 나갈 것으로 저자는 기대 해 본다.

5.3. 공학활동에 영향을 미친 인문사회과학

5.3.1. 폭발사고에서 얻은 지혜: 진인사대천명-영감(靈感)-확신

세계적 명성과 규모를 자랑하는 대단위 13개 화학공장 군으로 구성된 제7비료공장 (남해화학주식회사)은 한. 미 합작으로 여천공업단지 내에 건설되었는데, 시운전 단계에 돌입하면서 이들 13개 공장 중 두 개 황산공장에서 주기적으로 번갈아 가면서 지속적으로 원인 모를 공정 폭발사고가 발생했다. 이의 근본원인을 찾아 가는 중에 시련과 역경, 그리고 절망의 나날들은 날로 증가일로에 있었으며 근본원인은 오리무중 속에 약3개월 간 꼬리를 감추고 있었다. 공학기술 상의 R&D 분야의 총체적 화학공정 복합기본설계에서 휴먼에러(human errors)가 핵심적 원인으로 밝혀진 공정폭발사고의 이야기가 되겠다.

이 국가적 대단위 화학공장 군은 비료생산제품인 복합비료와 요소비료를 생산하는 공장 외에 암모니아, 황산, 인산, 질산, 초안 등의 기초 화학제품들을 생산하여 석유화학계열공업 분야에 원료를 공급할 뿐만 아니라, 제반 화학공업 및 초정밀화학 분야에도 기초 원료를 공급할 수 있도록 건실된 국가적 대단위 종합화학공장이다. 제7비료공장은 건설과 함께 시운전 및 성능보장시험에는 미국, 벨기에, 일본, 한국의 기술진들이 참여했다. 이들 국가들로부터 세계적으로 명성 높은 원천기술 제 공사: Fluor, Prayon, Kellogg, DPG, Chemico, Agrico, Toyo 등 10개 회사들이 각 공장 건설 및 시운전, 성능보장시험에 참여하였다.

1) 시련과 역경 속에서

평소 위기관리를 위한 필자의 좌우명은 '진인사대천명' 과 '오늘은 내일의 원천이다.' 인데, 지속되는 폭발사고의 근본원인을 찾아 규명하는 과정에서 이 두 가지 좌우명은 도전적인 정신력과 지속적 추구력 바탕에 역동성과 활력을 불어 넣어 주는데 핵심적 역할을 하게 되었다.

필자에게 이 파열 사고는 기술적으로나 공학적으로나 새롭고 특이한 양상의 사고로써 첫경험을 안겨 주었다.

냉각탑 공정시스템은 냉각기가 파열 될 때마다 새어 나오는 고농도 황산으로 희석되면서 냉각수는 황산으로 심각하게 오염되기 시작하였다. 이어서 냉각수 공정 시스템의 기기장치들은 냉각수에 함유된 황산으로 부식현상이 발생하기 시작했다.

연속적 파열 사고로 인해 냉각탑 수조의 냉각수는 금속 기기장치들이 부식되어 흘러 나오는 금속

철 이온이 증가되면서 초록색으로 변해가고 있었으며, 냉각탑 주위에서는 철분 냄새가 진동하기 시작했다.
이들 기기장치들의 내부 부식결과는 눈에 보이지는 않지만 냉각수 공정에 있는 금속재질의 기기장치 들은 냉각수 중의 황산과 반응하여 발생시키는 수소가스 함량도 많이 방출되고 있다는 증거 이기도 했다.
하루 빨리 근본원인을 찾지 못할 경우에는, 냉각공정 시스템들의 기기장치들은 모두 부식되어 더 이상 기능을 할 수 없겠다는 생각이 엄습 해 오기 시작했다.
그 시점에서 필자의 마음은 신에게 의존하고 싶을 정도로 나약 해져가고 있었다.
파열사고가 발생할 때 마다, 필자는 자신의 좌우명을 되 내이며 시련과 역경을 극복 해 나갔으며, 조기 문제해결을 위해 도전적인 추진력과 정신력에 집중 하면서 사고원인의 근본요소들을 열거하기 시작했다.
무르익어 갈라진 석류처럼 파열된 냉각기를 정비하기 위해 정비사들이 용접기로 파열된 냉각기들을 절단할 때 마다 희석된 황산이 철관과 접촉하여 생성하는 수소가스로 폭발이 공장 내를 진동하곤 하였다. 몇 달째 발생하는 파열사고로 필자는 계속 초조 해 지는 증세에 시달리기 시작했다.
필자가 시련 속에 고통을 겪을 때 입 속으로 되뇌던 존 스탠톤(John Stanton)의 아래의 싯귀(Wisdom From The Mongolian Steppe. 몽고의 대초원 지대에서 온 지혜)가 떠 올랐다. 두려움과 위기가 닥쳐올 때 마다, 이 싯귀는 필자에게 불굴의 힘을 불어 넣어주었다. 필자는 역경에 처할 때마다, 이 싯귀를 암송하곤 하였다. 한편으론 Tchaikovsky의 "그리움을 아는 자만이 (None But the Lonely Heart)"의 곡을 들어가면서 역경 속의 시련들을 극복 해 나갔다.
이 詩와 음악은 필자의 심신에 도전적 불굴의 힘과 생동하는 활력을 불어 넣어 주었을 뿐만 아니라, 두려움도 사라지게 해 주었고, 평온한 마음에서 지속적으로 꿈과 목표를 이룰 수 있게 해 주었다.

이 정신적 싯귀와 음악이 시련과 절망 속에 가슴 아파하던 필자의 마음을 감싸 주며 용기와 도전적 힘을 불어 넣어 주었기에 장기간의 역경 속에서 근본원인을 찾아 문제해결을 하게 되는 원동력이 되었다.
존 스탠톤(John Stanton)의 싯귀(Wisdom From The Mongolian Steppe.)
몽고 대초원 지대에서 온 지혜

Not forever can one enjoy stillness and peace.
But misfortune and destruction are not final.
When the grass has been burnt by the fire of the steppe,
It will grow anew in summer.

아무도 고요와 평화를 영원히 즐길 순 없다.
그러나 불행과 파괴가 끝은 아니다.
초원의 불로 풀밭이 다 타버렸을 때

여름이 되면 다시 그것은 자라나리라.

2) 어떤 확신과 영감

모든 기술자들이 모여 의견수렴하고, 조사하고 토론해도 뾰족한 해결책은 나오질 않았다. 대책회의 차 회의실로 발걸음을 옮기던 중, 세 명의 정비사 들이 10m 높이에 임시로 가설된 좁은 발판 위에서 정비하고 있는 모습이 보였다.

회의실에 도착하여 관계부서장들과 함께 냉각기 파열에 관한 제반 사항들을 토의하고 있던 차에, 엄청난 폭음과 함께 회의실 전체가 흔들리는 진동이 발생했다. 이제껏 경험했던 폭음과는 전혀 그 양상이 다른 엄청난 굉음이었다. 순간 조금 전에 좁은 발판 위에서 일하고 있던 세 사람의 정비사들이 뇌리를 스쳤다. '아! 큰일 났구나……' 하고 생각했다. 또다시 황급하게 그 현장을 향하여 달려갔다. 그 현장은 너무나 놀랍게도 아무런 변화가 없었다.

어! 놀랍게도 정비사들은 발판 위에서 환하게 웃으며 말했다. "과장님! 우리 무사해요. 천당 가는 줄 알았는데…… 지극히 부드럽게 필자에게 접근 해 오는 신의 의도가 바로 이런 것인가! 하며 신의 존재를 생각 해 보았다.

문제해결을 위해 고심하고 있던 중에 전화벨이 울렸다. "과장님! 냉각기가……" 공장 운전원은 말끝을 흐리며 의기소침 했다.

필자는 먼저 "또 파열됐습니까?" 하고 물었다. "네, 과장님" ……! 필자는 급하게 사무실을 나와 황산공장 냉각기 파열사고의 현장을 향 해 또 다시 달려갔다.

사고 현장을 점검 한 뒤 그곳을 나오려는데 언뜻 어떤 영감과 확신이 떠 올랐다. '다운스트림(Down Stream)에 있는 질산농축공장에서 보내오는 희석된 황산 중에 질산이 오염된 결과가 원인일 수도……' 라는 확신된 영감이 떠올랐던 것이다.

3) 근본원인을 찾아서

설계상으로 질산농축공장에서 회수되는 희석된 황산(73.5%) 중의 질산함량의 규격(specification)은 94ppm으로 미량 함유되게 공정 설계되어 있었다.

그런데 필자의 눈에는 일반적으로 예외 없이 나타나는 인문사회과학 분야의 인간실수(human errors)라는 개념에 입각하여 희석된 황산 중에 질산 함량이 규격치를 다량 초과한 결과라고 의심쩍어 하고 있었다.

필자는 그 동안의 파열된 냉각기 통계숫자와 사고 발생 주기, 그리고 핵심적 운전조건과 현황, 그리고 운전조정자료들을 분석하면서 설계조건 데로 제1,2황산공장을 다시금 시험생산하기로 계획하고 있었다.

평상시에 질산농축공장에서 공급되는 희석된 황산 중의 질산함량은 분석치 상으로는 정상이었다. 그리고 여러 차례에 걸쳐서 질산공장 관리자에게 질산농축공정의 황산처리 공정에서 희석된 황산중의 질산함량이 규격 이상으로 높이 나타나지 않느냐고 문의하였지만 항상 정상적이라고 답변 해 주곤 했다.

검토 해 본 바로는 실험분석 치 상으로나, 답변의 정황으로나 모두 정상으로 나타났지만, 필자에게는 질산 함량 초과에 대한 의문의 소지는 계속 남아 있었다. 파열사고 발생 기간 동안 기계공학전공자, 금속공학전공자, 그리고 화학공학전공자와 기타 부문 전공자들이 참석하는 종합회의는 주기적으로 진행되었다. 어느 날 회의에서 기계공학전공자는 기계핸드북을 가져와서 희석된 황산에 질산함량이 15%까지 함유 되도 케스트 아이언(cast iron) 재질의 금속에 피로부식 (stress corrosion)이 발생하지 않는다고 했다. 평상시와 같이 회의는 끝나고, 필자는 질산농축공장 에서 회수되는 희석된 황산 중에 질산함량이 과도하게 초과될 때 냉각기 파열이 발생한다는 것을 가설을 세우고 더욱 세부적인 근본원인 분석에 집중하게 되었다.

4) 한. 미 합작사 미국측과의 종합대책회의에서 제안

이 위기의 단계에서 미국측 해당 기술진들과 한국측 기술진들이 모두 참석하여 근본원인분석 종합대책회의를 갖게 되었다. 필자는 본 회의에서 그간의 냉각기 파열 사고에 대하여 상세히 브리핑을 하게 되었다.

미국측 기술자 중에 한 기술자는 공정 상의 황산이 결빙되어 파열사고가 발생한 것이 아닐까고 의문을 제기했다. 그래서 필자는 98% 황산일 경우에 빙점은 섭씨3도 이긴 하나, 냉각기 속에 흐르는 황산은 93%농도로 빙점이 영하 섭씨 32도가 되기에 해당이 되지 않는다. 고 설명하면서 대기온도가 섭씨 10도가 넘는 날씨에도 냉각기는 파열되었었다고 부언설명을 했다.

그러면서 지금까지 냉각기 파열사고의 통계를 분석 해 본 바로는, 질산농축공장 에서 회수되는 73.5%의 희석된 황산을 설계조건 데로 제1,2황산공장의 냉각탑으로 공급하면 시험운전 3일 이내에 각 황산공장의 냉각기는 예외 없이 파열사고 가 발생한다고 강조했다.

필자는 그간의 종합적 분석결과에 따라서, 본 케스트 아이언 재질의 냉각기 파열사고는 희석된 황산 중에 함유된 질산 함량이 설계조건 94ppm을 훨씬 초과하는 상태에서 발생되는 물질속성과 연계된 공학설계 상의 휴먼에러(human errors)에 기인된 것이라고 주장을 펼쳐나갔다.

필자는 본 회의에서, 근본원인이 확인될 때까지 아래와 같이 잠정적으로 문제 해결을 하여 우선적으로 생산활동을 할 것을 제안했다.

첫째, 질산농축공장으로부터 회수되는 희석된 황산을 황산공장의 냉각탑 공정시스템으로 공급받지 말고, 임시로 기존의 93.3 % 대형 황산저장 탱크로 받을 것을 제안했다. 그러나 황산저장 탱크로 희석황산을 공급받을 시에는 73.5% 황산 중의 수분이 93% 황산과 반응하여 탱크 내 온도가 상승하며, 반응한 만큼 수소가스가 생성되어 탱크의 통기구(breather)로 방출될 것이다라고 설명했다.

둘째, 질산농축공장에서 회수되는 희석된 황산을 황산공장으로 회수하지 않고, 인산공장의 반응공정으로 직접 회수할 것을 제안했다.

셋째, 인산공장은 제조공정 특성 상 석고결정이 형성되어 기기장치 내에 스케일이 형성되는 관계로 7~15일에 1회씩 주기적으로 기기장치 세척과 정비작업을 하기 위해 10시간 정도 조업 중단해야 하는 점을 고려하여 인산공장이 조업 중단될 때는 간헐적으로 희석된 황산을 황산저장탱크로 직접 받을 것을 제안했다.

결과 미국측 기술책임 임원은 Y.H.KIM(필자의 영문 명 약자)의 제안을 따르되, 그 이전에 다시 한번 설계 원안 데로 제1,2 황산공장 냉각탑으로 희석된 황산을 공급하여 최종적으로 시험생산 해 볼 것을 지시하면서 본 회의를 종결 지었다.

5) 희망의 빛을 찾아서

그래서 다시금 제1,2황산공장의 시험 생산이 시작 되었다.

질산농축공장으로부터 공급되는 희석된 황산을 제1황산공장에 공급한지 1일 1 8시간 만에 냉각기 파열 사고가 또 다시 발생하였다.

제2황산공장은 2일 12시간 만에 냉각기 파열사고가 발생했다.

제1,2황산공장 모두 통계자료에 따른 3일 이내에 냉각기 파열사고가 발생한 것이었다.

제1,2황산공장 시험생산 결과, 질산농축공장에서 공급 해 주는 희석된 황산 중에 질산함량이 설계규격 치 94ppm보다 훨씬 초과될 때, 황산공장의 케스트 아이언(cast iron) 재질의 냉각기는 파열된다는 가설을 입증하고 더욱 정확한 근본원인 분석에 집중하게 되었다. 결과 필자가 제안한 대로 희석황산을 인산공장의 반응공정으로 직접 회수하기로 하고 생산활동을 재개하였다.

아직 기술공정상 정확한 근본원인은 찾지 못한 상태에서 황산공장과 질산농축 공장, 그리고 인산공장 관계공장들은 성능보장 시험에 합격되어 품질 관리된 제품을 생산할 수 있도록 정상적 생산활동을 하게 되었다.

6) 근본원인을 찾아 골인 선상에서

그러던 어느 날 정전사고가 발생하여 인산공장 반응공정의 9개 교반기와 반응가스 회수시설 공정의 송풍기가 모두 함께 정지되었을 때, 인산반응 공정 탱크에서 흑갈색을 띄는 고 농도의 질산가스가 반응 탱크 위 대기로 방출하기 시작했다.

이 눈에 보이는 결과로써 장기간에 걸친 황산공장의 냉각기 파열사고의 근본 원인은 저자가 영감을 통 해 확신한 대로, 질산농축공장에서 공급하는 희석황산 중에 질산함량이 규격을 훨씬 초과 하여 공급되었기에 냉각기 파열사고가 발생하였다는 것이 입증되었다.

7) 따라서, 종합결론으로는:

· 미국측 R&D 기본설계사는 기술, 공학적 설계는 완벽하였으나, 인문사회 과학측면의 인간실수 (human errors)를 간과하여 종합적 설계를 하였고,

· 단위 공장(unit plant)이 아닌 타 공정(예; 질산농축공정)에서 부산물을 공급받을 때는 공급받는 공장의 공성배관에 질산함량 insitu on-linc 분석기를 설계에 반영해야 했으며,

· 질산농축공정에서는 희석된 황산 중에 질산함량 분석을 짧은 시간대 별로 샘플을 채취하여 혼합샘플을 만들어 분석치가 정확한 composite 분석 대표치를 얻어 공정조정을 했어야 했고,

· 공장간 관리자들은 열린 마음(open-minded)으로 상대방 공장까지 품질 관리를 해 주는 ***humanity*** 사랑 담긴 너그러운 마음을 가져야 했다.

8) 국. 내외 산업발전에 기여한 공헌으로는:

13개 대단위 공장들을 생산 정상화 시킴으로써 국. 내외 화학분야의 기초산업과 정밀화학산업, 그리고 그 유도체들의 초정밀산업 육성 발전에 기여하게 되었다.

9) 교훈으로는:

· 어떠한 시련과 역경을 극복 해 나가기 위해서는 정신적 지주가 되는 글귀, 싯귀(詩句), 음악, 신앙심 등과 같은 철학적 메시지를 자신의 마음 속에 불어 넣어 줄 수 있도록 ***평상시에 인문 사회과학 서적들을 다독하도록 하며, Classical Music을 다양하게 감상하도록 한다.***

· 과학, 기술, 공학은 있는 그대로를 보여주기에 언젠간 숨겨진 내용들이 그대로 밝혀진다는 사실을 인지해야 하며,

· 뜻이 있는 곳엔 반드시 길이 있고, 두드리면 반드시 열린다는 격언 메시지를 ***마음에 새기면서 프로젝트를 추진하며,***
· 신의 영역까지 이르는 진인사대천명까지 노력하면 영감이 떠오르게 되고, 그에 따라 해답을 얻을 수 있다는 확신을 일깨워 주었다.

폭발사고에서 얻은 지혜
Wisdom from the explosion
김영호 / 남해화학 공정과장

아무도
고요와 평화를
영원히 즐길 순 없다.
그러나 불행과 파괴가
끝은 아니다.
초원의 불로
풀밭이
다 타버렸을 때
여름이 되면
다시 그것은 자라나니라.
— 몽고의 대 초원 지대에서 온 지혜 —

사진: 가이드포스트(Guideposts)잡지 (1983년 12월호)에 게재된 필자의 글

5.3.2. 사랑과 관심: 스파르타식 교육과 이에 얽힌 스토리

한 · 미 합작사인 제7비료공장(남해화학주식회사)같은 대규모 공장을 시운전 해 나가는 과정 중에 제일 중요하게 역점을 두는 것은 총체적 기술 습득과 안전에 심혈을 기우 리며 긴장 속에 일을 추진하는 것이다.
그 당시 저자는 초급 관리자로 공장건설이 끝나기 전 이미 6개월 전부터 시운전 교육을 위해 인산공장의 기술전반과 안전에 대하여 교육계획을 수립하고 추진 해 왔다.
인산공장의 성능보장 시험을 하는 동안 직원들의 체력증강을 위해 그들의 건강과 안전에 최우선을 두어 관리를 해야 했다.
하루 5시간씩 6개월간 이론교육계획을 수립하여 구체적으로 세밀하게 교육을 시행하기로 했다.
시운전 단계에 돌입하면서 있을 지도 모를 인재(人災, human error)로 인한 재해를 예방하기 위해서 저자는 스파르타식 교육(Spartan Education) 방법을 채택하기로 하고 총체적 교육을 추진하기로 했다.
스파르타식 교육의 성공적 결실을 얻으려면:
첫째, 가족적 분위기에서처럼 직원과는 신의 속에 사랑과 애정이 바탕 되어야 하며,

둘째, 의사결정 할 때는 다음의 "철학적, 윤리적 판단기준 6가지"를 마음 속에 깊이 새기며 이를 실행실천 해 나가며 야 한다. 즉,

· 철학적 마인드(mind)로 뿌듯함이 생기고,
· 윤리적 행동으로 자랑스러움이 솟구치며,
· 신념 있는 행동으로 마음이 흔들리지 않고,
· 정직과 양심 있는 행동으로 하늘을 우러러 부끄러운 점이 없어지며,
· 용기 있는 주장과 설득하는 행동으로 온 세상을 다 가진 듯 풍요로워 지고,
· 인류에 공헌하는 정신으로 삶의 정도(正道)를 밟을 수 있게 되어 신선의 경지에 이르게 된다.

만일 교육 부족으로 구성원들이 공장 전반에 걸쳐 구석 구석까지 구체적으로 세밀하게 파악하지 못하게 되면 human error를 범하여 재해를 불러 오 게 된다는 사실은 명약관화 한 일이었다.

이러한 대형 규모의 화학공장에서 구성원 한 사람이 교육 부족으로 human error를 불러 오게 되면 그 재해로부터 파급되는 여파는 어디까지 피해를 주게 되고, 당장 그 가정의 피해는 물론, 인명피해와 자산손실뿐만 아니라 생태계 파괴와 함께 국가사회에 미칠 영향에 대하여는 어느 정도 예측은 할 수 있겠지만 그 실질적으로 파급되는 결과에 대하여는 아무도 심도 있게 예견할 수 없는 현실적 문제였다.

화학공장은 특성상 제조반응공정과 취급하는 제품들이 한결 같이 모두 위험하고 독성이 강한 독극물들이다. 뿐만 아니라, 제조공정 시설들은 초대형 기기장치들이 위험하고 복잡하게 연결되어 있다.

따라서, 이들을 소홀히 다루거나, 하시라도 방심하면 human error로 인하여 대형사고나 폭발로 이어지게 되어 재해를 불러 오게 되며 본인은 물론 국가사회와 인류사회에 피해를 입히게 된다.

안전에 대하여 사명감을 가지고 임무를 수행해야 하는 이유이기도 하다.

그래서 저자는 공장과 직원들을 관리함에 있어 그 내용들이 안전문제와 연관 될 때는 엄격하고 냉정하게 의사결정하며 관리하는 것을 철칙(iron rule)으로 마음에 새기며 철저하게 예외 없이 준수 실행했다.

그렇지만 공동사회의 조직 문화 관리 측면에서는 가정에서와 같이 아버지처럼, 가족같이 사랑을 바탕 하여 온화하게 정(情)을 주며 의사소통하고 화기애애하게 조직을 이끄는 것이 저자의 본성이며 현장철학이기도 하다.

공장 전반에 걸쳐 앞으로 이러한 human error에 의한 재해를 예방하고자 하는 것이 저자가 바랬던 본 교육의 목적이기도 했다.

그래서 교육효과를 증진시키기 위해서 매일 교육한 내용에 대하여 요약하게 하고, 항상 잊지 않고 꼭 기억해야만 하는 공장 운전조정 설계 숫자와 내용들에 대하여 정리하여 리포트를 제출하게 했다.

그리고 매일 전날 교육한 내용에 대하여 과목별 시험을 치렀다.

우리 구성원 각 한 사람의 역할이 얼마나 예외 없이 중요한지를 기술 이론교육과 안전교육을 통해 직원들이 명확하게 이해하기 시작하면서부터, 우리 직원들은 저자가 리드하는 교육 계획에 따라 각자 철저히 교육에 임해 주었고, 불평 없이 진지하게 직원들간 조화를 이루며 교육을 따라 주었다.

각자에게 주워진 막중한 임무와 역할은 마치 아치형 돌다리의 핵심 쐐기 돌(key stone)과 같은 역할을 하기에 만일 각 구성원이 자기 몫의 임무와 역할을 하지 못하게 되면 돌다리가 무너지는 결과를 초래하는 것과 똑 같다.

각자 주워진 자리에서 기술업무를 순간 순간 판단하고 처리해야 하기에 그 누구에게도 의지하거나 도움도 청할 수 없는 상태에 놓이기 된다.

그러므로 각자 주어진 역할과 책임을 져야 하는 막중한 자리에 있게 된다.

1) 어느 직원의 교육 극기력 정신

교육 중에 이런 에피소드도 있었다.

직원 중의 S.K. Kim이라고 하는 직원은 맹장수술을 받고 그 다음 날 바로 교육에 참여했다. 는 이야기를 교육이 끝나고 수료하는 날에 전해 듣고 얼마나 놀랐었는지……

이 직원이 맹장수술을 받고 다음날 교육에 임했다는 사실을 알게 되었을 때 한편으로는 참 강인하고 책임감이 뛰어난 직원이라고 감탄했지만, 또 한편으로는 우리 조직 운영에 의사소통의 문제가 있다는 것을 알고는 이 직원에게 매우 미안했다.

자연스런 분위기에서 의사소통이 되어 맹장수술을 받게 되었다는 이야기를 미리 듣게 되었다면 이 직원에게 여유 있게 수술과 퇴원을 할 수 있는 여유를 갖도록 해 주었을 텐데……

맹장수술을 받게 되었다는 사실을 알리지 않을 정도로 “의사소통이 되지 않는 우리들의 교육여건과 분위기가 그런 결과를 초래하지 않았을까?” 하는 생각에 미안함과 부끄러움이 앞섰다.

다음부터는 이런 일이 발생되지 않도록 교육 시간에 철저히 직원 모두들에게 의사소통의 분위기를 만들어 줄 것을 당부했다.

왜냐면 “우리들 직원의 건강유지와 생명의 귀중함 보다 더 우선시될 수 있는 것은 아무것도 없다.” 는 저자의 현장철학과 가치관이 확고히 서 있기 때문이었다.

그런데 정기적으로 치르는 시험의 총점에서 이 S.K. Kim 직원이 톱(top)의 영예를 안게 된 사실을 알고 나서 저자는 그 직원의 정신적 강인함과 극기력 정신에 탄복하게 되었다.

2) 어느 부인의 편지

교육기간이 5개월을 지나 6개월 차에 접어들고 있을 무렵에 어느 직원 의 부인으로부터 편지가 왔다. 내용인즉 남편이 교육에 임하면서부터 저녁 식사만 하면 책상에 앉아 밤 늦도록 정신 없이 공부만 하기에 가정생활과 부부생활의 리듬이 깨지기 시작하고 있다고 하면서 이쯤에서 교육을 종료 해 주시면 고맙겠다는 내용이었다. 그러면서도 한편으로는 어느 날부터 어린 자녀들이 아빠가 책상에 앉아 밤 늦도록 공부하는 모습을 보고는 자기들도 스스로 자리에 앉아 책을 보기 시작했다며 고마움을 토로하기도 했다.

그 때 저자는 그 부인의 현재 입장을 충분히 이해는 했다.

그렇지만 한편으로는 매우 중요한 마지막 1달을 남겨 두고 이 단계에서 교육을 중단하게 되면 지금까지 교육해온 과정이 수포로 돌아갈 뿐만 아니라,

아직 남아 있는 교육 과정을 이수하지 못하게 되면 시운전을 할 수가 없기 때문에 매우 충격적이고 괴로운 제안이었다.

그래서 저자는 편지를 받던 그 날 밤 이 문제에 대하여 골똘히 진지하게 생각 해 보았다. “이제 1개월만 교육에 임 해 주면 교육의 목적에 도달할 수가 있겠는데 어떻게 하면 좋을까?” 하고 그

방법을 찾아 골몰했다.
계획대로 1개월 더 교육을 받고 유종의 미를 거두며 교육의 목적을 달성하는 것이 최 우선의 지혜로운 길이 되겠다고 판단을 내렸다.
그래서 저자는 전 직원들 부인 앞으로 앞에서 언급한 교육의 목적과 함께 남편이 그간 5개월 간의 교육을 충실히 이행할 수 있도록 조력 해 주신 데에 고마움의 뜻을 전하고, 아울러 1개월만 더 기다려 주는 인내심을 가져 주신다면 성공적으로 안전하게 시운전을 마칠 수 있겠다. 고 하는
호소문의 편지를 각 가정으로 보내고 설득하기로 했다.
그리고 이 호소문에 다음 내용들도 포함했다.
만일 마지막으로 남은 1개월 간의 교육을 더 받지 않게 되면 시운전도 못하게 되고 우리 직원들의 안전을 보장할 수 도 없을 뿐만 아니라, 교육의 미완성으로 Human Errors를 유발하게 되어 재해를 불러 오게 되는 결과를 초래하게 되는 것은 불을 보듯 뻔한 사실이라고 진술하게 전 해 주었다.
부인들은 저자가 호소하는 이 마음의 편지를 받아 보고, 마침내 그 부인과 다른 부인들도 교육의 목적에 고마움을 느낀다면서 계획대로 1개월 더 교육을 받고 유종의미를 거두는 것이 좋겠다는 내용의 글을 보내왔다.
그 부인들의 지혜로운 마음이 얼마나 고마웠던지……
그 때 상황을 생각하면 교육을 계획대로 마치고 구성원 전원들이 아무런 Human Errors없이 성공적으로 시운전을 마칠 수 있게 된 것이 꿈만 같고 지금도 그들에게 고마움을 느낀다.
이성과 감성을 두루 갖춰 의사소통을 할 수 있는 지혜로운 부인들이 상황을 정확히 이해하고 판단한 결과가 이룬 성공적인 시운전이기도 했다.

5.3.3. 지속적 학문의 중단: 어느 대학교수의 책장

저자는 어느 대학에 특강을 해 주기 위해서 특강주최 담당자를 찾아 행정 실로 가는 길목에서 강의실과 교수 실이 있는 복도에 접어 들었다.
복도를 걸어 갈 때 교수 실이 간간이 보이고 각 교수 실에 성함과 전공 과를 안내하는 명패가 눈에 들어 왔다.
평소 알고 있는 교수님들의 성함이 보일 때는 참으로 기뻤지만 시간에 쫓겨 잠시 들리지 못하고 지나가야만 하는 것이 못내 아쉬웠다.
그렇게 복도를 걸어 가던 차에 복도 중앙 벽에 나와 있는 책장들을 보게 되었다. 저자는 왜 책장들이 복도에 나와 있을까고 의아 해 했다.
그래서 그 책장 앞에 잠시 머물러 장서의 책들을 살펴 보았다.
누렇게 변질된 책들과 새 책들이 조화를 이루며 정돈되어 있었다. 중간 중간에 책들의 빈자리가 보였다.
이상한 현상을 발견하고 그 자리를 떠나 행정 실로 향했다.
담당자를 찾아 행정 서류를 갖추고 특강 담당 교수님과 인사를 나눈 뒤에 이어 특강을 시작했다.
특강을 마치고 담당 교수님과 차 한잔을 하며 담소를 나누는 과정에서 저자는 복도에 나와 있는

책장 이야기를 꺼내면서 "왜 책장들이 복도에 나와 있을까요?" 하고 문의를 했다.
교수님께서는 어느 교수가 정년을 맞이하면서 책장을 복도에 내 놓고 장서들을 필요한 후학들에게 가져가게 했다고 전해 주셨다.
그런 사연을 전 해 듣고 저자는 여러 가지로 상념에 젖어 들게 되었다.
우리들은 대학을 졸업하면서 학문의 시작을 알리는 commencement (시작, 졸업식)행사를 마쳤다.
여러 전공분야에서 시작과 함께 새로운 분야를 개척 해 나갔다.
그리고 열정을 쏟으며 학문의 이론을 바탕 하여 실무(Practical hands-on experience) 를 배워 익히면서 최 절정의 꽃을 피우며 지속성을 유지 해 왔다.
일반적으로, 대학교수의 정년퇴임 또한 학문의 결실을 통한 인류사회에 공헌하기 위한 시작단계(commencement for contribution to human society) 라고 본다.
그 교수께서는 앞으로 인류사회에 공헌하기 위한 값지고 귀한 시작단계에서, 그 장서들은 모두가 귀히 사용될 참고문헌이 될 것이라는 것을 왜 아시지 못했을까? 하고 생각 해 보았다.
물론 그 교수에게는 피치 못하게 그래야만 하는 무슨 사연이 있었을 것으로 생각되고 이해도 되었다.
어떤 교수들은 정년퇴임과 함께 그 간의 연구생활이 지긋지긋하다며 더 이상 전공과목의 연구생활은 하지 않겠다고 다짐하며 선언하는 경우도 저자는 종종 보아왔다.
한편으로는 그 교수가 인류사회에 등불이 될 글을 쓰거나 홀가분하게 즐기면서 연구를 지속적으로 해 나가기 위해서는 반드시 필수적으로 그 장서들은 퇴임 후 서재로 옮기는 것이 당연하다고 생각 해 보았다.
아마도 그 교수는 사회가 요청하는 글을 투고 해 달라고 요청을 받았을 때 참고자료들을 두고 온 것에 대해 안타깝게 생각하지 않을까?
저자는 지금도 종종 그 교수의 현재 생활은 어떨까? 하고 생각 해 보곤 한다.
그날 복도에 나와 있는 책장들을 되 새기면서 마치 티베트 고원의 조장(鳥葬, sky burial)을 보는 듯하다.
그 문화에는 그에 알 맞는 문화가 있을 뿐이다.

5.3.4. 기회포착: 어느 CEO의 후회

어느 날 전화가 걸려왔다.
누구시냐고 물었더니 예전에 여수 여천공단에 근무했던 어느 회사의 CEO였다고 자신을 소개하시면서 점심식사를 초대하겠다. 고 하시기에 약속자리에 나간 적이 있었다.
인사를 나누면서 그 CEO께서는 저자가 집필한 전문서적을 감명 깊게 잘 보았다. 고 하시면서 칭찬을 해 주셨다.
그러시면서 그 CEO께서는 본인도 현직에 있을 때 후학들을 위해서 전문서적을 집필하여 책을 출판하는 것이 꿈이었다고 하셨다.
그분의 말씀하시는 내용이나 고양과 소양을 미루어 보았을 때 그 분께서는 참으로 학구적인 열정적 인상을 느끼게 했을 뿐만 아니라, 충분히 전문서적을 집필하실 수 있으실 분으로 생각이 들었다.
그래서 저자는 지금도 늦지 않으셨으니 이제부터 집필하시면 될 터인데요. 하고 말을 건 냈다.
그 CEO께서는 이제 와서 집필하자니 자료도 준비되어 있지 않고 기억도 흐릿하여 도저히 원고를 쓸 수가 없다고 애석 해 하셨다.
그러시다면, 그 당시 현직에 계실 때 아껴주시던 후배나 직원들이 지금 현직에 있다면 그들을 통해서 필요한 자료들을 수집하고 기억을 더듬으시면서 집필하시면 어떻겠느냐고 조언을 드렸다.
이제 와서 그것 또한 이루기가 힘드시다고 하셨다.
그 다음에는 집필을 위한 어떠한 묘안이 떠오르지를 않아 몹시 안타까웠다.
전문서적을 집필한다는 것은 하루 아침에 이루어 지는 것이 아니기에, 꿈이 있다면 미리미리 준비하여 시작 해야 한다. 그리고 이론을 바탕 하여 해당 자료들을 수집하고 기획된 목차에 따라 틈틈이 그 내용들을 집필 해 나가야 했다.
그 CEO께서는 실무자로 현직에 계실 때 미래를 대비하여 전문서적을 집필할 꿈을 이루기 위해 사전에 준비를 시작했어야 했다.
오직 CEO라는 자리를 향하여 질주하여 온 열정이 CEO를 만들어 주었겠지만, 한편으론 본인의 뜻에 따라, 또 하나의 꿈도 동시에 성취할 수도 있었는데 기회를 잃은 것이 못내 아쉬움으로 남는다.
현실에서는 비전을 잉태하는 것이 가장 중요하고, 그 꿈을 따라 목표를 설정 하여 타이밍(timing)이라고 하는 배를 타야만이 목적지에 도달할 수가 있게 된다. 는 사실을 마음에 각인시킬 필요가 있는 문제였다고 생각 해 본다.

5.3.5. 1979년 청와대의 바램: 제7비료공장 비료생산증대 프로젝트 추진요청 비료의 원료인 인산최대생산 증대사업계획에 따른 생산증대로 국가시회에 공헌:

1979년 3월 어느 날 미팅 석상에서 상사님(현재 호주에 거주)께서는 청와대 관심사라고 말문을 여시면서, 국내 식량 및 농산물 증산과 아울러 비료수출 증대를 위해서 현 인산공장의 생산능력을 최대로 올릴 수 있는 "인산공장 최대생산증대 사업계획(안)"을 작성하여 보고 해 줄 것을 요청하셨다.
그래서 저자는 3주의 시간적 여유를 주시면 사업계획(안)을 작성하여 보고 드리겠다. 고 상사님께 말씀 드렸다. 상사님께서는 시간 지체하지 말고 3주 후에는 반드시 서울 본사의 기술이사를 통해 청와대에 보고할 수 있도록 준비하라고 하셨다.
참고로, 인산을 증산하게 되면 인산 속에 함유된 우라늄(uranium)의 추출 생산량을 증가시킬 수 있다. 는 생각도 하고 있었다.
그러지 않아도 우리 기술진들은 성능보장 시험을 끝내고부터 공정 어느 부문에서 생산 증산에 병목현상(bottleneck)과 제한(limit)적 요소들이 있는지를 시험평가(evaluation of process bottleneck)를 하고 있던 중이었다.

이 병목현상과 제한이 나타나는 곳을 찾아 공정개선(process improvement)을 하여 생산을 증대함으로써 사회에 공헌하는 것이 화학공학 기술자들의 명예와 사명이라고 생각했다.

이러한 청와대의 생산적이고 국가적인 긍정적 지시사항은 화학공학 기술자인 저자에게는 신바람을 불어 넣어 주었고, 또한 도전적 정신에 불을 지펴주었다.

비료공장 구내(compound)에는 수많은 단위공장들이 생산한 제품들을 주고 받는 공정들을 거쳐 비료를 생산하게 된다.

이들 공장들 중에 인산공장은 생산제조공정 상 특이하고 기술적/화학적으로 생산을 방해하는 요소들이 많아서 지속적 운전과 생산활동을 하기에는 제조 공정상 어려움이 많았다.

앞에서 언급했듯이 원료 인광석 중에는 20여종 이상의 성분들이 있고 이들 각 성분이 복합적으로 화학반응을 일으켜서 스케일(scale)을 형성하고 공정 각 기기장치에 부착되어 공정 상의 정상적 흐름을 방해했다.

이 스케일은 시간이 가면서 굳어지게 되어 제거하는 데에 물리적으로 매우 어려움을 겪게 된다. 인산공장을 우리 치아에 비유하면 치석(齒石, tartar, scale)이 형성되는 것 과도 같을 뿐만 아니라, 우리 인체에 비유하면, 마치 혈관 벽에 콜레스테롤이 증가하여 혈관이 좁아져서 결국에는 혈액 순환에 장애를 주는 것과 매우 흡사했다.

그렇기에 일반적으로 다른 공장들은 설계 상 년간 330일 가동하고 나서 연차보수를 하는 데 비해, 인산공장은 년간 약 318일 가동하게 되어 있다.

나머지 시간은 공정 기기장치 내에 형성된 스케일을 화학적 처리방법으로 씻어 내거나 (chemical flushing), 스케일을 제거(descale)하는 작업을 해야 한다.

그래서 비료공장의 총 생산계획은 비료생산에 병목현상과 제한이 걸려 있는 인산 생산량에 기준하여 수립한다.

따라서 상기와 같은 총체적 상황을 고려하여 그 당시 청와대 경제수석은 미래를 내다 보며 인산공장의 생산증대 사업을 추진하게 함으로서 국가사회에 공헌한 것으로 저자는 판단한다.

저자가 본 사업을 추진하며 목적을 성취하기 위해서는 이론적인 바탕에서 그 해답을 찾아야 한다는 것에 착상하게 되었다.

저자가 시도한 이론상의 핵심적인 착상 내용들은 다음과 같다.

· 인광석 분해 및 반응 공정온도를 설계온도 77℃에서 석고결정 영역의 최대 허용 온도인 85℃까지 허용함으로써 분해 및 반응 효율을 최대한으로 올릴 수 있겠다는 기술적 확신이 섰다.
· 가동률이 증가하는 만큼 반응조의 반응냉각 공정도 개선해 주어야 하는데, 이를 위해 진공냉각기의 순환펌프 시스템들을 최대 허용 속도까지 증속시켜 줌으로써 순환 량을 증가시키고 반응물 순환 시스템도 개조하기로 착안했다.
· 반응온도를 85℃까지 허용함으로써 인광석 불순물로 인한 공정 내 스케일 형성을 억제할 수 있게 됨으로 가동일수를 증가시킬 수 있겠다는 이론도 도입했다.
· 병목현상(bottleneck)에 해당되는 장치들에 대하여는 충분한 순환 량을 확보 해 주기 위해서 배관확장과 펌프 등을 추가 설치하는 것으로 예측되는 문제를 해결 하기로 했다.
· 인공석 분쇄공장의 분쇄 율을 향상시키기 위해서 순환공기의 속도를 최대한으로 증가시킬 목적으로 분립기(classifier)의 배출구를 약 5츠 축소 밀폐하기로 했다.

화학공정 설계에서 이론상으로 위배되지 않는 다면 공정 상의 문제는 발생되지 않는 다는 확신을 저자는 다양한 반응공정 체험 속에서 확인한 바가 있기에 믿음과 확신을 가졌던 것이다.
또한, 공정 상의 병목현상과 제한이 되는 부문들을 모두 탐색하고 찾아 내어 이 부분들을 확장시켜 흐름 공정을 개선시키면 (debottlenecking) "인산공장의 최대생산 증대사업계획" 은 성공적으로 성취할 수 있겠다는 확신을 갖게 되었다.
따라서 이러한 이론에 바탕 하여 사업계획서를 작성하였다.
저자는 "인산공장 최대생산증대 사업계획(안)" 을 작성하여 1979년 4월 초에 상사님께 보고 드렸다.
사업계획서 결론은:

· 일일 생산량: 설계기준 660톤에서 930톤 (년간 210,000톤에서 297,600톤)
· 증산율: 설계용량의 141%로 증산 효과
· 년간 가동일수 증가 효과: 년 318일에서 320일
· 추가시설 설치기간: 16개월 (1979년 4월부터 1980년 7월까지 설치 완료)
· 추가시설 투자 추정비(1979년 3월 현재 기준): 1.7억원
· 투자비 회수기간: 11개월
· 참고: 1) 1980년 말 현재 인산생산량 실적: 283,923톤(추가시설 설치 이전에는생산능력이 낮았음)
  2) 년간 가동일수: 333일
  3) 핵연료 확보와 핵개발을 위해 만일 인산 속에 함유된 우라늄(uranium) 추출 생산 프로젝트를 추진한다면 우라늄 생산은 141%로 증산할 수 있는 장점을 갖추게 되었다.

이상과 같이 청와대 경제수석이 국가사회에 공헌할 목적으로 요청했던 인산 공장의 최대생산증대 사업계획에 따른 증산효과는 우리 남해화학㈜의 공학철학이 있는 기술진들의 유기적인 협조로 성공적인 결실을 맺게 되었다.

5.3.6. 역사의 응용: 역사는 공학이란 것을……!

1) 산성수 냉각탑 개발 및 건설 프로젝트
산성수(酸性水) 냉각탑 개발, 건설현장에서 역사는 공학이란 것을! 인지하게 되었다.
저자가 대학, 대학원 강단에서 공학철학의 핵심관리(Core Management)를 논할 때, 다음을 강조하곤 한다.
공학(Engineering)은 1) Humanism(인간성, 인문주의)과 Humanity(인간다움, 인간애), 2) 경제적 가치와 선택, 그리고 3) 통합, 융합, 통섭을 아우르는 학문간 종합분야의 조화(harmony)와 같은 3가지 영역을 한 곳에 모아 초점을 맞추고 한눈으로 모든 영역을 동시에 볼 수 있는 눈을 가져야 한다.
또한, 철학과 창의성이라고 하는 양분을 발전과정의 최적 요소에 공급 해 줄 때 공학은 건강하고 화려한 꽃을 피울 수 있게 되어 인류에 공헌할 수 있게 된다고 했다.
여기서 학문간 종합분야에는 공학인(Engineer)들이 다루고 만들어 내는 모든 분야가 포함되며, 이 분야에서 사용하는 물질들은 서로 교류를 통하며 인류에 공헌할 수 있는 최상의 안전성을

보장할 수 있어야 한다.
국가의 구성원들이 사회 속에서 다루는 이들 분야에는 정치, 경제, 의학, 약학, 공학, 철학, 수학, 물리, 화학, 체육, 음악, 미술, 미학, 역사, 세계사 등 다양하다.
이들 모든 분야는 공학을 멀리 하고는 존립할 수 없으며, 또한 공존할 수도 없다.
여기서는 특히 생소하게 느낄 수 도 있는 역사가 어떻게 공학에 영향을 미쳤는지를 예로 들어 피력 해 보기로 한다.
1979년 "청와대의 바램" 인 인산최대생산 증대사업과 연관하여 저자는 항상 규격에 합당한 양질의 제품과 생산성, 그리고 최대 생산을 위해 어떻게 해야 원가를 절감하여 소비자들에게 저렴하고 안전한 제품들을 공급 해 줄 수 있을까? 하는 것이 늘 머리에서 떠나지를 않았다.
한・미 합작사인 제7비료공장(남해화학주식회사)에 재직 시에 한창 생산성을 향상시켜야 할 때 있었던 일이다.
인산공장의 최대생산을 위해서는 향후 인산공장의 냉각공정에서 발생되는 열(熱, heat)은 일반 냉각탑 대신에 유일하게 전통적(conventional)으로 냉각호수(cooling pond)를 건설하여 자연냉각을 하게 되어 있었다. 인산공장의 냉각호수는 부지 면적도 매우 많이 차지할 뿐만 아니라, 부생석고를 냉각호수 옆에 함께 저장해야 한다.
향후 그 저장능력은 한계에 도달하게 될 뿐만 아니라, 야적하는 석고 저장 높이의 안전성과 냉각 면적도 한계에 도달하기 때문에 전통적 냉각호수의 공정으로는 날이 갈수록 냉각효과를 기대하기에 열악한 조건이었다.
따라서, 생산가동률이 점차적으로 저하될 것이라는 예측은 불을 보듯 뻔했다.
출근하여 나날이 높아져 가는 석고저장 높이를 볼 때면 행여 무너지지나 않을까 하고 걱정이 늘어만 갔다.
'어떻게 하면 야적하는 석고장의 석고저장 높이도 안전하게 낮추고, 냉각효율도 향상시킬 수가 있을까?' 고 고민을 하게 되었다.
그러던 중에 문헌에서 미국의 인산공장에서는 전통적 냉각호수 공정 대신에 일반형의 산성수(酸性水) 냉각탑을 개발하여 상업생산을 시작했다는 뉴스를 접하게 되었다. 그 당시 일반 냉각탑에 산성수를 적용한다는 것은 기술적으로 매우 흥미로운 정보였다. 저자는 시간 지체하지 않고 바로 미국의 그 비료공장을 방문하여 기술공정 상의 의문점들을 알아보고 싶었다.
그래서 오래 전에 미국 Agrico사 교육출장 때 인사를 나눴던 미국 Faustina 비료공장의 공정 기술부장이었던 Mr. Tobias Nogueira를 찾게 되었다.
Mr. Nogueira는 이미 TOBIAS ENGINEERING INC.를 창업하고 그 회사의 대표로 활동 중이었다. 마침 잘 되었다. 그러지 않아도 냉각탑 프로젝트를 추진하려면 미국의 엔지니어링 회사와 접촉을 해야 했기 때문이다.
1988년 초 Mr. Nogueira에게 미국의 비료공장에서 상업 운전 중인 산성수 냉각탑 회사가 어디인지를 알아 봐 주고, 그곳 공장들을 방문하여 답사할 수 있도록 주선 해 줄 수 있겠는지를 의사 타진했다.
마침내 그는 루이지에나(Louisiana)주, 게이스마(Geismar)에 위치한 Arcadian 비료공장과 와이오밍(Wyoming)주, 락 스프링(Rock Spring)사막 지역에 위치한 Chevron비료공장을 답사할 수 있겠다는 전문을 보내왔다.

저자는 담당 계장인 Mr. Chang과 함께 미국 Louisiana, Geismar로 건너가 Mr. Nogueira를 만나 함께 이들 공장들의 답사 길을 떠났다.

떠나기에 앞서 인산공장 냉각탑에 적용될 산성수가 냉각탑 전 공정 시스템에 어떻게 영향을 미칠지 예상되는 문제집을 세밀하게 준비하여 갔다.

특히 특유한 산성수에 녹아있는 석고결정과 불순물들이 공정 시스템 내의 어느 부문에서 치석 같은 스케일(scale)을 형성할 것인가에 집중했다.

왜냐면, 시스템 내에 스케일이 형성되면 냉각된 산성수의 흐름 량이 급격히 저하되어 공장 가동률을 낮추어야 하기에 생산성에 막대한 영향을 주기 때문이다. 저자는 냉각탑 위에 냉각수를 분배하는 분배기와 수많은 냉각수 흐름 노즐(nozzle, 주둥이)에 스케일이 형성될 것이라는 것을 예견하고 있었다.

이 문제만 확인하고 해결하면 새로 개발된 산성수 냉각탑 건설을 바로 추진하려고 계획을 새우고 있었다.

Arcadian 공장에 도착하여 인산공장의 산성수 냉각탑의 위쪽을 바라보니까 산성수가 냉각탑 밖으로 넘쳐 흐르는 부분이 있는 것이 목격되었다.

예견한 데로 노즐 일부에 스케일이 형성되어 산성수 흐름이 제한을 받기에 밖으로 넘치는 것으로 파악하고 냉각탑 위로 올라가 답사 해 보기로 했다.

확실히 노즐에 중간 중간 스케일이 형성되어 흐름의 제한을 받아 산성수가 넘쳐흐르는 것이 보였다.

그래서 설치된 노즐 사이즈를 측정하고, 우리 남해화학의 냉각탑 설계에서는 노즐 사이즈를 Arcadian 공장 보다 1.5배 확장하기로 했다.

제일 핵심적인 사항을 제외하고는 모든 공정들은 정상적으로 원활히 가동되고 있었으며 냉각탑 주변은 만족스러울 정도로 깨끗하였다.

이 정도 기술 수준이면 우리 남해화학에 산성수 냉각탑 건설 프로젝트는 시간 지체 없이 바로 추진하는 것이 생산성 향상에 큰 도움을 줄 것이라는 판단이 섰다.

다음 단계의 문제로는 국내에 인산공장에서 배출되는 산성수를 냉각시킬 수 있는 특수한 냉각탑을 제작할 수 있는 공장이 있겠는지 가 의문이었다.

저자의 의중에는 미국에서도 산성수 냉각탑이 상용화 되어 가동 중에 있는데 우리 대한민국의 냉각탑 제작 기술진들이 특수한 산성수라고 해서 포기할 수준은 아닐 것이라는 생각이 들었다.

Mr. Nogueira는 대한민국에 인산공장의 산성수를 냉각시킬 수 있는 기술 수준의 냉각탑 전문 제조업체가 있을까고 걱정을 하였다.

저자는 그간 대학을 졸업하고 제4비료공장인 진해화학㈜에 입사해서부터 모든 원료와 부원료, 그리고 기기장치 및 부품들이 거의 대부분 외국에서 수입되는 것을 보고, 외화낭비가 크다는 것에 착안하여 이들 물품들을 순차적으로 국산화 해야 한다는 것에 깊은 관심을 가지고 있었다.

그리고 그렇게 하는 것이 엔지니어어가 걸어가야 할 도리이며 정도(正道)라고 생각했다.

그러던 차에 제7비료공장으로 스카우트되어 입사한 후에는 공정에 투입되는 소포제부터 국산화 하기로 하고 국내 업체들을 개발시켜나갔다.

왜냐면 이들 외국 소포제 공급업체는 그들이 독점적 공급업체(sole vendor/supplier)라고 판단하고 매년 공급 단가를 올려 가기에 화학공학기술자로써 자존심이 허락하지 않았다.
다시 본론으로 돌아 와서 그 당시 남해화학에는 수 많은 냉각탑들이 공장마다 있었다. 그래서 외국의 냉각탑 공급회사에서 기술진들이 매년 한번씩 공장을 방문하여 문제점들을 파악하고 해결 해 주곤 했다.
그 중에 국내 냉각탑 전문 제조업체인 주식회사 K기계가 있었는데, 그 당시 남해화학을 찾아 왔던 그 회사의 Mr. KOO라고 하시는 최고경영자는 첫 인상에서 경영철학이 남달리 투철한 것이 믿음직스러웠고 인상적이었으며 마치 가을녁 논밭에 노랗게 무르익은 벼 이삭이 머리를 숙이고 있는 듯 겸손하신 것이 저자의 마음에 들었었다.
그리고 어느 날 그 회사의 Mr. SONG이라는 상무이사가 찾아 왔다.
그 상무이사도 Mr. KOO 최고경영자처럼 경영철학이 뚜렸하고 차분했으며 기계기술자로써 자기 회사의 제품의 품질에 대하여 세밀하게 설명하며 지속적으로 개발해 가는 것을 자랑으로 여겼다.
무엇보다도 저자는 찾아 오는 손님들과의 첫 대화에서 그들의 경영철학과 인생철학이 무엇인지를 먼저 파악하고 난 후에 그들의 방문 목적을 경청하고 대화에 임하곤 했다.
Mr. Nogueira가 대한민국에는 인산공장의 산성수를 냉각시키는 냉각탑 전문제조업체가 없는 것에 걱정하던 때에 저자에게 문뜩 인천에 있는 주식회사 K 기계가 생각났다.
그래서 Mr. Nogueira에게 대한민국을 대표할 수 있는 일반형 냉각탑 전문 제조업체가 인천지역에 한 곳 있는데, 그곳 공장을 방문하여 그들의 기술수준과 함께 제품들을 세밀하게 살펴보고 난 후 기술회의(technical meeting)를 거쳐 그들의 설계능력도 파악 해 보고 나서 결정하면 어떻겠느냐고 물었다.
Mr. Nogueira는 저자의 제안에 만족 해 하며 그렇게 하자고 했다.
그래서 K 기계의 Mr. SONG 상무이사에게 남해화학에서 인산공장에서 배출되는 산성수를 냉각시킬 냉각탑을 건설하려고 하는데 그 기술적 가능성을 타진하기 위해서 미국의 TOBIAS ENGINEERING INC.의 대표인 Mr. Nogueira 와 함께 귀사를 방문하고 기술회의를 하고 싶다고 전했더니 다음 날 회의일자를 확정 해 알려 주었다.
다음 날 Mr. Nogueira와 담당 계장과 셋이서 인천에 있는 냉각탑 전문제조업체인 주식회사 K기계를 찾아갔다. 우리 일행은 제작 공장을 모두 답사하고, 기술회의를 하면서 상호 의문점들을 교환했다.
산성수의 성분을 알려 주면서 공정 상 스케일(scale) 형성 문제가 대두될 수 있다는 것을 알려 주었다.
회의결과, K기계측은 성능 보장할 수 있다. 고 자신감을 보여 주었다.
Mr. Nogueira와 저자도 주식회사 K기계의 기술 수준에 만족하고 사업추진에 들어 갔다.

● ***"역사는 공학이다." 라는 것을……!***

인산공장의 산성수 냉각탑 건설을 위해 미국의 TOBIAS ENGINEERING INC.에서 기본설계(Basic Design)를 도입하고, 대한민국의 냉각탑 전문제조업체인 주식회사 K기계에서 산성수 냉각탑을 공급한다는 사업계획서를 준비하여 이사회에 상정, 사업 승인을 받았다.
이어서 건설업체를 선정하고 건설에 착수했다.

건설업체와 건설착수 첫번째 모임회의(kick-off meeting)를 하면서 건설공사와 연관하여 상호 확인할 사항들과 협조사항들을 협의했다.

저자는 회의가 끝나기 전에 다음 항목들을 정직하고 성실하게 지켜줄 것을 강조했다.

1. 건설공사는 계약서에 명기된 공기일자를 지켜야 한다.
2. 공사는 계약서에 제시한 설계규정에서 벗어나지 않도록 해야 하며, 건설업체에서 공급하는 기자재들은 반드시 설계규격과 일치해야 한다.
3. 공사기간 중에 S.H.E.(Safety, Health, Environment), 즉 안전, 보건, 환경을 최 우선으로 하여 인명손실 사고예방을 하고, 제반 안전사고가 발생하지 않도록 관리계획을 준비하여 철저히 준수 한다.
4. 공사에 하자(흠)가 발생하지 않도록 승인된 점경 리스트(list)를 준비하여 관리 감독을 양심껏 성실하게 한다.
5. 특히 냉각탑 지하에 건설되는 콘크리트(concrete) 저수조(basin)의 콘크리트 철근공사에 있어서는 하자가 발생할 경우에는, 공사를 중지하고 허물어 뜨려 철거한 후에 다시금 건설공사를 해야 한다. 는 것을 항상 명심하고 공사에 임해주기 바란다.

이상의 5가지 사항을 합당한 이유 없이 지키지 못할 것이 예상되면 지금이라도 계약을 파기해도 좋습니다. 라고 기회를 주었다.

이 산성수 냉각탑은 국내에서는 처음 건설하는 공사이며, 공사에 하자가 발생할 때는 특히 콘크리트에 산성수가 결함(하자)있는 틈새로 스며들어 콘크리트 속의 철근이 부식(corrosion)되면서 콘크리트 암(concrete cancer)이 발생하게 된다. 고 강조하여 설명했다.

이어서 바로 그 부식된 틈새를 통하여 산성수가 침투하여 철과 산이 화학반응을 일으키며 수소개스를 방출하면서 철근은 녹아버리기 시작한다.

이러한 화학반응을 거쳐 마침내 냉각탑의 지하 저수조는 하중에 버티지 못하고 붕괴하게 된다. 는 사실을 이해시키며 회의를 마쳤다.

건설공사는 시작이 되었고 그들은 열심히 공사에 임했다.

저자는 공사현장을 점검할 때 모든 작업자들이 퇴근하고 현장에 아무도 없는 시간에 차분히 건설현장을 둘러 보면서 공사현황을 샅샅이 살펴보고 규정과 규격대로 공사를 하고 있는지를 세밀하게 확인하곤 했다.

어느 날 퇴근하면서 저자는 공사현장의 냉각탑 지하 속 깊은 곳에 건설되는 저수조에 들어가 보았다.

산성수에 잠기게 되는 위치의 콘크리트 벽의 상태를 살펴보게 되었는데 매우 놀라운 사실을 발견하게 되었다.

거푸 짚을 떼어 낸 콘크리트 벽 속에 자갈이 듬성듬성 보이는 곳들이 여러 군데 있었다. 이런 상황이라면 부분적 보수는 할 수가 없는 실정이었다.

저자는 사업추진 책임 관리자(P.M.)로서 그 순간 어찌나 놀라고 어안이 벙벙했었는지……!

세상에 이럴 수가……!

공사 감독자와 감리자 들도 지하에 있는 이 지역을 살펴보았더라면 저러한 하자 상태를 발견하고도 그냥 못 본 것처럼 지나쳐 버릴 수가 있었을까……? 하며 저자는 혼잣말을 중얼거렸다.
만일 저자가 공사업체의 직원들과 공사감독자와 감리자들의 공사진척 말만 믿고, 작업현장을 확인도 하지 않았었더라면 시운전 시작 후 수일 내로 그 냉각탑의 콘크리트 저수조는 철근이 부식되기 시작하면서 기울기 시작하고 바로 붕괴되었을 것이다. 라는 확신 앞에 정신이 아찔했다.
다음날 아침 공사 담당자를 만나 공사회의를 하면서 냉각탑의 지하 콘크리트 저수조에 들어가 콘크리트 상태를 점검 해 보았느냐고 물어 보았다.
아직 다른 공사 일로 못 들어가 보았다고 했다.
그래서 지금 회의를 마치고 바로 냉각탑 지하 저수조에 들어가 확인 해 보고2시간 후에 현황을 보고 해 줄 것을 요청했다.
11시에 담당자가 놀란 얼굴로 저자의 사무실로 들어 왔다.
상황이 어떤 가고 물었더니 크게 잘 못되었다고 하면서 어쩔 줄을 몰랐다.
그래서 저자는 "콘크리트 저수조의 벽이 그 정도로 자갈이 보일 정도라면 허물어 철거하고 다시금 원점에서 공사를 다시 시작해야 한다네." 하면서 그렇게 하도록 지시했다.
그리고 공사업체 소장에게 저자의 이 지시사항을 전하라고 했다.
다음 날 아침 공사담당자가 찾아와 "공사업체에서 그 부실하게 공사되어 자갈이 보이는 곳들을 부분 보수를 해 주기로 하겠다." 고 했다.
그 말을 들은 저자는 '그들이 콘크리트 공사 전문가들인가?' 하며 의문을 제기했다.
그래서 바로 당일 오후 1시에 소장과 관리자, 그리고 관계 담당자들 모두가 참석하는 긴급회의를 소집했다.
그런 뒤 소장에게 공사현황을 보고 받은 후에, 저자는 "이런 정도의 자갈이 보이는 콘크리트 공사의 하자는 부분적으로 보수한다고 해서 원상대로 되돌릴 수 있는 문제가 아닙니다." 하고 근본적인 대안을 가져와 내일 아침 다시금 회의를 하자고 했다. 저자의 진정한 바램은 이들이 공사를 다시금 해 주겠다는 말을 다음 날 듣고 싶었던 것이다.
저자는 퇴근 길에 다시금 그 냉각탑 지하 콘크리트 저수조에 들어 가 보았다.
그들은 그 자갈이 보이는 곳들을 씨멘트로 덧붙여 놓았던 것이다.
저자는 또 한번 놀랐다. 콘크리트 공사는 자갈이 보일 정도로 하자 난 곳을 씨멘트 덧대기를 한다고 해결되는 것은 아니기 때문이었다.
도무지 이해가 되지 않는 일들이 벌어지고 있었다.
다음 날 아침 회의에 참석하여 그들은 근본적인 대안을 내 놓지를 못했다.
저자는 이 정도의 하자라면 소장의 권한을 벗어난 것으로 판단되니, 공사한 것을 허물어 철거한 후에 다시금 원점에서 공사 해 줄 것을 요청한다고 상부에 보고하라고 소장에게 요청했다.
다음 날 아침 출근과 동시에 공사 담당자가 황급히 저자의 사무실로 찾아 와 세상에 참으로 희귀한 말을 전 해 주는 것이었다.
그 말은 다름아닌 "김영호(저자) 배에는 칼이 안 들어가냐?"하고 말을 했다고 저자에게 전하는 것이었다.
그래서 저자는 미소 지으며 "저자의 배는 말랑말랑해서 칼이 잘 들어가지." 하면서 말을 이었다.

"그런데 내가 죽으면서 하얀 피를 흘릴 텐데……!"

"그렇게 되면 경찰 수사에서 누구를 제일 먼저 수사 선상에 올릴까? 불을 보듯 뻔하지."

"경찰에서는 바로 그 공사업체로 초점을 맞추고 수사본부를 차리겠지. 그러면 그 회사는 온전히 살아 남을 수가 있을까?" 하고 말을 남기면서 공사담당자에게 저자가 한말을 그대로 전하라고 했다.

다음 날 아침에 공사담당자가 긴급히 저자를 찾아 와서는 "그들은 저자가 보통 무서운 사람이 아니라며" 모든 것을 잘 못했으니 용서 해 달라." 고 말했다. 고 했다.

그러면서 하자 공사는 허물어 철거하고 다시금 원점에서 건설하는 것은

공사비가 배로 더 들기에 그렇게 하면 회사가 문을 닫아야 한다며, 그렇게는 못하고 그 대신에 그 옆에 이어서 똑 같은 두께로 다시금 공사를 해 드리면 어떻겠느냐는 제안을 했다고 한다.

저자는 허물어 철거하고 다시금 공사하는 것보다 더 튼튼하고 서로 쌍방에게 이익을 줄 수 있는 만족한 해법이라고 판단하고 그렇게 하라고 지시를 내렸다.

그들은 저자의 이런 판단에 고마워서 어쩔 줄을 몰라 했다.

쌍방 모두들이 행복했던 순간이었다.

이런 일이 있은 후에 그들은 또 다시 이런 하자가 발생하지 않도록 세밀하고 철저히 성실하게 공사를 하였으며 그러한 양심적이고 적극적인 태도로 돌관(突貫)공사에 임한 결과, 공기 내에 건설공사를 만족하게 마쳐주었다.

저자는 그들 공사업체가 심기일전하여 공기를 마쳐 준 것에 고마움을 느꼈다.

여기서 저자의 초등학교 시절에 선생님께서 들려 주신 "이차돈의 하얀 피" 라는 역사 이야기를 즉흥적으로 떠 올려 넌지시 건 낸 말이 공학의 근본적인 문제를 해결하는 데에 핵심이 되었다는 데에서 저자는 "역사는 공학이다." 라는 심오한 말을 남기게 되었다.

만일 이 하자가 발생한 곳을 발견도 못하고, 또한 하자의 문제를 해결하지 못하고 정의롭지 못하게 눈을 감아 주었다면 그 냉각탑은 산성수를 주입하자 마자 수일 내로 붕괴하며 무너졌을 것이다. 라는 것은 불을 보듯 뻔했다.

이렇게 되었을 때 기업의 손실은 말할 것도 없고, 농민들에게 적기에 비료공급도 못하게 되어 남해화학의 명성은 땅에 떨어졌을 것이다. 라는 것은 명약관화 했다.

또한 미국의 TOBIAS ENGINEERING INC.사와 대한민국의 냉각탑 전문업체인

주식회사 K기계, 그리고 남해화학의 명예와 위상은 한번에 땅에 떨어질 수 있

었던 이야기 였다.

저자는 이 산성수 냉각탑 개발 및 건설 프로젝트에서 아래와 같은 ***인문사회과학적 교훈***을 얻게 되었다.

1) 공학인들은 휴머니즘을 바탕 하여 사회에 공헌한다는 기치 아래 어떠한 상황에서도 용기를 가지고 두려움 없이 정도(正道)를 걸어야 하며,
2) 부정적 요소들을 발견하면 회피하거나 피하지 말고 그의 문제점들을 부각시켜 그 근본적 대안을 제시함으로써 문제점들을 해결하여 안전성을 보장 해 주어야 하고,
3) 철학적 바탕 하에 인연으로 맺어진 회사들 간에는 믿음과 신뢰 속에 정직과 양심, 그리고 용기를 가지고 상호간에 철학적 의사결정을 함으로써 서로 정도(正道)를 걷도록 한다.

5.3.7. 전천후 취미생활: 취미생활과 위기극복

전천후 취미는 청소년과 대학생들이 꿈과 목표를 이루어가는 길에 필수 Vitamin에너지와 같다.
전천후 취미란 비가 오거나 눈이 오거나, 춥거나 덥거나 날씨에 관계없이 언제든지 때와 장소에 구애 받지 않고 즐길 수 있는 자기가 좋아하는 분야의 건전한 기분전환풀이(pastime)를 즐기는 것을 말한다.
취미개발과 취미생활을 통해서 삶을 밝고 젊게 살아 갈 수 있는 생명력과 활력소를 얻을 수 있게 된다.
또한, 취미개발과 취미생활은 삶을 살아 가는 과정에 조우하게 되는 어려움과 시련을 극복 해 나갈 수 있도록 해 주는 심신의 명약이기도 하다.
꿈과 목표를 달성해 나갈 수 있도록 의지의 정신을 불러오게 하는 원동력이 되기도 한다.
뿐만 아니라, 취미개발과 취미생활은 항상 새로운 변화에 창의적으로 도전하게 하는 분위기를 만들어 주기도 하고, 새로움을 찾아 문제의식을 갖게도 하며, 항상 배운다는 자세에서 열정을 가지고 지속적으로 공부하게도 한다.
그리고 다가올 미래에 대비하여 통합, 융합, 통섭의 세계를 열어 가는 대에 창의적 아이디어를 떠오르게 하는 바탕을 만들어 주기도 한다.
취미는 성장과정에 알 맞는 것을 찾아 다양하게 개발할 필요가 있다.
저자의 경우 서예(書藝, calligraphy)를 취미로 선택하게 된 동기를 간략히 언급하고 본론으로 들어 가겠다.
저자가 제7비료공장의 생산부장으로 근무할 때 저자의 부서는 4개과(課, section) 16개 교대조(shifts)로 조직되어 있었다.
4개과 16개 교대조 직원들은 팀웍(teamwork)을 이루며 서로들 힘과 마음을 합쳐 화기애애하게 협동하는 조직원들로 구성되어 있었다.
그들은 방과후에는 종종 과 단위로 또는 교대조 단위로 회식을 통하여 어려운 공장생활에서 쌓이는 각종 스트레스를 풀곤 하였다.
그런 과정에 그들은 종종 그들 회식자리에 저자를 초대하곤 하였다.
매번 그들 회식자리에 참석하게 되면 서로 뜻 깊은 대화를 나누게 되는데, 그들의 애로사항이 무엇이며, 그들이 무엇을 힘들어 하고, 무엇을 원하는지 등등의 이야기로 서로 소통하며 문제점들을 해소 해 나가는 것이 저자의 회식 참석의 목적이었다.
항상 회식에 참석하게 되면 아버지와 같은 마음으로 그들과 대화하며 그들의 당면문제들을 해결해 주는 것이 기쁘고 즐거웠다.
그런데 매번 회식에 초대될 때 마다 참석하게 되면 그 회수가 엄청 많았고, 대화 과정에 그들의 공적, 사적 어려운 문제점들을 경청하다 보면은 술을 한잔씩 하며 아버지와 같은 사랑의 눈빛으로 믿음과 신뢰 속에 그들의 마음을 감싸주어야 했다. 그런 과정 중에 저자에게는 술의 양도 늘게 되고 휴식을 충분히 취하지 못해 피곤도 쌓여 갔다.
그래서 직원들에게 양해를 구하게 되었다.
앞으로는 지금처럼 해 오던 "우리들의 대화 소통 방법을 바꿔보고 싶다." 고 그들에게 다음 사항을 전해 주었다.

각자 애로 사항이나 건의하고 싶은 내용, 그리고 가정에서의 어려운 문제가 발생할 경우에는 하시라도 바로 부장(저자)실로 와 달라고 했다.
그리고 "부장이 제공하는 공적 회식 외에 여러분들이 초대하는 회식에는 한 달에 한번 참석하고 싶다." 고 말을 전했다.
"왜냐면 술의 양도 줄이고 휴식도 취하고 싶고, 그리고 방과 후에 취미생활(서예)도 하고 싶어 이런 제안을 하게 되었네." 하면서 의견을 제시했다.
"모두들 그렇게 하겠다" 고 찬성을 해 주었다.
그 때부터 방과 후에 여수 시내 서예 실을 찾아 서예공부에 열중하게 되었다.

사진: 방과 후 서실에서 습작하는 중 카메라 앞에 포즈를 취한 저자

그럼 본론으로 돌아 와서, 인생행로 각 구간에 따라 건전한 취미를 개발하며 즐길 수 있다면 꿈과 목표를 이루어 나가는 과정에 나타날 수 있는 고통과 고난을 줄여 나갈 수 있다. 저자가 지금까지 개발한 전천후 취미는 등산, 수영, 낚시, 골프, 여행, 독서, 사진촬영, 서예, 시/수필쓰기, 분재, 수석, 연극감상, 음악감상, 예술감상, 명화감상, 음악곡편집, 가곡 부르기, 모던/라틴 댄스스포츠(왈츠, 탱고, 폭스트롯, 자이브, 룸바, 차차) 배우기 등이 있다.
이를 동적(動的)취미와 정적(靜的)취미로 저자가 나눠보면 다음과 같다.
· 동적(動的)취미는 등산, 수영, 낚시, 골프, 여행, 사진촬영, 가곡 부르기, 댄스스포츠 등이며,
· 정적(靜的)취미는 독서, 서예, 시/수필쓰기, 분재, 수석, 연극감상, 음악감상, 예술감상, 명화감상, 음악곡 편집 등이다.
저자의 인생행로 각 구간에 즐기고 개발했던 취미를 살펴보면 아래와 같다.

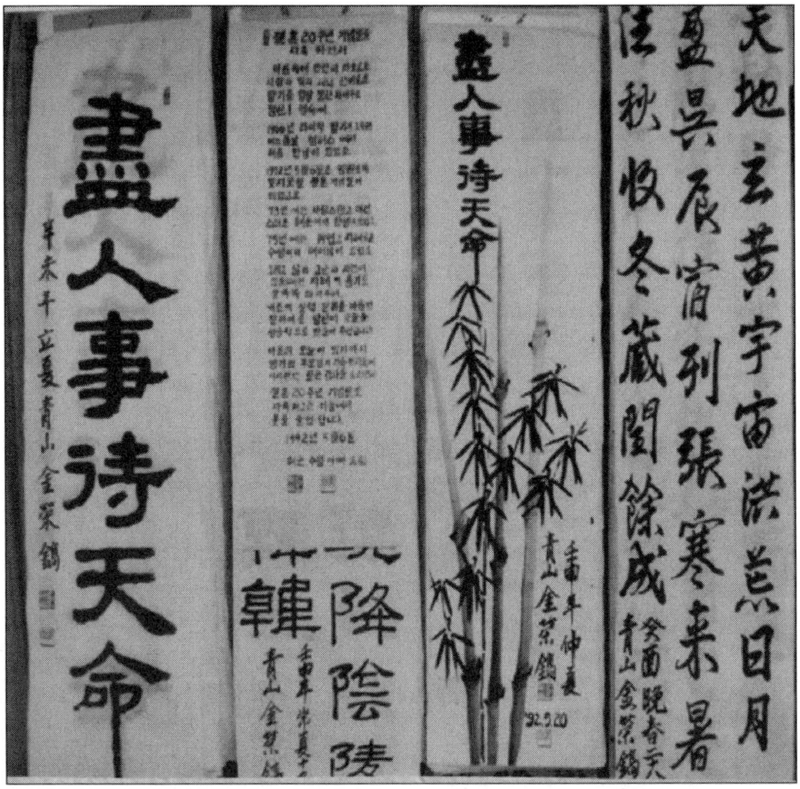

사진: 필자가 방과 후 서실에서 서예 공부할 때 습작품들

1) 초등학교시절:
· 장미꽃 줄기: 땅에 뿌리 내리기
· 시냇가에서 고기 잡기
· 토끼 기르기
· 썰매/대나무 스키타기
· 팽이 치기
· 한강에서 수영하기
· 서부 영화 즐기기
· 버스 타고 종점까지 가보기 (상도동에서 미아리까지 왕복) 등

2) 중 · 고등학교 시절:
· 자전거 타기
· 당수도(현 태권도)배우기
· 등산: 관악산 즐기기
· 초가집 처마 밑 참새잡기
· 친구들과 주말에 학교 교실에서 공부하기 등

3) 대학시절:

· 친구들과 저전거로 Picnic가기
· 등산: 관악산/도봉산/수락산 등 즐기기
· 봉사활동: 모심기
· 무전여행하기
· 친구들과 야외 Picnic 가기
· Arbeit 하기
· 장미꽃에서 장미향 추출 실험하기
· Campus Couple과 고궁 즐기기 및 영화 감상하기
· 친구들과 도서관에서 공부하기 등

4) 군복무KATUSA 시절:

· Service Room에서 Piano 치기
· 흑백 사진 및 Colour Slide사진 촬영, 현상, 확대 즐기기
· 영어공부, 영시(英詩) 쓰기
· 일과 후 Arbeit 하기(미군 병사들의 M-14 소총 분해점검 청소)
· 휴가 때 Campus Couple과 만나 영화 감상하기 등

5) 직장생활: 한 · 미 합작 진해화학(제4비료공장)과 남해화학시절(제7비료공장):

· 등산: 대둔산/지리산 등 즐기기
· 골프 배우며 즐기기
· 사진, 낚시 동아리 클럽에서 활동하기
· 서예 배우며 작품활동하기
· 음악 감상 및 좋아하는 음악 카세트에 편집하기
· 시/수필 쓰기, 영어 공부하기
· 동료직원과 노래방에서 가곡 부르기
· 대학 교재 집필하기 등

6) 퇴사 후 국제 Consultant 시절:

· 해외 공장에서 Consulting & Coaching 즐기기
· 해외거주지역 주변 명소: 다국적 외국인들 모임 club에 참가하여 Picnic즐기기
· 등산 즐기기
· 사진촬영하기
· 바다 낚시 즐기기
· 가족과 여행 즐기기
· 가곡 부르기
· 모던/라틴 댄스스포츠(왈츠, 탱고, 폭스트롯, 자이브, 룸바, 차차) 배우기
· 인문사회과학 책 읽고 공부하기
· 인문사회과학 교수들과 대화하기 등

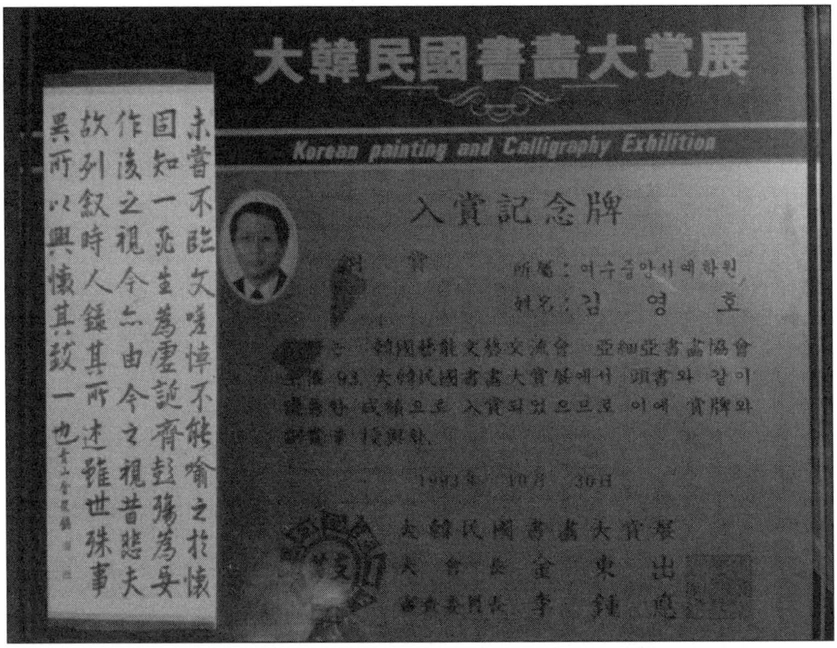

사진: 1993년 대한민국 서화대상 전 서예부문 필자의 동상입상 기념패

저자에게 위와 같은 전천후 취미 개발과정과 다양한 취미를 시간을 내어 틈틈이 즐길 수 있었던 것이 오늘의 구간별 꿈과 목표를 이루어 오는데 원동력이 되었다.

특히, 취미활동은 학문추구와 국제 Consulting & Coaching사업을 추진하는 과정에 명확한 Total Solution을 제시할 명안/해답을 구하지 못하고 시간만 보내면서 기진맥진한 상태에 이르러 포기할 단계에 이를 때, 활력과 재도전의 정신력을 충전 해 주는 주요역할을 해 주게 된다.

사진: 필자 취미활동, 2018년 제6회 용인시 댄스스포츠 대회,
Waltz Formation Team으로 참가발표 모습 (왼쪽 첫 번째)

5.3.7.1. "가곡 부르기" 취미로 해외 컨설팅 업무 추진 중에 위기극복 이야기

저자가 해외 컨설팅 업무 추진 중에 "가곡 부르기" 취미로 위기를 극복한 예를 들어 보기로 한다.
2001년 대만 Formosa Group, Nan Ya 화학공장에서 Consulting업무를 추진할 때 호텔 숙소에서 밤을 지새우며 자료를 찾아 탐색하고 연구하며 이의 결과를 컨설팅 최종자료로 준비하여 매일 회의를 해왔다.

이러한 일상생활이 지속적으로 진행되면서 피로가 누적되고 스트레스가 쌓이면서 정신적으로 의욕이 떨어지기 시작했다.

컨설팅이라는 고급 직종과 이에 따른 수입도 좋지만, 심신의 피로로 매사를 포기하고 싶을 정도까지 갔다면 얼마나 힘든 상황이었는지는 독자들도 짐작할 수가 있을 것으로 생각된다.

저자는 이런 상황을 극복하기 위해서 무엇을 하면 좋을까? 고 골돌히 생각 해 보았다. 그 때 번득이며 아이디어가 떠 올랐다.

다름아닌, 3일간 휴가를 내고 한국으로 돌아가 친구와 함께 노래방에 가서 지난 날 즐겨 불렀던 가곡을 실컷 부르면 해결될 것 같았다.

휴가를 내고 우리나라로 돌아 와서 친구와 함께 노래방을 찾았다.

가곡: 그리운 금강산, 목련화, 보리밭 등과 팝송을 신바람 나게 불렀다.
그간 쌓였던 스트레스가 모두 사라지고 심신에 열기가 채워지기 시작했다.
원기가 회복되고 대만으로 빨리 돌아가 저자가 좋아하는 컨설팅 일을 하고 싶은 생각이 들기 시작했다.
취미 중에 "가곡 부르기" 가 있어 해외 컨설팅 업무를 지속적으로 수월히 해 낼 수 있었던 위기극복의 사례이다.
만일 저자에게 "가곡 부르기" 취미가 없었다면 그 귀한 해외 컨설팅 사업이 지속성을 유지할 수 있었을까? 하는 생각이 든다.
심오한 행복이란 이와 같이 자기가 좋아한 것을 즐기며, 자기가 좋아할 수 있는 분야에서 다양하게 취미를 개발하여 호연지기를 기르며 꿈과 목표를 향할 때 이루어 내는 성취감이기도 하다.

5.3.8. KATUSA 군복무시절 아르바이트 (Arbeit)

저자가 KATUSA 군 복무기간 중에 아르바이트(Arbeit)를 개척한 경험 이야기를 하고자 한다.
저자는 대학 재학 중 H공대 화학공학과 3학년을 마치고 1967년 5월 18일에 논산 제2훈련소에 입영했다.
훈련을 마치고 7월 25일에 KATUSA로 미8군 인천항만사령부 제202수송대대(Transportation Battalion)에 배속되었다.
그리고 이어서 인천 항만 수송중대인 98중대(Transportation Co.)에 배치됐다.
이 부대는 맥아더 장군이 상륙했던 인천 월미도에 주둔하고 있었다.
저자는 KATUSA로 이 98중대에서 1970년 4월 16일까지 약 33개월 KATUSA로 군 복무를 마치고, 육군 제5193부대로 이동하여 4월 18일 만 35개월 만에 행복하게 만기 전역을 하게 되었다.
KATUSA에 배속되면서, 저자는 운이 좋게도 이 중대의 공급계 (Supply & Arms Room)에서 근무 하게 되었다. 이 Supply & Arms Room에서는 미군 병사에게 지급되는 모든 군수품인 피복, 군 장비, 소모품, 무기 M-14 소총, Machine Gun, 탄약 등을 다루었다.
필자가 이 부대에 배치될 때 이 Supply & Arms Room의 담당 과장은 흑인병사SFC Brooks 중사였는데 키도 훤칠하고 미남이었다. 공급계 소속인 또 다른 미군병사는 미술대학에서 미술을 전공 중에 입대한 PFC Ward 일병이 있었다. 함께 근무를 시작 하는 동안에 느낀 Brooks 과장의 인상은 퍽 다정다감하고 교양과 소양을 갖춘 기품 있는 멋진 신사였다. 그리고 PFC Ward일병은 미술 전공자답게 핸섬하고 예술적 감각이 뛰어날 뿐만 아니라, 구사하는 언어도 수준 높고 품성과 품격이 매력적인 병사였다.
SFC Brooks 과장과 PFC Ward일병은 신입 병사인 나의 생소하고 어설픈 공급계 업무처리를 친절히 지도하며 가르쳐 주었다. 매일 출근하여 Supply & Arms Room 업무를 배워 익히는 시간이 즐겁고 기쁘기만 했다.

사진: 미군병사 PFC Ward가 PFC Kim에게 기관총 (machine gun)에
탄약을 장착하는 방법을 지도하는 장면

이 Supply & Arms Room에 배치 된지 약 6개월이 되던 때 저자는 PFC Kim(김 일병)으로 초년병이었다.

우리 98중대 미군 병사들은 규정상 매주 1회 M-14 소총 무기를 분해 점검, 깨끗이 청소하고 기름칠을 해야 하고 분해점검 후 총을 반납할 때 점검을 받고 합격 여부를 판정 받아야 했다. 이렇게 하여 월 4회 연속 점검합격 기록을 보유한 병사는 1일 외박 허가 (one day overnight pass)를 받을 수 있게 되어 있었다.

그런데 미군 병사들 중 일부 병사들은 과중한 업무로 인해 제 시간에 총 닦기를 할 수 없다.

그래서 월 4회 모두 점검 합격 기록을 보유하기란 그리 쉽지 않았다.

매년 IG (Inspection of General)장군 검열을 준비하는 과정에 소대장, 중대장, 대대장 검열을 거치면서 불합격을 받게 되는 병사들이 제법 있었고 이 때마다 이들은 외박 허가를 받지 못했다.

사실 미군 병사들은 주둔지에서 외박 휴가를 받고 휴식을 취하며 우리나라 문화를 익히고 애인과 함께 즐거운 시간을 갖는 것 등이 행복한 군 생활이다.

상기와 같은 점들을 고려하여 PFC Kim으로 불리는 저자는 일과 시간이 끝날 무렵 SFC Brooks 과장에게 아르바이트를 해 보고 싶다고 제의하게 되었다.

아르바이트 내용인 즉, 미군 병사들이 과중한 업무로 인하여 M-14 소총 분해 점검 청소를 적기에 하지 못하게 되는 경향이 있어 검열에 불합격 처리 되는 수가 많기에 이들을 위해 필자는 아르바이트를 하고 싶다고 했다. 그랬더니 SFC Brooks과장은 친절하고 밝은 마음으로 경청 해 주며 필자의 제의 내용들을 메모했다.

사실 미8군 근무 상 개인적으로 아르바이트를 한다는 것은 군법에 허락되지 않을 것이라는 생각이 들기는 했다.

그렇지만 다음의 내용들을 가지고 SFC Brooks 과장에게 아르바이트를 하고 싶은 의지의 심정을 토로했다.

필자는 공과대학 재학 중에 입대를 했기에 전역 후 복학을 하게 되면 값 비싼 미국전공서적들을 많이 구입해야 하고 학비도 많이 들어 가는 여건이었다. 그리고 외박 휴가를 갈 때는 부모님께 맛있는 음식과 과일도 대접 해 드리고, 속옷들도 사드리며 또한 가벼운 선물(gift)도 사 드리고 싶다는 말도 했다.

그리고 이에 더하여 외박 휴가 때 입대하기 전 캠퍼스 커플 애인과 데이트를 하려면 서로 비용을 각자 부담하는 더치 페이(Dutch pay)를 한다고 해도 50%에 해당되는 최소한의 용돈이 필요하다고 했다. 그리고 애인과의 이 용돈은 지금 현재 부모님으로부터 지원을 받고 있다고 첨언했다.

우리 KATUSA들은 한국 군 월급 규정에 따라 일병일 경우에 월 280원 그 당시 환율로 약 1 dollar에 해당되는 월급을 받고 있다고 했다.

위에 언급한 내용들을 가지고 SFC Brooks과장에서 아르바이트를 하고 싶은 나의 의지를 간곡히 펼치며 설득 해 나갔다.

그랬더니 SFC Brooks 과장은 PFC Kim이 제의하는 이 아르바이트 문제는 Capt. Clyde William 중대장의 허가를 받아야 한다고 하면서 중대장과 상의 해 보겠다며 긍정적 의견을 제시 해 주었다.

참고로 1967년도 그 당시 미군 병사들의 월급은 일병에서부터 하사관에 이르기 까지 대략 250~600달라를 받고 있었다.

아르바이트 의견을 제의한지 며칠이 지났다.

아침 출근을 하였을 때, SFC Brooks과장은 환한 얼굴로 내 자리로 다가 와 Capt. William 중대장이 PFC Kim에게 M-14 소총 분해점검 청소 아르바이트를 해도 좋다는 승인을 했다며 축하를 해 주었다.

그 순간 어찌나 기쁘고 행복했던지……

그날부터 저자는 Supply & Arms Room을 찾는 미군 병사들에게 구두로 이 사실을 알렸다.

그리고 분해점검 청소 아르바이트 비용을 다음과 같이 알렸다.

PFC 일병과 CPL 상병은 2달러, SGT 병장은 3달러, 그리고 SSG 하사
이상 NCO 들은 5달러를 받겠다고 했다.

그랬더니 다음 날부터 구두로 전해 들은 미군 병사들의 신청이 들어 왔다.

첫날 신청에서는 대략 월 50달러의 수입이 보장되었다.

그리고 한 달이 지난 후에는 월 약 100 달러 이상으로 수입이 증가하게 되었다.

그들은 pay day (월급 날)에 어김없이 아르바이트 비용을 지불 해 주었다.

그리고 NCO(Noncommissioned Officer) 하사관급들의 경우에는 고맙다며 팁을 합하여 7~10달러를 흔쾌히 주곤 하였다. 팁을 줄 때 저자는 그들에게 정액 만 받겠다고 했더니 하사관들은 저자가 전역 후 대학에 복학하여 학업을 계속해야 한다는 입장을 전 해 듣고는 팁을

주겠다고 하는 것이었다. 실 생활의 팁 문화에 익숙한 그들에게 우리나라 문화를 적용하여 안 받겠다고 강렬히 거절하면 오히려 실례가 되고 서로의 우정과 친밀성에 서먹서먹한 분위기가 형성된다는 사실을 그들과의 생활에서 알게 되었다.
그 후 어느 주말, 대대본부에서 우리 중대장 Capt. William과 1SG 특무상사 Silvera 그리고 그 당시 진급한 필자, CPL Kim 상병 셋이서 함께 당직을 서게 되었다. 저녁 식사가 끝난 후 Silvera 특무상사는 내게 와서 중대장과 함께 대화를 나누자며 말을 건 냈다.
그래서 흔쾌히 Capt. William중대장이 있는 자리로 Silvera와 함께 갔다.
Capt. William 중대장은 친절히 필자를 맞이 해 주었다.
그리고 William 중대장은 필자의 신상에 대하여 아는 바를 언급하면서 대학에서 무슨 학과를 전공하다가 군에 입대 했느냐고 물으며, 또한 가족 관계, 취미관계, 그리고 연인이 있는지 등등을 관심을 가지고 질문 해 주었다.
전역 후에는 무엇을 할 것인지도 물었다.
그리고 Capt. William중대장은 Supply & Arms Room에서 아르바이트를 해서 버는 돈은 어떻게 쓰느냐고 물었다.
저자는 SFC Brooks 과장에게 아르바이트를 하고 싶다고 제의한 내용을 다시 한번 설명을 드렸다.
그랬더니 설명을 듣고 난 Capt. William중대장은 그러한 사용처에 아르바이트 에서 번 돈을 쓰고 있는 것에 감탄하며 더욱 더 격려 해 주었다.
Capt. William 중대장과 그 대화가 있은 후 1LT(중위) 소대장 중위들이 새로 부임 해 오면 그들은 Supply & Arms Room을 방문하면서 필자에게 다가 와
서는 필자가 아르바이트로 분해점검 청소하는 M-14 소총들 중에 하나를 보여 달라고 하면서 분해 해 보라고 했다. 그리고 1LT 소대장들은 분해된 부품들을 면밀하게 검사를 했다. 그리고 나서 청소 상태가 우수(excellent)하다고 하면서 칭찬을 해 주었다. 그 후에 1LT 소대장들은 저자가 아르바이트로 분해점검 청소하는 M-14소총들을 제외하고, 나머지 소총들을 모두 단상에 올려 놓으라고 하면서 그 소총들을 철저히 점검 검사를 했다. 거의 모두가 검사에서 불합격 되었다.
그 다음 날 불합격된 미군 병사들이 Supply & Arms Room으로 찾아 와 일부 병사들은 스스로 분해점검 청소를 하고, 또 나머지 병사들은 필자에게 아르바이트로 분해점검 청소를 의뢰했다.
Capt. William 중대장과 대화가 있은 후에, Capt. William 중대장은 1LT 소대장들이 새로 부임 해 올 때마다, 저자에 대한 소개를 해 주고 아르바이트를 할 수 있도록 했다.
여기서 참고로 KATUSA 군복무를 마친 필자는 병장으로 전역 후에 H공대 화학공학과에 복학 후 졸업과 동시에 일류 회사인 한 · 미 합작 회사 제4비료공장(진해화학 주식회사)에 자랑스럽게 장학생으로 입사를 하게 되었다. 이 때 받은 첫 월급은 28,800원으로 US Dollar로 환산하면 약 100달러였다.

5.3.9. 국제컨설턴트로 성장시킨 KATUSA생활

필자가 1967년 7월 25일에 KATUSA로 미8군 인천항만사령부 제202수송대대(Transportation Battalion)에 배속되어, 이어서 인천 항만 수송중대인 98중대(Transportation Company)에 배치 된 이후 KATUSA로 전역할 때까지 약 33개월 동안의 보람찼던 KATUSA 군생활을 요약 해 보기로 한다.

5.3.9.1. 공급계(Supply & Arms Room)에서 보람 찾던 KATUSA 생활

필자는 일병 때부터 Supply & Arms Room(공급계)에서 군복무를 시작했다.
출근 길에는 항상 트랜지스터(transistor) 라디오와 영한 · 한영 사전을 지참했다. 그리고 근무 시간에는 그 당시 AFKN 라디오 방송을 온종일 청취하며 근무를 했다.
퇴근 후에는 영어 공부를 지속적으로 열심히 했다.
필자가 소속되어있는 98중대에는 KATUSA가 필자 단 한 명이었기에 미군 병사들과 의식주를 함께 해야 했다.
Supply & Arms Room에서 근무를 시작 한지 얼마 안되어 미군병사와 실무를 해 나가는 과정에 저자의 영어실력이 미흡함을 느끼게 되었다.
군에 입대 하기 전에 대학에서 그 당시 Robert Park이 쓴 영어 회화 책이 인기가 있어 그 책을 주로 공부 해 왔었다. 그런데 미군 병사들과의 실무에서 그 책으로 공부한 것은 별로 큰 도움이 되지를 못했다.
그래서 바로 책을 바꿔보기로 하고 형님이 추천 해 주는 William Clark가 쓴 American Spoken English 책자를 구입하고 새 책자로 공부를 계속 해 나갔다. 그랬더니 약 2개월이 지나면서 미군병사들과 소통하는 데에 도움이 되는 것을 알게 되었다.
그 만큼 올바른 책을 선정한 다는 것이 얼마나 중요한지를 경험을 통해서 알게 되었다.
필자는 일과 후에 영내(營內, inside barracks)에 있는 library (도서실)에서 영어공부를 하거나, 기능 공예 취미실 (craft shop)을 찾아 사진을 현상 인화 확대하곤 했다. 또한 서비스 룸에 놓여 있는 피아노를 찾아 노래로 부를 수 있는 곡들을 악보 없이 연주하며 시간을 보내곤 했다.
그리고 주말이면 우리나라 문화에 관심이 있는 미군 병사들과 함께 서울에 위치한 덕수궁, 창경원, 비원 등과 같은 고궁들을 방문하거나, 번화한 명동거리를 즐겨 찾았다. 그들 미군 병사들은 흥미롭고 관심 있는 것들은 카메라에 담아 내는 데에 열중했다.
이런 규칙적인 KATUSA생활을 지속하면서 영어 공부에 전염했다.
전역 후 복학하여 졸업 전 11월에 화학공학 계열의 일류 회사인 진해화학(제7비료공장)에 취직하는 행운을 갖게 되었다.
일과 시간에는 함께 근무하는 PFC Ward와 친구가 되어 미군 생활과 미국인의 일상 생활들을 배울 기회를 가졌다.

사진: 일과 후 library 에서 영어공부를 하는 필자 모습

5.3.9.2. KATUSA 군복무시절 영시(English Poem) 습작과 영내시집 발간

월미도의 4계(The Four Seasons)는 드넓은 푸른 바다와 우거진 수목들이 장관을 이루며 아름답기 그지없었다.

봄에 숲 속 수목들에 피어 오르는 연녹색의 새싹들이 싹을 틔울 때 사광선의 투영으로 빛을 발하는 광경은 신의 조화의 아름나움을 느끼게 하였다.

여름이 오면 숲 속 그 연녹색은 시간이 흐르면서 푸르름을 더 해 가며 짙푸른 잎새들로 그늘을 만들고, 섬 정상까지 아름다운 풍경으로 변화시켜주었다.

가을에 이르러 그 숲 속의 수목들은 갈색으로 옷을 갈아 입으며 우아하고 화려한 여인과 같은 매혹 빛을 발산하였다.

겨울에 이르러선 그 숲 속 수목들은 나 목이 되어 마음을 비운 겨울 나그네로 변신 해 갔다. 그 숲 속에 눈이 내릴 때 채플 예배당 (chapel)은 새하얀 드레스로 갈아 입고 결혼식을 올리는 수려 히 아름다운 신부 같기도 했다.

겨울은 또 다시 다가 올 봄을 기다리며 새 생명을 잉태하고 혹한을 인내하고 있었다.

이 얼마나 신비롭고 장엄한 주둔지 월미도 4계의 아름다움이었던가!

이러한 월미도의 4계 풍광을 바라보면서 시상의 감정에 젖어 들곤 하였다.

그래서 이 월미도 4계의 신비로움에 매혹되어 저자는 일상적 영어공부를 하면서 틈틈이 영시(English poem)를 습작하게 되었다.

시간이 흐르면서, 습작 품들은 수를 늘려 나갔으며 그 결과물들은 영내 시집으로 인쇄되는 영광을 얻게 되었다.

이 시집을 98중대 미군 병사들에게 증정하는 것은 저자에게 큰 기쁨으로 행복을 불러 주었다.

이 시집을 받아 본 미군 병사들은 내용이 서정적(lyric)이고 자연적(natural)이라서 아름답다고 감상내용을 전 해 주기도 했다.

시간이 흘러 병장으로 진급한 저자는 20편의 시를 지었고, 친구인 SP4 Larry D. Ward는 자기도 청춘에 고뇌하는 시, "사랑의 아픔 (Agony of Love)" 이란 제목으로 시 한편을 습작 해 보여 주었다.

그 시집의 커버는 아래 와 같이 꾸며졌다.

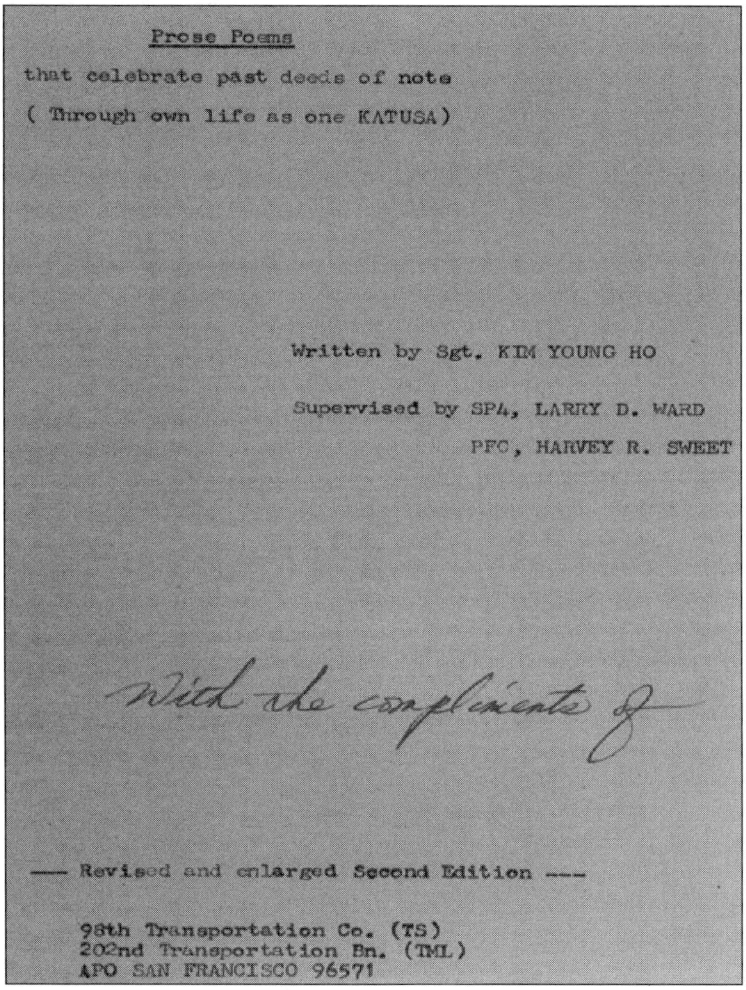

Prose Poems

that celebrate past deeds of note

(Through own life as one KATUSA)

Written by Sgt. KIM YOUNG HO

Supervised by SP4, LARRY D. WARD

PFC, HARVEY R. SWEET

With the compliments of

--- Revised and enlarged Second Edition ---

98th Transportation Co. (TS)

202nd Transportation Bn. (TML)

APO SAN FRANCISCO 96571

사진: Prose Poems의 시집 커버 사본

5.9.3.3. KATUSA로 영예의 부대장(LTC Arthur W. Youngren) 표창 수상

저자는 PFC Kim일병 때부터 98중대에 배속 Supply & Arms Room에 근무하면서 출근과 함께 지속적으로 미군 병사들을 위한 공급계 해당 서류처리(Required Paper Documentation)업무를 남달리 효율적으로 뛰어 나게 관리 해 왔다.

그리고 Supply & Arms Room의 과장이 요구하는 서류 처리 업무를 철저히 신속하게 지원했다.

뿐만 아니라, 일과 후에는 미군 병사들이 한국 민간인들, 예를 들면 미군 병사들이 그들의 한국 애인들과 문화 차이로 불협화음을 일으키며 언쟁할 때, 당직 미군 병사가 찾아 와서 중대 본부 당직사무실로 빨리 함께 가자고 하며 도움을 청할 때가 있었다.

이 때는 지체 없이 당직사무실로 가서 그들의 한국애인들과의 상호 언쟁을 경청하고 오해를 풀어주며 중재를 해 주곤 했다.

그리고 식목일(Arbor Day)에는 야외 소풍도 갈 겸 미군 병사들에게 나무 심으러 가자고 안내하고 식목 지까지 안내하며 데리고 갔다.

미군 병사들은 우리 한국 민간인들과 어우러져서 땀을 흘리며 나무를 심었다.

그리고 나서는 휴식과 함께 한국인들과 어울려 음료수와 다과를 함께하며 한나절을 야외에서 즐긴 후 귀대했다.

또한, 미군 병사들이 우리나라 문화를 배우고 익히기 위해 그 어떤 목적지를 가고 싶다. 고 하면 계획을 세워 그들을 안내하여 해당하는 곳을 안내하곤 하였다.

뿐만 아니라, 미군 병사들 중에는 문맹자가 간혹 있는데, 그들은 글을 쓰지 못하기에 가족들에게 편지쓰기가 힘들었다.

이러한 병사가 발견되면 그들의 고통을 덜어 주기 위해서 그들이 가족에게 쓰고 싶은 내용을 불러 주면 그 내용을 그대로 대필 해 주곤 했다.

한편으론 한국 여성들과 연애를 시작한 미군 병사가 서로들 언어가 통하지 않아 소통에 애로를 겪을 때는 그들의 상호 편지 내용들을 번역하여 교환 하게 해 주었다. 어느 미군 병사는 오랜 기간 번역의 도움을 받은 결과, 상호소통을 잘 하여 국제결혼에 성공한 예도 있었다.

그리고 202 수송대대는 주기적으로 환경 오염 방지 또는 에너지 절감 목적으로 제안제도(System of Suggestion)를 통해 제안 응모를 받을 때가 있었다.

저자는 화학공학을 전공하다가 재학 중에 입대 했기에 이 분야에 대하여 물자 절약 목적으로 폐기물 중에 유효성분을 회수하는 제안을 하기도 했다.

미군 제안제도 운영 담당자는 KATUSA가 제안한 것을 보고는 퍽 기뻐하며 깊은 관심을 기우려 주고 격려 해 주었다.

또한 매년 IG (Inspection of General)장군 검열을 위해 준비하는 과정에 군 업무와 연관하여 암기 해야 하는 내용들은 A4용지로 대략 5~ 6 페이지 정도의 분량이 되었다.

저자는 영어 공부도 할 겸 이 5~6페이지 정도의 암기해야 할 사항들을 모두 완벽히 암기를 하고 소대장, 중대장, 대대장이 검열하는 과정에 질문을 할 때면 한 문제도 틀리지 않고 정확한 답변을 하게 되었다.

KATUSA로서 한국인의 위상을 실추시킬 수가 없어 검열 준비 내용들을 철저히 세밀하게 암기하고 행동했다.

그리고 IG 장군 검열을 대비하여 제식훈련을 할 때 한 군데도 실수를 하지않고 완벽히 소화 해

냈다. 그 결과 Capt. William 중대장은 병장인 저자에게 98중대를 지휘하라고 명령했다.
그 때 저자는 정말 자랑스럽고 가슴이 뿌듯했다.
지휘 명령이 내렸을 때 미군 병사 중에 어느 흑인 SGT 병장은 KATUSA가 지휘를 하게 된 점에 대해 질투를 하며 불쾌감을 내 보이기도 했다.
그렇지만 저자의 입장은 그 미군 병사 흑인 병장과는 달랐다. 저자는 한국군과 국민을 대표함으로 군 필수 암기 문제와 제식훈련에 허점을 보일 수가 없었기에 준비 과정에 철저히 심혈을 기울였던 것이다.
이 종합적으로 수행한 업무 결과로 Commanding Officer인 LTC Arthur W. Youngren 부대장의 표창장을 받게 되었다.
그 표창장 내용을 요약하면 다음과 같다.
"용모와 군인다운 태도 그리도 업무 수행이 우수하고 공적이 현저히 눈에 띄었고, 군인의 숙련미와 현안 처리의 지식이 높이 평가되었을 뿐만 아니라 수행업적이 자신과 98중대, 202 수송대대 그리고 한국군에 탁월한 명예를 반영했기에 이에 표창장을 수여합니다.
June 19, 1969, Commanding Officer, Arthur W. Youngren, LTC, TC" 라고 되어 있었다.
부대장은 표창장과 함께 부상으로 소정의 상금과 SEIKO 고급 손목시계를 수여했다. 소정의 상금으로 받은 돈은 부모님께 맛있는 식사를 대접했고 아울러 캠퍼스 애인에게도 기념으로 액세서리 브로치(accessory brooch)를 선물(gift) 했다. 그리고 SEIKO 고급 손목시계는 아버님께 기념 선물로 드렸다. 아버님께서는 그 SEIKO 고급 손목시계를 자랑스럽게 여기시며 93세로 돌아 가실 때까지 즐겨 차셨다.
아버님께서 돌아가시던 날 까지 그 SEIKO 고급 손목 시계를 차고 계신 것을 보고는 아들이 KATUSA 군 생활에서 시간을 헛되게 보내지 않고 노력하여 자랑스럽게 상으로 타온 것을 생을 마감하시는 날 까지 아끼시며 자랑스러워 하셨던 아버님이 더욱 더 존경스러웠다. 아버님 유품을 정리하기 위해 온 가족들이 한 자리에 모여 앉았을 때 이 시계의 유래를 상기하며 즐거운 시간을 보냈다. 진정한 행복이 무엇인지 그 때 다시 한번 생각 해 보게 되었다.

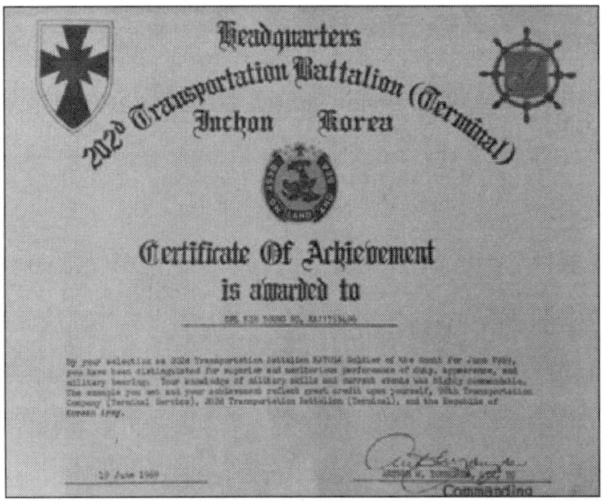
Headquarters
202d Transportation Battalion (Terminal)
Inchon Korea
Certificate Of Achievement
is awarded to

사진: Commanding Officer, LTC Arthur W. Youngren 부대장으로부터 받은 표창장

사진: LTC Arthur W. Youngren 부대장이 표창장과 부상으로 상금과 SEIKO 고급시계를 수여하는 모습

5.3.10. 선의의 경쟁자와 Korea Herald지에 칼럼개제 성취

필자의 글이 게재된 칼럼 제목은 'Value of Communication' (의사 소통의 가치)였다. KATUSA로 처음 미군병사들과 근무를 시작 했을 때 의사소통이 만족스럽게 되지 않아 많은 고민을 하게 되었다.

다민족 국민들로 구성된 미국의 51개 주로부터 입대한 미국 군인들은 동서남북으로 구분하여 언어 발음도 조금씩 다르고 intonation (억양)도 다를 뿐만아니라, 출신 지역에 따라 사투리도 많이 사용하고 있었다.

입대하기 전에 아무리 학교에서 영어공부를 즐기며 많이 했다 하더라도, 이러한 조건에서 KATUSA 초년병인 필자로서는 미군 병사들과 만족스럽게 의사 소통한다는 것은 참으로 어려운 일이었다.

그리고 Supply & Arms Room에 근무할 때 필자는 51개 주로부터 입대한 미군 병사들을 모두 만나게 되어 있는데, 이 때 이들과의 의사소통에서 나타나는 사투리로 어려움을 겪어 왔다. 그렇지만 일과 시간 후에 지속적으로 영어 공부를 열심히 한 결과 시간이 흐르면서 미군 병사들과의 의사소통도 향상되기 시작했다.

Supply & Arms Room에 처음 배치 되었을 때 미군 병사들과의 의사 소통에서 대화 중에 Yes와 No를 정확히 구분하여 말한다는 것 또한 어려움이었다.

즉, 상호 언어 문화 차이로 대화 중에 Yes와 No를 반대로 답하게 되는 예가 아주 많았다. Yes 와 No의 의사소통을 자연스레 극복하는 데에 약 3개월 이상이 소요 되었다.

그 때 미군 병사들은 필자의 Yes와 No의 답변을 웃으며 반대로 생각하며 이해 했었다. 그러다가 3개월이 지난 후부터는 저자가 Yes와 No를 정확히 구분하여 답을 하니까 의아하게 받아드리면서 또 한번 어리둥절해 했다.

그래서 사람이 살아 가는 세상에 언어로 인한 의사소통이 얼마나 중요한지를 인지하였기에 여기서 Korea Herald에 투고하게 된 칼럼의 제목을 'Value of Communication' (의사 소통의 가치)으로 하기로 했었다.

미8군 인천항만사령부 202 수송대대에 배속되어 부대를 찾아 올 때 제2훈련소 동기생인 PFC Huh 일병과 같이 왔었다.

그는 서울상대를 졸업하고 한국은행에 근무하다가 입대를 하였다.

필자가 고등학교 시절에 이해하기로는 서울상대를 나오면 고등학교 영어교사를 할 수 있는 실력과 능력이 갖춰져 있다고 들어 왔다.

물론 PFC Huh 일병도 영어실력이 뛰어 났다. 그 당시 필자는 PFC Huh 일병이 대학 졸업 후 한국은행에 입사할 정도면 우리나라 최고의 엘리트였다고 판단 했었다.

PFC Huh 일병은 대대본부로 배치를 받았었는데 배치 받은 지 약 1개월 후 그는 영어회화 공부를 지속하려고 Turntable을 구입했다. 그리고 일과시간 후에 열심히 영어공부를 했다. 그리고 PFC Huh 일병은 인격과 성품도 남달리 뛰어나고 교양 면에서도 매력이 넘쳐났다.

PFC Huh일병의 일과 후 느긋하고 여유로운 생활은 그의 꿈과 목표를 향 해 강인한 의지 속에 지속적으로 흐트러짐 없는 생활태도가 필자의 마음을 사로 잡았었다.

그래서 필자는 그 당시 PFC Huh 일병을 선망의 대상자로 여기고 KATUSA 생활에 선의의 경쟁자로 마음 속에 새기게 되었다.

그렇게 철저히 군 생활을 해 오던 PFC Huh 일병이 어느 날 Korea Times 영문 일간지에 칼럼을 투고하여 게재된 사실을 알게 되었다.

그 칼럼을 보는 순간 저자는 어찌나 PFC Huh 일병이 자랑스럽고 대견스러웠던지 감동을 받고 감탄했었다.

그날 필자는 PFC Huh 일병의 급속한 영어 실력 향상에 자극을 받게 되었다.

그래서 필자도 이제부터 영어공부를 더 열심히 하여 Korea Herald 영문 일간지에 칼럼을 투고하여 게재될 수 있도록 굳게 다짐하며 꿈과 목표로 삼았다.

그런 일이 있는 후 영어공부에 조금이라도 소홀 해 지는 기미가 있으면 바로 선의의 경쟁자, PFC Huh 일병의 강인한 생활을 떠 올리곤 했다.

그리고는 또 다시 지속적으로 꿈과 목표를 향해 영어공부를 열심히 해 나갔다. 이렇게 영어공부를 해 나가다 보니까 점차적으로 미군병사들과도 소통이 더 잘되어 가는 것을 느끼게 되었다.

이러한 일상 생활을 하던 어느 날 저자는 Korea Herald 일간지에 'Value of Communication' (의사소통의 가치) 이라고 하는 제목의 칼럼을 쓰기로 마음을 먹었다. 그리고 완료된 칼럼 글의 원고를 Korea Herald사에 투고했다. 결과 그 원고는 1970년 1월 29일 Korea Herald 영문 일간지 사설과 함께 옆에 나란히 게재 되었다. 얼마나 기다려 왔던 꿈과 목표가 이뤄진 현실인가!

온 가족들이 모여 앉은 자리에서 가족들은 Korea Herald 일간지에 실린 글과 필자 사진을 보면서 얼마나 자랑스러워 했던지……

형님께서 이 글을 가족들에게 번역 해 주면서 그렇게 기뻐하셨었다.

가족들과의 그 행복했던 시간이 지금도 잔잔히 필자의 마음에 흐르고 있음을 새삼 느껴본다.

공부하는 과정에 아무리 어려운 상황에 처해 있다 하더라도 선의의 경쟁자를 선정하고 목표를 세워 지속적으로 그를 거울 삼아 추진 해 가면 꿈과 목표는 이룰 수 있다는 교훈을 얻게 되었다.

그 때 게재되었던 칼럼내용을 아래에 소개한다.

THE KOREA HERALD, THURSDAY, JANUARY 29, 1970

HERALD FORUM

Value of Communication

By YOUNG-HO KIM

The wonderful powers of science, advancing all the time, have rendered some great advantages to human kind. Not the least of these advantages is in the field of communications. Due to the progress of science along this line, we now live close to fantastic mass commu-

Kim

ication. All nations on earth can exchange inormation with one another each and every day, or even within minutes, if the situation warrants it, through newspapers, TV, radio and telephone.

Through the use of this communication, nations should be able to develop an understanding with other nations. It seems logical to me that if we can all understand one another, we will no longer have any reason to try to destroy others.

This understanding is what I am concerned with here. I am a Katusa, serving and living with American soldiers. We have had to work out a sort of mutual understanding, just to be get anything accomplished together.

I can remember my first day here in Inchon as a Katusa, which was about 32 months ago. I knew that the first impression I made would be a lasting one.

Confused Day

My first day started in a helter-skelter, confused fashion. I knew that it was considered good in the military to be bold and persevering, so I started off, making up my mind to have great endurance, and to aclimate myself to my new environment.

Whenever the opportunity presents itself, I ask my American colleagues questions about their way of life, the problems they have, and their feelings about Korea. They almost always try to answer my questions in such a way that I will be able to better know what they are saying, and are helpful in teaching me their way of life.

By the same token, they ask me the same general types of questions about Korea, and I try to answer them in the same way. By doing this, we not only learn about each other's country, but each other's language as well, which is, after all, the basic form of communications that any man has. In effect, we alternately become student and teacher. Of course, most GIs start to learn the Korean language from the beginning — "Yobosaeyo."

Occasionly, American friends will suggest a trip to Seoul together. These trips give me a good opportunity to show them Korean life first-hand.

On the trip up, we pass through important industrial areas. All along the way, we have friendly discussions about the past, present, and even try to forecast what the future is going to be like.

Sightseeing

On leaving the bus at the terminal, we walk by the old Doksu Palace, the Changgyongwon zoological and botanical gardens, deptartment stores, the Korean souvenir center and much much more that my guest will find interesting. They eventually come to have a basic knowledge of Korean life, and the way the people here, rich and poor alike, act.

When they are invited to Korean homes, they have a rare opportunity to eat Korean traditional and sole foods — kimchi and bulgogi (Korean-type beefsteak). Besides, nowadays they like very much Korean noodles. My last name, Kim C., they call "Kimchi."

After going through Seoul, they know the true meaning of that old saying, "Seeing is believing."

After we have seen a good portion of Seoul, we climb to the summit of a mountain, Namsan, where my guest will be able to get a good idea of what all of Seoul looks like at the same time. To relieve tiredness, we may then go to a teahouse or bakery to relax.

I think I should add here that not all of the soldiers enjoy going with me. Some would rather stay close to their compound and get drunk. That is up to them.

Almost three months ago, there was an American sleeping in the bunk next to me, who had majored in history in college before joining the army. He came into Korea through Saigon and Tokyo. After duty, the serviceman, who had stayed in Saigon and Tokyo while in army service, would talk to me lying on his bunk about the beautiful things in these nations.

Going on with his story, we often made plans for a trip to Seoul, but because his tour of duty here was short, and the fact that we were working different hours, to our regret, our plans turned out a mere daydream. And we never did make it down together. This will often turn out to be the case.

I can remember one very kind, polite soldier who was with me that first Christmas in army service. The serviceman, who is now working in Germany, never did have a complaint against anything. Of course, I have been realizing all human beings must have a high regard for the individual dignity of others. In this environment, I think private characteristic ideas can be sublimated on stiff groundworks.

Farewell Gift

He had already left Korea when I discovered that he had left a pen set in my wall locker (personal cabinet) as a farewell gift. Fortunately we are still corresponding through the mail. So I was able to thank him for his thoughtfulness. To this very day, we still manage to write each other about once a week. And a few days ago, I heard from him, "hot stoves remind me of Korean noodles." I also hear the same thing from associates of mine in Vietnam and New York.

This time last year I prepared Korean noodles on the stove with them. In addition, to enjoy together podoju (wine), I used to bring down that made by my mother. At that time they blurted out, "It's delicious, it tastes pretty good..."

Everything with them I recall to my mind about this time. I now sit here and think about many friends I have made through the army. Good luck to them all in the future.

The writer is a Katusa assigned to a U.S. Army unit in Wolmi-do, Inchon.—Ed.

1970년 1월 29일 Korea Herald 일간지에 게재된 KATUSA Sgt. Kim (저자) 의 칼럼내용

5.4. 인문사회과학이 부른 대자연과의 조화

5.4.1. 대자연의 본성과 동화

대자연의 본성(本性, nature)과 동화(同化):

저자는 제7비료공장(남해화학주식회사)건설이 한창일 때 제4비료공장 (진해화학주식회사)에서 이곳 남해화학으로 자리를 옮겼다.

30대 초반에 초급 관리자(supervisor)로 이곳 남해화학에 입사했을 때는 20여개 대단위 공장들과 다양한 저장시설들, 그리고 부대시설과 하역시설 등이 그 규모 면에서 세계적(World-wide)이었기에 저자의 마음을 압도했다. 건설 현장의 보이는 것들 모두가 저자에게는 신기했고 배움의 대상들이었다.

특히, 여수 삼일항에 건설된 제7비료공장전용 부두하역시설은 그 당시 1970년대 초에는 동양 최대의 규모로 길이는 1,050m, 폭이 30m였다.

특히, 해상에 파일(pile)을 박아 그 위에 부두를 건설한 특색 있는 공법의 부두였다.

이 부두는 동시접안능력(simultaneous berthing capacity)이 95,000톤으로 50,000톤급 1선좌, 20,000톤급 2선좌, 그리고 5,000톤급 1선좌 배가 동시에 접안 할 수 있는 규모였다.

년간 하역 량은 약 2,800,000톤 규모로 부두는 항상 분주하게 운영되었다.

대자연이 자연적으로 흐르며 진행되는 과정에 태풍시즌이 오면 예외 없이 부두시설의 안전유지를 위해서 태풍대비 비상이 걸렸다.

이 때 저자는 대자연의 흐름과정에 순응하며 그 본성(本性, nature)에 따라 시설안전 비상대비상태를 점검하고 확인했다.

태풍대비 하역 크레인과 선적시설이 매뉴얼에 명기된 설계조건으로 안전하게 고정되었는지, 매뉴얼 대로 조치를 취해 놓았는지 등을 확인했다.

태풍이 예고되면 대형 선박은 부두에 정박해서는 안 된다.

비료제조 해당공장에 원료가 되는 인광석, 유황, 염화가리 등을 적재 하고 부두로 접안 하기 위해서 들어 오는 수만톤급 원양선박들은 태풍이 예고되면 멀리 외항으로 나가야 한다.

외항에 안전하게 정박했다가 태풍이 지나가면 부두에 다시금 접안 해야 한다.

또한, 원료선적선박이 부두에 접안 하여 하역 중일 때 태풍예보가 발령되면 하역을 중단하고 바로 그 선박은 외항으로 멀리 나가야 한다.

태풍이 불어 파도가 일게 되면 외항으로 멀리 나간 선박은 수심이 깊은곳에서 파도의 물 입자 운동이 상하 원형궤도를 따라 움직이기 때문에 선박은 아래 위로 움직이기에 안전하다.

그렇지만 수심이 얕아지게 되면 파도의 물 입자는 타원운동을 하게 되어 위험이 따르기 시작한다.

더욱 수심이 얕은 부두지역에 이르게 되면 파도의 물 입자 운동은 앞뒤로 왕복운동을 하기 때문에 정박된 선박은 부두시설을 향하여 돌진하게 된다.

따라서, 선박은 부두시설과 계속 충돌하게 되어 선박과 부두시설은 대형 파손을 피할 수 없게 된다.

태풍이 예고되면 대자연의 흐름과정에 순응하며 대자연의 본성에 따라 선박은 외항으로 나가 파도의 상하 원형궤도를 따를 수 있도록 하면 된다.
우리들은 기억한다.
14만 5천톤급 유조선, 시 프린스호가 원유를 싣고 여수항에 입항하여 태풍이 몰아치는 대도 불구하고 하역작업을 강행하다가 늦게야 피한하던 중에 암초와 부딪치는 사고로 원유가 유출되는 대형 해양사고가 발생했던 사실을……
태풍이 예고되면 대형선박은 외항으로 멀리 나가야 하는 원칙을 지키지 않은 돌이킬 수 없는 인재(人災, human error)였다.
선장 한 사람이 원칙을 무시하고 의사 결정한 판단이 죽음의 바다로 만든 재앙적 사고였다.
대자연의 순리와 본성에 역행한 선장 한 사람의 무지가 낳은 대재앙의 사례이다.
대자연의 태풍 앞에 바다에 떠있는 선박이 수십만 톤, 수백만 톤의 선박인들 그 원칙을 피해갈 수 있을까?
대양에선 하나의 조그만 보트(a small boat)인 일엽편주인 것을……!
이 재앙적 해양오염과 생태계 파괴, 인근 어민들의 양식장 피해와 생계소득피해, 건강피해 등으로 인한 불행을 어떻게 행복 된 삶으로 돌이킬 수가 있을 까?
우리들도 그 시 프린스호의 선장이었다면 태풍의 본성 앞에 외항으로 안전하게 피항하는 leadership을 발휘했었을까?
대자연 앞에 순응하며 순리를 따르고, 대자연의 흐름과 본성에 따라 동화되고 이론적 전문성에 바탕 하여 철학적 의사결정을 했더라면, 이러한 Human Errors (인재, 人災)가 발생될 수 있었을까?
우리 세대들은 더불어 행복을 추구하기 위해서 이들 질문에 지혜롭게 답변, 실행실천 해 나가야 한다고 생각한다.

5.4.2. 대자연의 잉태: 산(山)을 통한 대자연의 모성애

우리들은 삶을 살아 가면서 대자연에 동화되어야 심신의 건강을 유지할 수 있다. 산과 바다, 들과 숲, 계곡과 강가 등에서 호연지기를 기르며 마음을 열어 대자연의 원기(元氣)를 받아드려야 인생길에 꿈과 목표를 달성할 수 있게 된다.
겨울이 지나 봄이 오는 길목에 산을 찾아 가 보자.
단단한 나뭇가지에 새싹이 돋아 나는 순간, 사광선에 투영되어 빛나는 그 오묘한 연녹색의 새싹을 발견할 때 어떻게 느끼며 그 신비로움을 맞이할 것인가?
그 순간 시상을 떠올리며 한편의 시(詩)를 지어 보는 시간은 신선의 기분을 느껴보는 시간과도 같다. 고 나 할까?
우리들은 대자연에 주기적으로 노출되어 대자연 만이 인간에게 베풀어 주는 기운을 받아야 한다. 고 생각한다.
산의 사계(四季)를 찾아 가 보자.
산이 보여주는 봄, 여름, 가을, 겨울이 펼치는 그 오묘하고 수려하며, 삭막하고 메마른 풍경을 보게 된다. 그러한 풍경을 감상하며 우리의 인생도 사계와 같은 과정을 거치며 겨울을 맞이하게 되고, 그 겨울은 새로운 봄을 잉태하기 위해서 모든 수목(樹木)들은 문을 잠그고 겨울 잠을 자며 힘의 근원인 기운을 모아 간다. 고 느껴 볼 수 있다.

눈(雪)과 서리가 몸을 덮고 감싸도 불평하거나 괴로워하지 않으며 그들을 받아 드려 함께 공존한다. 깊은 겨울 잠에 모아 두었던 기운이 열기를 분출하며 봄의 새싹을 움트게 한다.

우리들은 산의 사계의 흐름에서 인생을 배우며 겨울을 지나 봄이 오는 길목에서 그 겨울의 맹추위와 모진 바람의 시련을 견디며 봄의 새싹을 움트게 한겨울의 모성애를 생각 해 보게 된다.

겨울은 모성애를 품은 어머니와 같이 사랑과 애정으로 봄을 잉태하는 계절이기도 하다.

봄을 잉태하고 탄생시킨 겨울의 모성애는 그것을 느껴본 사람만이 그 계절의 사랑과 애정을 알리……!

대자연의 겨울, 그녀가 잉태하고 탄생시킨 새로운 봄의 아름다움을 보며 그녀의 모성애를 느껴본다.

겨울의 모성애! 느끼는 사람들의 행복의 원천이며, 생동하는 행복의 근원 이기도 하다.

저자가 지리산의 4계를 맞이하고 느끼고 본 신비로움을 잊을 수가 없어, 그 때 마음에 와 닿았던 시상(詩想)을 "지리산 연가(戀歌)"라는 주제로 시를 창작 해 보았다. 아래에 저자가 지은 시(詩) 몇 편을 싣는다.

5.4.3. 대자연의 지혜

대자연의 지혜를 벗 삼으며:

대자연은 우리에게 아래의 마음을 전 해 준다.

· 햇살 같이 밝은 마음

· 산과 같이 깊은 마음

· 바다 같이 넓은 마음

· 반석 같이 굳은 마음

이 네 가지 대자연으로부터의 근본적 마음은 저자의 가훈이기도 하다.

대자연의 산과 바다, 강과 들, 숲과 대초원, 푸른 하늘과 밤 하늘, 그리고 빛과 소리 등을 통하여 우리들은 대자연의 박동하는 소리를 느낄 수 있다.

대자연에 동화될 때 우리는 그녀의 대자연적 생태와 흐름을 알게 된다.

대자연으로부터 원초적 내음과 향기를 느낄 수 있고, 성장하며 발산하는 찬란한 빛을 보고 느낄 수 있다.

하늘로부터 다양한 소리와 빛, 물줄기와 눈(雪), 회오리와 바람 등으로 변화하는 다양성을 느낄 수 있다.

역동적으로 약동하는 대자연의 순리를 배울 수 있는 기회이기도 하다.

대자연에 동화 되어 시청각을 통하여 배울 수 있는 대자연의 순리는 우리들이 성장발전 해 나갈 수 있는 데에 초석이 될 수 있다.

대자연에 잠재되어 있는 무한대의 기운을 받으며 우리는 생동감과 활력을 얻게 된다. 대자연을 아끼며 사랑하는 이유이다.

오늘을 살면서 성장기에 대자연과 함께 공존하며, 무한함을 발견하고, 변화에 순응하면서 삶을 영위 해 나갈 수 있을 때 우리는 창조적 진화를 해 나갈 수 있게 된다.

'대자연의 품 안에서 다양성을 찾고 다양성 속에서 새로움을 찾아 무엇이 근원 (根源, origin, root)이고 본성(本性, original nature)이며, 창의적이고 독창적인 착상(着想, conception, idea)은 어디서 오는지를 찾아 나갈 수 있다면 꿈과 목표는 순조롭게 이룰 수 있다.' 고 확신한다.

'꿈과 목표는 창의적 착상, 창의력 없이는 이룰 수 없다.' 는 것을 우리들은 재 인식할 필요가 있다.

'살며 사랑하며 배우면서 이 신비로운 대자연의 순리와 아름다움을 마음에 담고 그 속에서 새로움을 찾아 나갈 수 있다면 그러한 분위기는 지속적으로 끝까지 꿈과 목표를 찾아 나가는 길에 활력을 불어 넣어 줄 것이다.' 고 저자는 생각한다.

상기에 언급한 '대자연의 4가지 근본적 마음에 바탕 하여 늘 기쁜 마음 속에 대자연의 순리와 지혜를 꿈과 목표에 접목 해 나간다.' 면 우리들은 대자연의 기운을 받아 역동성과 지속성을 끝까지 유지 해 나갈 수 있게 되어 행복한 마음을 찾아 나설 수 있게 된다.

5.4.4. 지리산 연가(恋歌): 詩 1

사계가 머무는 곳에
별빛 하늘이 깨어나고
여명의 찬란한 붉은 빛이 피어 오른다.

포용력 있는 그녀는 그 빛을 포옹하고
그 빛은 갓 피어나는 태양을 탄생시킨다.
이슬과 서리 꽃도 그 빛을 반겨 제 빛을 발한다.

그녀는 심원한 가슴 사이에 찬란한 운해를
품어내어 새하얀 솜 바다를 만들고
운해의 협주곡을 연주한다.

그 위에 떠있는 변화무쌍한 작은 섬들!
운해 속에 작은 섬을 찾아 그님은 돛단배를 띄운다.

선녀들이 머물고 가는 아름다운 선녀 못
그 못은 초록빛 거울 되어 그님을 반기고
그님의 눈빛은 그리움 되어 거울 속에 남는다.

못과 못 사이로 흐르는 심포니 오케스트라의 선율.
이름 모를 야생화들이 피어내는

그윽한 꽃 향기의 오케스트라.
오색 찬란한 색깔들을 조회시켜 내는
빛의 오케스트라.
수많은 수목이 어우러져 합성해 내는
수목 향의 오케스트라.
신의 조화로 어우러진 밀림 속에 미풍이 전하는
스킨 터치의 오케스트라.
그녀는 대자연의 오페라를 연출시키며
그님을 그리워하고
그님은 대자연의 정기를 받으며 그녀를 그린다.

초원의 빛이 머무는 곳
그님과 함께 거닐고픈 오솔길이 있는 곳
햇살을 머금고 눈부신 은빛을 발해 주는
억새꽃이 너울대는 곳
목마름을 달래 주는 옹달샘이 있는 곳
그녀의 지나온 길을 말해 주는 고사목이 있는 곳
님에게 활력을 불어 넣어 주는 생수가 흐르는 곳
황혼의 블루스, 저녁노을이 아름답게 피어 오르는 곳
그리움 속에 오랜 여운을 남겨 주는 영롱한
별빛과 달빛이 흐르는 곳
자연의 신비로운 조화 속에 펼쳐진
동양화가 있는 곳
님의 심신에 생명력을 불어 넣어 주는
모성애가 있는 곳
님을 용서하며 달래주는 포용력이 있는 곳
자연의 진리 속에 태연함이 있는 곳
찾아 가면 갈수록 더욱 가고프게 하는
그 무엇이 살아 숨쉬고 있는 곳, 지리산

지리산!
그 누구도
그녀의 심원함을 모두 다 표현해 낼 수 없는
신비로움을 간직한 영(靈)의 산 인가 보다.

지리산 교향곡이 은은히 울려 퍼지는 우주 공간 속에
미의 여신이 되어

그녀의 우아하게 빛나는 부푼 가슴을 연다

그님은 여신의 심원한 가슴을 그리워하며
또 다시 발길을 재촉한다.
대자연의 신비로운 빛으로 다가오는
아름다운 여인의 산이기에……

사진: 남해화학, 제7비료공장 재직 시 저자와 지리산 운해

主: 저자는 제7비료공장(남해화학주식회사)에 재직 시 틈틈이 지리산을 등산 하며, 그녀의 변화하는 아름다운 모습, 사계(四季)의 봄, 여름, 가을, 겨울과
열애를 해왔다. 사계의 변화 속에 지리산의 모습과 대자연의 지혜를 보이는 그녀의 자태가 마음속에 뜨겁게 자리하기에 "그녀, 지리산 연인"을 마음 속에 그려 열애빛 서정적 연가(戀歌)로 표현해 보았다.

5.4.5. 짙푸른 잣나무 숲 저편의 은빛 갯버들 군락이여! 영원 하라!: 詩2

산길이 열리며 오르는 길가에
부드러운 양탄자 길처럼 촉감이 전 해 온다.

싱그럽게 자라나고 있는 울창한 잣나무 숲에
새싹을 틔우며 유난히 밝게 빛나는 초록빛이 시선을 끈다.
찬란히 빛이 내리는 계곡과 언덕이 시야에 들어 온다.
명암이 교차하며 경계선을 이루는 곳에서 빛의 아름다움을 느낀다.

잣나무 숲, 땅거미 빛 저편에 빛이 내리며
은빛 갯버들 군락이 열린다.

신비로운 운무가 피어나듯 산상에 밝게 빛나는 은빛이 장관을 이룬다.
생명의 첫 줄기, 계곡에 흐르는 물줄기가 그 군락에 생명력을 꽃피운다.

활력을 불어넣는 물의 원천이 생기를 띄우고 있는 대지 위에서
무수히 자라나고 있는 생명체들을 발견한다.
대자연 속에 4계가 흐르며, 빛이 내리고, 바람이 일며,
물기가 습지를 이루어 조화를 이루는 근원의 대지 위에
자생적 은빛 갯버들이 태어나 번성의 군락을 이루며 성장하고 있다.

눈을 감고 조용히 저 자생적 탄생의 힘은 어디서 왔을까? 하며
사색의 초점을 맞춘다.
빛과 바람, 계절의 과정 속에 변화된 기온, 물과 토양……!
이들 조화가 빚어 낸 최적조건에서 탄생한 생명체의 저 원천 지!
빛 찬란히 피어 오르는 저 은빛 갯버들 군락……

운무 빛 터전 위에 자리하며 싱그럽게 자라나는 은빛 군락이
유난히 빛나는 것은 신이 내려준 자생 조건의 은총이 아닐까?

자생의 은빛 갯버들 군락이여……!
영원히 순환하며 빛을 발할 수 있도록 힘을 부여하는
우주의 근원적 빛을 찾아
무궁히 싱그럽게 불멸의 생장을 하소서……
그 힘이 존재하는 한 싱그럽게 영원토록......

사진: 짙푸른 잣나무 숲 저편의 은빛 갯버들 군락 풍경

5.4.6. 우주빛 지상에 내릴 때: 詩 3

5개 성상(星霜)의 현란한 빛이 흐르며, 새로운 6개 성상이
그 찬란한 궤도를 따라 흐를 2011해가 열리는 신묘년 새 아침……

지상에 태어나 살아 존재하며, 살아 오고 살아 갈 성상 속에
우주 공간의 목련성을 발견한 이후의 시간의 흐름들은
참 삶이 어떤 길이며, 삶을 영위하는 길에는 어떤 길들이 있는지를
일깨워 주는 시간들의 연속이라고나 할까?

사계(四季)엔 봄을 시점으로
온화하며 따사로운 기운 속에 연록빛 새싹이 피어나는 봄의 소리가 있고
뜨겁게 불타오르는 한 여름 햇살 쪼이는 긴 시간이 있고
색상의 현란한 빛들이 유혹하는 가을의 정취가 있고
동장군이 살을 엘 것 같이 혹독하게 매몰아 치는 겨울이 있다.
열정의 존재는
이들 흐름 속에 연속과 지속의 깊은 의미를 부여 받을 때
뜨거운 가치를 알게 된다.

오랜 세월의 흐름이 가르쳐준 삶과 열정이란 가치를!

빛이 찬란히 빛날 때는 그 빛의 존재가치를 모르고 지나지만,
빛이 사라져 땅거미 짙어 칠흑 같은 어둠이 올 때
그 찬란했던 빛의 시간들을 그리워하게 된다.
강렬한 빛이 내릴 때 건초를 만들어야 하는데……

목련성의 빛 드리우는 시간의 연속선상에서
사랑이란 시어(詩語)를 떠 올리며
시적(詩的) 언어의 메시지를 창가에 드리운다.

삶과 사랑, 그 정상 길에 끝이 있을 까?
끝없이 펼쳐질 그 무한함을 암시 해 주는 대자연의 목련성을 발견하면서
참 삶의 기본을 알게 되고, 그 보람을 찾게 되는 가 보다.
대자연의 유구한 불멸의 빛이여!
찬란히 그 빛을 내려 주어서……

2010년이 저물며,
6개 성상이 밝아 오는 뜻 깊은 2011년 정월 초 하루
신묘년 새 아침에……

사진: 저자가 구름에 가린 태양과 운해 속 산을 주제로 촬영

5.4.7. 흑장미 연인, 흑장미 불멸의 빛과 향기, 흑장미의 행로: 詩4

1) 흑장미의 불멸의 빛과 향기

어느 해 6월 초 대공원 장미원을 찾았다.

꽃 중의 꽃! 흑장미의 그윽한 향기와 심원하게 깊고 옅은 복합적 흑적색의 꽃잎 봉오리를 보고 싶어 찾아 갔다. 그녀의 신비로운 꽃 봉오리 볼(ball)을 발견하고 그 속에 간직된 꽃샘이 수많은 꽃잎들로 가리워 져 있는 자태를 보게 되었다.

흑장미가 발산하는 향기 중의 향기가 그윽이 후각에 와 닿았다.

대자연의 한 객체가 그녀만의 특유한 빛깔과 향기를 발산하며 매혹 빛을 자랑하고 있었다.

벌, 나비가 그 매혹 빛 흑장미가 발산하는 향기를 따라 와 사뿐히 꽃 봉오리 위에 내려 앉는다.

꽃 향기에 취하며 꽃샘에서 꿀을 빨아 낸다.

벌, 나비는 발목에 묻혀 온 꽃가루를 흑장미 입술에 발라주며 건강한 삶의 영원성에 대하여 들려주고는 살며시 공중으로 날아갔다.

건강한 삶을 찾은 그녀는 영원성에 감사하며 또 다시 그녀의 고유하고 그윽한 향기를 발산하기 시작한다.

이러한 삶의 영원성에 대해 흑장미연인과 벌, 나비가 주고 받는 밀어가 신비롭게 들려 와 "흑장미의 불멸의 빛" 이란 글로 그 느낌을 아래와 같이 전한다.

흑장미는
가려진 신비로운 빛의 자태를 주위에 보이질 않는다.
그녀의 현란한 빛을 주위에 뽐내지 않으며, 그 생태를 지켜낸다.

삼라만상의 꽃 정상에서 미(美)의 여신(女神)으로 자리하며,
보여준 빛으로 작열하는 흑장미의 요염한 자태를 선 보인다.

직진 메아리 치는 빛을 수줍어하며 꽃샘을 가리는 꽃의 여신,
자신을 낮추기에 더 아름다운 빛으로 다가 오는 여신……

햇살이 투영되는 사광선(斜光線)을 머금고 환생된 살갗은
오묘한 빛으로 승화되어 피어 오른다.

그녀의 빛과 눈빛 마주하는 열정의 시간에 다가 와
깊고 뜨거운 포옹으로 가려진 세계를 열어준다.

그녀의 내면 세계에서 발하는 그 매혹 빛
그 황홀한 빛의 신비성은 어디서 오는 걸까?

2) 흑장미의 행로: 詩4

땅 속 깊이 내린 뿌리 위에
짙은 녹색의 강한 줄기가 있다.
그 가파른 줄기를 따라 오르노라면
거기엔 수많고 겹겹이 자리한 가시밭 길이 있다.

날카롭게 길러진 가시들은
언제라도 다가 올 외부 생명체 들을
견제하기 위해 그 예리함을 보여 준다.

향기 중의 향기를 발산하는 꽃샘은 정상에 자리하고
꽃샘을 잉태한 그 봉오리는 정상에 예쁘게 자리 한다.

꽃 중의 꽃, 흑장미!

예리한 가시밭 길을 따라
한발자국씩 옮기며 땀 흘려 오르노라면
어느새 정상에 자리한 오아시스에 이르게 된다.
그 험난한 가시 밭 길을 따라 정상에 오른
선택된 그 생명체를 바라보는 흑장미, 꽃 중의 여신!
그 여신은 땀으로 결정체를 이루며 오른
그 생명체에 환희의 송가를 불러 준다.

가시 밭 길을 헤쳐 정상에 오른
그 생명체와 공존을 이루는 그 여신, 흑장미!
공존의 진가를 본능적으로 인식하며
화합을 이뤄내는 그 흑장미!

향기 중의 향기로
꽃 중의 꽃으로 피어난 흑장미가
오늘에 있음인가 보다.

사진: 저자가 2018년 5월 촬영한 흑장미의 자태

5.4.8. 겨울바다: 詩 5

섬세한 모래빛 바다 위에
한 겹 두 겹 잔잔한 파도가 밀려온다.

파도가 쓸어간 새하얀 모래밭 위에
가을나그네는 첫 발자국의 여운을 남긴다.

은은히 퍼져오는 겨울 파도소리
겨울나그네는 겨울바다와 연인되어 나란히 거닌다.

파도의 여정이 남기고 간 모래밭 위에
곱게 남겨지는 실오라기의 물줄기

손끝이 시려오는 적막의 겨울바다를 거니노라면
그 연인이 파도 위에 아련히 떠오른다.

그 누구의 따사로운 입김이 기다려지는 겨울바다
그 누군가를 기다리게 하는 겨울바다

찬란한 노을을 포옹 해 주는 겨울바다
간절한 소망과 아름다운 사랑과 지혜를 잉태 해 주는 겨울바다

삶의 모든 것을 포용, 승화시켜주는 겨울바다
대자연의 지혜로움이 담긴 겨울바다

잔잔히 쓸어간 새하얀 모래밭 위에
겨울나그네의 서장적 여운이 싱그럽게 남는다.

(Note: 1990년 겨울 남해금산과 상주 앞바다로부터 온 대자연의 지혜: 고뇌와 역경을 神께 모두 맡겨 버릴 때의 평온함과 다시 샘솟는 용기와 지혜로워짐은 주위에서 조용히 경험 해 볼 때 그 참뜻을 알게 된다고…… 남해화학사보 1990년 3월호에서 발췌)

5.5. K 대학에서 행복론과 공학철학 교과목 강의

5.5.1. 자살예방론: K 대학 자살예방론 수업

"그들은 어떤 상황 때 생을 마감하고 싶다." 고 말할까? "그런 말을 들을 때 어떻게 도와 주면 좋을까?"
이 질문은 K대학 자살예방론 수업의 주제이다.
2012년 4월 초 저자는 행복론 강의에 앞서 점심식사를 하려고 K대학 식당으로 갔다. 식탁에 앉아 식사를 하려는데 옆자리에 앉아 있던 학생들이 "교수님! 안녕하세요." 하고 인사를 했다.

5.5.1.1. 어느 학생이 들려준 지난 밤 삶을 마감한 사건 이야기

행복론 교과목 강의를 수강하는 학생들이라고 하며, 그 중 한 학생이 "교수님! 어제 학우 한 명이 자살했는데 아시고 계시나요?" 하면서 불행한 사건 내용을 전 해 주었다. 참으로 안타까운 일이었다.
식사 후 저자는 행복론 교과목 수강 신청자 명단에서 그 자살한 학생의 이름을 찾아 보았다. 이 학생은 행복론 교과목을 수강하지 않는 학생이었다.

5.5.1.2. 이 학생은 남들 같이 왜 행복론 교과목 수강신청을 하지 않았을까?

저자는 '왜 그 학생은 행복론 교과목을 수강 신청하지 않았을까?' 하며 의아 해 했다. 행복론 교과목을 강의했을 때 터만홀 강당에 자리가 없을 정도로 많은 학생들이 수강 신청하러 왔었는데……!
친구 따라 강남 간다고……! 이 학생도 친구들처럼 행복론 교과목 수강신청을 했더라면 다른 학생들과 같이 마음을 열고 소통하며 자살을 포기 했었을 텐데…… 하며 생각하니 저자는 매우 아쉽고 마음이 아팠다. 행복론 강의 교수와 그 학생 간에 만남의 인연이 비껴가지 않았더라면, 그 학생의 미래는 새롭게 열렸을 것이라고 생각 해 보기도 했었다.
그 학생은 다른 학생들과는 다르게 왜 행복론 교과목을 외면했었을까?

5.5.1.3. 행복론 교과목 교수와 학생들 간의 의사소통

교수는 수강신청 기간과 학기 초에 많은 학생들과 e-mail을 주고 받는 과정에서 학생들과 교수간에 소통이 이뤄지게 되었고, 그들이 전해 주는 그들의 문제점들을 많이 알게 되었다. 이들 학생들은 "교수님과 저만 알고 있어야만 해요." 라는 전제조건을 말하고는 마음 속에 있는 고민거리들을 솔직하게 모두 저자에게 들려 주었다. 학생들이 보내 온 e-mail 내용들 중에는 우울증, 자살충동, 자살미수, 가정불화 등으로 괴로워하고 있다는 학생들이 있었다. 그 들의 마음 속에 응어리 져 있는 심각한 고민거리들을 들었을 때, 저자는 그들에게서 강한 아버지의 부정(父情)을 느끼게 되었다.
그 후부터 행복론 수강생 모두에게 가정에서처럼 사랑과 애정이 넘치는 강한 아버지로 다정다감하게 교수의 역할을 다 하기로 했다.

5.5.1.4. 어제 밤 자살 사건에 대한 수강생들의 조용한 침묵

그리고 그날 13:00시에 행복론 강의를 시작했다.
본 강의에 들어 가기 전에, 저자는 점심식사 때 식당에서 어느 학생이 전해 준 어제 밤 자살사건 이야기를 학생들에게 들려 주면서, "이 사건은 우리들을 슬프게 하는 우리들의 문제입니다." 라고 말문을 열었다.
이어서, "어떻게 하면 학생들의 자살을 예방할 수 있을까?" 하고 질문을 던져 보았다. 학생들은 말문을 열지 않고 조용히 침묵을 지켰다.
이 침묵의 시간이 흐르는 순간 저자의 마음 속에서는 부정(父情)의 강한 열정이 솟구쳤다.
행복론 수강생들 모두에게 따뜻한 강의장 강당이 이들을 지켜 줄 수 있겠다는 희망찬 확신이 저자의 마음에 싹트기 시작했다.

5.5.1.5. 자살예방을 위한 토론주제와 브레인스토밍 (Brainstorming)수업 착안

그래서 터만홀을 집처럼 생각하며 다음 시간에 바로 우리 행복론 교과목 수강생들이 다음의 주제로 토론하며 브레인스토밍(Brainstorming)수업을 하면서 학생들의 자살예방 방법을 찾기로 했다.
토론주제는:
"그들은 어떤 상황 때 생을 마감하고 싶다." 고 말할까?
"그런 말을 들을 때 어떻게 도와 주면 좋을까?" 로 하기로 했다.
40명씩 1개 Team으로 하여 10개 Team으로 나누어 토론을 하기로 Team편성을 했다.
그랬더니 어느 학생은 "교수님! 이 수업은 학생들에게 예민한 반응을 불러 일으킬 수 있고, 또한 토론을 하려고 하면 5명도 불러 모으기 어려운데 어떻게 40명이 모여 토론을 할 수 있겠습니까?" 하고 부정적 태도를 보였다. 그래서 필자인 교수는 학생에게 "할 수 있다고 생각하고 하면 잘 될 겁니다." 하고 웃어 보였다.
참고로, 수업이 끝난 후에 이 학생은 교수를 찾아와 교수님! 40명도 토론이 잘 되네요. 하면서 겸연쩍은 듯 인사를 하고 돌아갔다.

5.5.1.6. 자살예방 토론주제 선정과 브레인스토밍 수업을 하게 된 취지

이러한 주제를 선정하여 행복론 교과목의 모든 수강생들이 참여하여 토론하고 브레인스토밍 수업을 하게 된 취지를 다음과 같이 수강생들에게 안내 했다.
행복론 Symphony Orchestra 단원들께, 12일 전, 생을 마감한 학생에 대한 이야기를 듣고 모두들 슬픔을 금치 못했을 겁니다. 행복론 교과목이 도입된 것은 작년 학우들이 일찍 생을 마감한 일이 있었기 때문입니다. 저자는 행복론을 다루면서 일찍 생을 마감한 학우들이 '왜 그랬을까?' 하는 생각을 해 볼 필요가 있다고 봅니다.

그들은 무엇을 고민하였으며, 문제점이 무엇이었고, 어떻게 생을 일찍 마감하겠다는 생각을 했는지 알아야, 문제해결에 도움을 줄 수 있다고 생각했습니다. 생을 마감한 학생들은 무언가 자기의 생각을 부모님이나 친구들에게 말하고 싶어 했을 것입니다.

그럴 리는 없겠지만, 혹시라도 그 누가 그러한 메시지를 전 해 줄 때는 문제해결의 방법을 함께 고민하고 의논하는 것이 문제해결의 Key가 될 수 있다고 생각합니다.

따라서, 행복론 수강생들이 문제해결의 주제로 토론/Brainstorming 수업을 통하여, 이에 따른 각자의 생각을 공유하고 서로의 의견을 상호 교환하기 위해서 4월 26일 수업을 시작하기로 했습니다.

5.5.1.7. 자살예방 토론 및 Brainstorming 수업

토론주제: 그들은 어떤 상황 때 "생을 마감하고 싶다." 고 말할까?
그런 말을 들을 때 어떻게 도와 주면 좋을까?

Brainstorming 요령은 아래와 같습니다.

팀장은 팀원들에게 다음을 주지시키고, 발표에서부터 단체사진 촬영까지 그 임무를 수행한다.

1) 팀원 전원 참석하여 모두 차례 대로 돌아가면서 자기의 생각을 한마디씩 발표 하도록 한다.
2) 발표 때 내용설명은 하지 말고, 그 내용을 한 문장 정도로 짧게 발표하게 한다.
3) 팀원이 발표할 때 다른 팀원들은 질문이나 이의를 제기하지 않도록 한다.
   (단, 발표내용이 난해할 때는 팀장이 그 내용을 확인하여 기록자에게 정리하도록 한다.)
4) 한 차례 팀원발표가 모두 끝나면, 그 때부터 Brief하게 토론에 들어간다.
5) 팀장은 발표내용들을 유사한 내용끼리 팀원들과 토론하며 Grouping한다.
6) Grouping한 내용에 대하여, 팀원들의 거수로 숫자를 파악하여 우선순위를 정한다.
7) 우선순위 대로 차례로, 압축 정리하고 종료한다. 팀장은 마지막으로 유종의 미를 거둔 전 팀원들의 단체사진을 촬영하고 끝을 맺는다.

5.5.1.8. 자살예방 주제토론 및 Brainstorming수업 발표하기(Presentation)

행복론: 주제토론 및 Brainstorming: Presentation하기

토론주제는: · 그들은 어떤 상황 때 생을 마감하고 싶다. 고 말할까?
· 그런 말을 들을 때 어떻게 도와 주면 좋을까? 였다.

Presentation 발표에 포함할 내용은 다음과 같다.

1) 생을 조기마감하고 싶은 근본원인 분석
2) 자살예고 메시지/Sign/징후
3) 자살예방 및 대처방안
4) 그들이 듣고 싶어하는 말
5) 그들에게 피해야 할 말

6) 기타 사항

토론 및 Brainstorming 수업 발표순서는 먼저 Brainstorming을 끝낸 팀부터 시작한다.

1) 발표일자 및 시간:

 · 제1차 발표, 5월 1일 (화), 각 팀별: 10분: 1~5 Team

 · 제2차 발표 5월 3일 (목), 각 팀별: 10분: 6~10 Team

2) 각 팀장은 발표 File과 전 Team원 단체사진을 e-mail로 교수에게 보낸다.

3) 주제토론 및 Brainstorming을 위한 Team 편성은 아래와 같다.

Team	출석번호	Team	출석번호
1	1~39	6	200~239
2	40~79	7	240~279
3	80~119	8	280~319
4	120~159	9	320~359
5	160~199	10	360~390

5.5.1.9. 토론주제에 가장 밀접히 접근한 우수Team 사례발표 내용

제1팀 교수평가: · Introduction: Good

 · In-depth Brainstorming 수업 정도: Excellent

 · Application with Questionnaire: Excellent

1) 삶을 조기 마감하고 싶은 근본원인

 (1) 의사소통 부재(Case: 힘들다고 말하면 너도 힘들어! 네가 알아서 해라. Feedback이 안됨)

 (2) 기대와 이상이 무너지고 현실과의 괴리 발생

 (3) 소통 부재(고민을 함께 공유하며 대화할 상대를 찾기 힘듦)

 (4) 개인 문제에 무관심

 (5) 복합된 다양한 문제 분류: · 정신적 문제 (18표)

 · 총체적 인간문제(16표)

 · 진로 문제(15표)

 · 학업문제 (13표)

 · 무한경쟁(12표)

 · 이성문제(7표)

 · 단조로움(6표)

 · 친구문제 (5표)

 (6) 학점 우선풍토: 패배감과 자존감 상실

 (7) 사회적 근본문제: 성공기준에 미달할 때 패배자로 간주하는 분위기

2) 자살 예고 메시지/Sign/징후

(1) 불만표출:(Ex: 영어시험 어렵네. 시험 짜증나네. 외롭네, 힘들다. 등)

(2) 나를 좀 봐줘.

(3) 나 진짜 살기 싫다.

(4) 더 이상 이러한 현실에서 버터나갈 용기가 없다.

(5) 그만 하고 싶다. 등

참고: 80~90%는 예고 메시지를 알리고 자살을 실행에 옮긴다.

3) 자살예방 및 대처방안

(1) Counselor의 긍정적 홍보 (12표)

(2) 학교정책에 학생의견 반영 (8표)

(3) 학교제도보완 (7표)

(4) 자살예방 교육실시 (7표)

(5) 방법:

- 진심으로 친구의 고민을 들어 주고 이해한다. (고민을 들어 만 주어도 친구는 행복 해 진다.)
- 유대감 (Mutual Relationship) 형성으로 인간관계 회복
- 학점위주의 공부 외에, 자기 적성에 맞는 또 다른 특성분야가 있음을 말 해준다.
- 사랑, 관심, 대화, 공감, 함께 있어 줌
- 사랑 받고 있음을 알려주어 자존감을 상기시켜 줌
- 우리 모두가 겪는 고민이야. 너를 사랑하는 사람들이 많아. 너는 혼자가 아니야.
- 같이 봉사활동, 해결책제시, Stress해소, 종교체험, 전문가와 상담권유
- 사랑에 집착하여 더 살고 싶은 마음이 들게 함
- 아픈 마음 나누기 (공유) 등

4) 개인고민 해소

- 친구 (24표)
- 가족 (15표)
- Counselor (9표)
- 선배 (5표)
- 교수 (5표)

5) Q.P.R. 방법 이용

- Question: 직접적으로 자살을 하려고 하는지 물어 본다.
- Persuade: 자살은 안 된다고 설득한다. (이유는 말 해 봐야 큰 도움이 안 된다.)
- Refer: 전문가와 상담하도록 권유 한다.

참고: 물론, 우정 어린 깊은 관심 속에 능동적인 대화를 할 때 이 방법을 도입한다.

5.5.1.10. 행복론 교과목 교수, 필자 YHKIM의 총체적 분석과 컴멘트(Comment)

1) 생을 조기마감하고 싶은 근본원인 분석:

1.1 주요 가능성 Process:

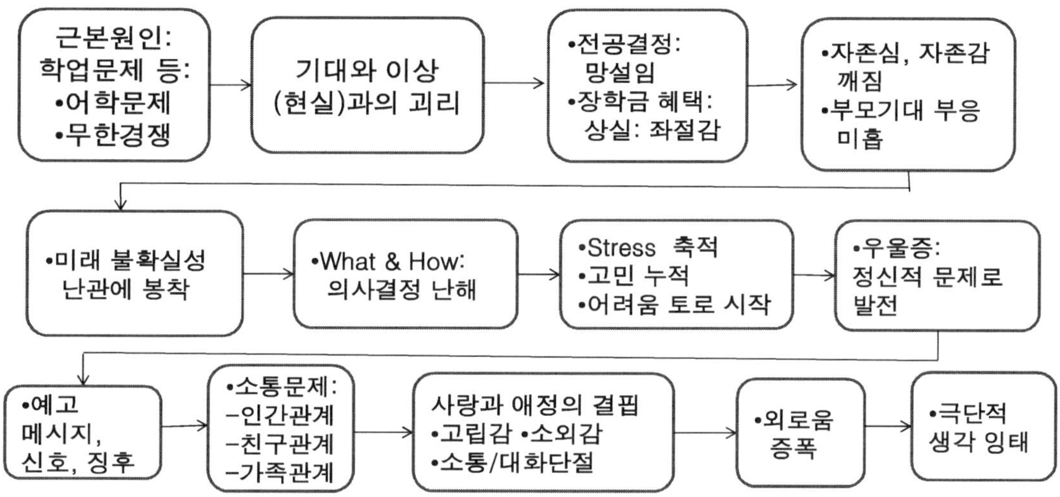

Y.H.KIM Eng. & Mfg. Int. Consultant

자료: 필자, 김영호 교수 행복론 강의 자료집에서 발췌

2) 근본원인

· 직접원인: 학업문제: 어학문제, 무한경쟁

· 간접원인: 부모님과의 의사소통부재: · 사랑과 애정의 결핍

3) 자살예고 메시지/Sign/징후

Ex: · 힘들다.

· 도망치고 싶다.

· 해낼 용기가 없다.

· 죽고 싶다.

· 사소한 문제에 대한 불만표출 등

4) 예방 및 대처방안

· 진정 어린 공감을 해 준다.

· 마음을 열고 경청 해 준다.

· 애정 어린 뜨거운 관심을 자주 보인다.

· 함께 있어줄 시간을 늘린다.

· 부모님을 찾아 뵙도록 유도한다.

· 전문상담기관에 가 보도록 권고한다.

· 전문의를 찾아 가 보라고 권고한다. 등

5) 그들이 듣고 싶어하는 말

참고: 죽음의 문턱까지 다녀 온 학생이 들려준 고마운 조언:

· 넌 정말 괴롭겠구나.

· 힘들겠구나.

· 외롭겠구나.

· 난 널 이해해.

· 난 널 아끼고 사랑 해.

· 넌 사랑 받아 마땅한 사람이야. 등

6) 그들에게 피해야 할 말:

참고: 죽음의 문턱까지 다녀 온 학생이 들려준 고마운 조언

· 나도 ~해 보았는데.

· ~하면 돼.

· ~는 무시 해.

· 금방 지나갈 텐데. 등

행복론 교수 YHKIM의 Comment를 아래와 같이 피력 해 보았다.

"행복론 Symphony Orchestra 교향곡 4악장" 을 연주 해 오고 있는 우리 400여명의 행복론 단원들은 그 누구도 엄두를 내기 힘든 총체적 자살예방론에 대하여 토론하게 되었다.

토론주제: "그들은 어떤 상황 때 생을 마감하고 싶다고 말할까? 그리고 그런 말을 들을 때 어떻게 도와 주면 좋을까?" 를 가지고 10개 Team으로 나누어 단원 모두가 참여하여 결론을 얻어 냈다.

이러한 주제토론과 브레인스토밍 (Brainstorming)의 수업방식과 과정을 통해서 우리 단원 모두는 총체적 자살예방론의 실질적 전문가(Practical Expert)로 태어나게 되었다.

실질적 전문가의 자부심을 가지고 아직도 생을 마감하고 싶다고 할 정도로 심신이 허약하여 우울증에 시달리거나, 고민과 좌절 그리고 방황하는 학우들이 발견될 때는 따뜻한 가정의 형제자매, 부모님들이 조화를 이뤄 나가듯 사랑과 애정으로 위에 나타낸 프로세스 도표에서 총체적 분석과 컴멘트를 상기 시키고 세부 내용들을 가지고 적극적으로 형제자매같이 감싸 주기 바랬다.

지난 3월 외국 선진다국적기업의 안전문화에 대하여 강의할 때 전했던 메시지를 기억하시나요?

즉, "모든 사고는 예방될 수 있다." 를 '모든 자살행위는 예방될 수 있다.' 로 바꿀 수 있다. 학생들이 자살예방론 수업에 능동적이고 적극적으로 참여하여 끝까지 유종의 미를 거두면서 결론을 내어 준 10개 팀 수강생들에게 뜨거운 고마움을 느낀다.

행복! 행복론 교과목 수강생들 모두가 적극적으로 수업에 참여하여 결론을 내려 주었기에 뿌듯함을 느끼게 되었고, 이러한 유종의 미의 처방전을 내릴 수 있게 된 것은 행복론 교과목 수강생들 모두가 열정적으로 수업에 참여하여 맺어 준 결론이 있었기에 가능했다는 말을 전하는 이 순간이 진정한 행복의 시간이 아닐까?

사진: K 대학 행복론 교과목, 자살예방을 위한 Brainstorming 토론 발표 후
2조 기념촬영, 2012년 4월 26일

5.5.2. 행복론 강의자료 개발: K 대학 행복론 교과목의 강의자료개발과 강의방법

행복론 교과목은 "K대학 학생들의 정신건강을 위해 꼭 필요한 과목으로 혁신위원회가 지목하여 개설한 것" 이다.

저자는 이 목적에 알맞도록 학생들이 건전하고/밝고 맑은 성품으로 성장하여 사회 속에서 함께 즐기며 그들의 꿈과 목표를 이루어 가게 하기 위해서는 어떠한 강의내용이 최적이 될까? 하고 생각 해 보았다.

강의는 학문적인 연구에 접근한 자료들을 가지고 하는 것 보다는 저자가 직접 체험했던 내용들을 바탕 하여 철학적 의미를 부여하면서 개발하면 학생들의 건전한 정신건강에 도움을 줄 수 있겠다. 고 생각했다.

체험된 이 철학적인 강의자료들을 가지고 다정한 어버이처럼 애정과 사랑을 가지고 학생들에게 정성껏 마음을 전하면서 강의를 한다면 학생들과 자연스럽게 소통할 수 있게 되어 행복론 교과목의 개설 목적에 부합될 것이다. 라고 판단했다.

1) 행복론 강의는 다음과 같은 분위기를 조성하기로 했다.

· 행복요소를 찾아 가며, 행복한 나날들을 보내도록 한다.

· 불행요소를 극복하여 행복요소로 전환시킨다.

· 행복요소를 찾아 가는데 어떤 제한, 구속, 한계를 두지 않는다.
· 행복하기 위해서 강의실에 오고, 행복한 마음을 담아 강의실을 나선다
· 행복한 학생들의 미래지향적 발전을 위해 창의력 개발과 문제예측/발견/해결력 배양에 기조를 둔다.

2) 강의자료개발과 주제는 아래와 같은 내용들을 근간으로 했다.

저자는 수강 신청한 이 모든 400여명의 학생들에게 아버지와 같은 강하고 따뜻한 부정(父情)의 사랑과 애정을 쏟기로 하고, 이 학생들이 현재 당면한 문제점들을 해결하면서 희망을 가질 수 있도록 아래 내용들을 가지고 강의자료와 교수법을 철학적인 측면에서 개발하기로 했다.

· 저자 삶의 체험 및 간접경험 이야기
· 행복과 불행이 함께 공존하는 삶의 경험담
· 불행이 행복을 불러 준 인간애(Humanity Story)
· 선진 외국기업의 기술 문제점 발견시 창의력이 문제를 해결한 이야기
· 선진국 원천기술상의 문제점 발견과 해결 해 나가는 과정 이야기
· 저자의 인생행로 각 구간별 행복요소 느낌만족도분석: 시련극복이야기
· 저자의 미국 Marquis 세계인명사전등재 및 영국 IBC 2011년 "Top 100 Engineers-2011" 에 등재까지의 과정 이야기
· 저자의 저서: 대학교재 집필할 때 시련극복 이야기
· 저자의 대자연을 배경으로 하는 수필, 시, 사진, 기타 자료 모음집
· Classical Music, 가곡, Pop Song 모음 곡 이야기
· 저자의 전천후 취미 개발에 담긴 이야기 등

3) 학생 명예교수제를 도입했다.

이 제도를 도입한 목적은 같은 또래 학생들은 무엇을 어떻게 생각하며, 생활 해 오고 있고, 어떤 경험을 해 보았는지를 소개하며 서로 정보를 공유하게 하고 이해하도록 했다.

· 선발된 명예교수의 강의시간은 10분 내로 했다.
· 사전심의서에 독창성과 창의성, 그리고 독특성과 차별성이 보이는 학생
· 사전심의서에 문제예측/발견/해결력의 흥미를 보이는 학생
· 수업 때 얼굴 표정이 유난히 밝고 태도가 인상적인 학생 중에서: 그 비법을 학우들에게 들려주고 싶은 학생: 교수에게 E-mail신청
· 사랑하는 학우들에게 불행요소 극복한 경험담 내용 들려주고 싶은 학생: 교수에게 E-mail 신청
· 삶에 독특한 철학이 있는 학생: 교수에게 E-mail신청
· E-mail을 상용화하여 학생들과 교수 간에 의사소통을 지속적으로 하기로 했다.
· 학생들이 보내준 E-mail에 대하여는 예외 없이 답신을 보내주기로 했다.

4) 명예교수 선발은 아래 내용을 가지고 사전심의를 거쳐 결정했다.

행복론 1일 명예교수선발 사전 심의서

성명: 학과: 학번:

강의주제(제목):

1. 서론
   - 주제에 대한 문제 제기
   - 포괄적 주장
2. 본론
   - 세부주장
   - 근거
   - 필요하면, 보충자료 보완
3. 결론
   - 주장에 대해 현명하고 행복한 의견을 짧게(2~3줄 정도)요약한다.
   - 전달하고자 하는 메시지를(1~2줄 정도) 요약한다.
4. 필자, 김영호 교수 심사평 및 선발여부 판정통보:

YHKIM Form No.-1, Prof. the Conquest of Happiness

자료: 김영호 교수 행복론 강의 자료집에서 발췌

5)강의방법

학생들이 보내 온 e-mail의 주 내용은 우울증, 자살충동, 가정불화 등이었다.

현재 당면하고 있는 이러한 문제점들을 지체 없이 해결 해 내기 위해서 강의는 학문적인 연구에 접근하여 타인이 저술한 기존 책자들을 가지고 구술로 하는 것 보다는 저자가 직접 체험했던 행복에 기반하여 강의자료를 철학적인 측면에서 개발하고 이를 가지고 교수의 심장이 뛰는 파동에 담아 전달하는 것이 학생들의 정신건강과 당면 문제점들을 해결하는데 핵심적 요소가 될 것으로 판단했다.

무엇보다도, 행복론 강의는 한 가족처럼 학생들과 믿음 속에 소통하며 어버이처럼 사랑과 애정을 듬뿍 담아 감싸주며 이해하고 아끼는 것이 가장 중요하다고 판단하고 다음과 같은 강의방법을 채택했다.

첫째, 저자는 '현시점에서 가장 극복하기 힘든 고민은?' 이란 주제를 주고 40명씩 10개팀으로 구성하여 토론을 자유로이 하게 하고 종합된 내용을 팀별로 발표하게 했다. 그리고 수강학생

모두에게 각자의 극복하기 힘든 고민을 강의 요약지에 자유로이 써서 교수에게 제출 해 줄 것을 요청했다.

둘째, 강의가 끝난 후에는 교수가 제시한 양식(form)에 따라, "강의내용 요약지"를 작성하여 제출하도록 했다. 그리고 강의내용을 요약하면서:

· 강의요점, · Key Words, · 전하고자 하는 메시지, · 느낀점 등을 쓰도록 했다.

셋째, 교수는 다음 강의 시작 전에 가장 특색있고 독특하며 메시지와 느낀점이 교수의 마음에 와 닿는 요약지를 70~80장(전체의 약 20%)을 선별하여 호명을 해 주었다.

넷째, 학교생활이나 집에서 애로사항 있어 교수의 조언을 듣고 싶은 학생은 언제라도 e-mail을 보내 달라고 했다.

다섯째, 강의를 받기 전 "어떤 상황에 처 했을 때 생을 마감하고 싶었나?" 또한 그런 말을 친구들한테 들을 때 어떻게 도와주면 좋을까? 라는 주제를 가지고 브레인 스토밍 수업방법을 채택했다.

여섯째, 학생들이 e-mail을 보내올 때면 부모와 같은 심정으로 사랑과 애정을 듬뿍 담아 지체 없이 신속하게 답신을 해 주며 소통했다.

일곱째, 조별(40명 10개팀)토론과 브레인스토밍(Brainstorming) 기회를 주어 서로 전공분야가 다른 이들 학생들로 하여금 친구가 되게 하여, 사회에 배출되었을 때 공동연구자와 융합연구자가 될 수 있게 유도했다.

그리고 서로 자문 해 주며 성장 발전할 수 있는 동반자가 될 수 있도록 기회를 제공했다.

위와 같은 수업방법들을 통해서 학생들과 교수간에 소통이 이뤄지고, 교수는 e-mail을 통 해 그들의 심각한 문제점들을 알게 되었다.

시간이 지나면서 학생들은 마음을 열고 교수와 소통하기를 시작했다.

학기가 끝나가는 무렵에 저자는 학생들에게 행복론 강의 수업 후에 달라진 자신의 삶에 대하여 그 내용을 적어 보라고 했다.

저자가 펴내는 이 "우리들의 비전과 TARGET을 어떻게 정복할 것인가?"의 책자는 K대학에서 강의했던 교재와 문제점 해결의 방법론, 그리고 저자의 체험 속에서 찾은 다양한 행복 내용들을 토대로 철학적 측면에서 준비했던 내용의 일부이다.

5.5.3. 행복추구: K 대학 행복론 교과목 수강생들의 행복추구

저자는 K대학에서 2012년 새 학기에 첫 강의를 하게 되었다.

강의는 학문적인 연구에 접근하기 보다 어버이처럼 애정과 사랑을 바탕 하여 강의 자료들을 준비했고 그 내용으로 강의를 했다.

수강 신청 조정 기간 3일 만에 수강신청자들을 400여명으로 불어 났다.

정원을 초과하여 수강신청을 더 받을 수 있도록 학교측에서 배려 해 주었다. 그 때 학교측에 얼마나 고마웠던지 더욱 더 열정을 쏟아 정성껏 교재를 만들어 이들 학생들에게 저자의 국 · 내외에서 얻은 실질적 경험과 체험내용들을 시간이 허락하는 한 모두 들려주어야겠다는 욕구가 불타오르기 시작했다.

행복론 첫 강의가 있던 날 저자가 강의장 강당으로 가고 있는데 입구 주위에 많은 학생들이 모여 웅성거리고 있었다. 수강신청 현장 등록자 들이 3줄로 강당 앞을 메우고 있었다.

교수는 학생들이 얼마나 행복을 원하면 이렇게 간곡히 행복론 교과목을 수강 신청을 할 수 있게 해 달라고 교수에게 애원하겠는가? 하면서 학생들의 애절함과 절박감을 느껴보게 되었다.

이날 수강 신청하러 온 학생들은 행복론을 수강하고 싶다는 열망과 함께 수강신청에 대한 그들의 애로사항들을 다음과 같이 교수에게 애처롭게 토로하기 시작했다. 그들의 주장에는 열정의 호소력이 있었다.

교수는 그들이 전하는 현장 목소리와 행동에서 마치 가정에서 딸자식이 아버지에게 바라는 것을 통사정하며 간곡히 바라는 것과 같이 느꼈다.

· 학생들은 강의장인 "강당에 앉을 자리가 없으면 층계바닥에 앉아서라도 강의를 듣겠다." 고 간청했다.
· 어느 학생은 "저는 7학년이어요. 교수님, 꼭 행복론 강의를 수강하고 K대학을 떠나게 해 주세요." 하면서 절박감을 토로했다.
· 어느 학생들은 "저는 4, 5, 6학년이어요. 이제 마지막 학기예요. 제발 행복론을 수강할 수 있도록 허락 해 주세요." 하며 간절히 원했다.
· 어느 학생들은 "꼭 듣고 졸업할 수 있도록 기회를 주실 수 없나요?" 하며 간절히 청했다.

교수가 행정실을 다녀 올 때까지 터만홀 입구 길목에서 3줄로 정돈하여 기다리는 행복을 추구하는 학생들의 열정이 교수의 마음에 와 닿았다.

이들 400여명의 학생들 중에는 아직도 생을 마감하고 싶다고 할 정도로 심신이 허약하여 우울증에 시달리거나, 고민과 좌절 그리고 방황하는 학생들이 많이 있을 것으로 저자는 생각했다. 그래서 정원을 초과하여 행복론을 수강하고 싶어 하는 학생들 모두에게 수강할 기회를 주기로 하고 수강 신청허락 사인(sign)을 해 주었다.

이제 꽃다운 나이의 학생들이 심각한 스트레스로 인하여 꽃을 피워 보기도 전에 생을 마감하겠다는 슬픈 일은 더 이상 발생되지 않도록 해야겠다는 사명감이 저자의 마음 속에 불타오르기 시작했다.

행복론 강의를 시작하면서 한 가족처럼 학생들과 믿음 속에 소통하는 것이 가장 중요하다고 판단하고 강의에 사랑을 담았다.

강의장인 대강당은 약 400명을 수용할 수 있었다.

수강 신청 조정 기간 마지막 3일 째 강의가 끝난 후에 수강신청을 희망 하는 학생들이 또 강당 앞 교단으로 몰려왔다.

400명으로 마감을 하고 그 이후 늦게 수강 신청하러 온 학생들에게는 안전과 연관하여 비상시 강당을 탈출하려고 할 때, 순간적으로 강당 통로가 막힐 염려가 있기 때문에 안전하게 강당 밖으로 대피를 하기 위해서는 더 이상 수강자를 받을 수가 없는 실정이라고 학생들에게 설득을 구했다.

그러면서 저자는 다음 학기에 행복론을 수강 신청 해 줄 것을 학생들에게 요청하였다. 그들은 순수히 교수의 말을 따라주었다.

학교 당국에서는 400여명에게 행복론을 강의해야 하는 저자에게 3명의 대학원생 조교들을 지원해 주었다.

저자가 수강 신청을 희망하는 이 모든 학생들에게 행복론 강의를 수강 할수 있도록 기회를 준 것은 생을 마감하고 싶어할 정도로 심신이 허약해진 학생들이 우울증에 시달리거나, 고민과 좌절 그리고 방황하는 심약한 상태에서 벗어나게 함이었다.

그리고 더욱 더 중요하게는 이들 학생들이 밝고 맑은 성품으로 심전경작(心田耕作)되어 사회에 공헌할 수 있는 인재들로 키워내기 위해서 필자는 그렇게 의사결정 했던 것이다.

그들 학생들 중 일부 학생들은 강의장 강당의 자리가 제한 되어 있기에 누군가는 자리가 없어 복도나 층계에 앉아 힘들게 강의를 들어야 했다.

저자는 그때 피치 못하게 자리에 앉지 못하고 복도나 층계에 앉아 별 불평 없이 인내하며 강의를 수강했던 학생들에게 아직도 미안함을 느끼곤 한다.

저자는 수강 신청 기간에 수강 신청하러 온 학생들이 보여 준 질서 있는 행동과 토로하는 내용들을 경청하면서 그들의 열정적 파장이 저자의 심장에 와 닿는 것을 느껴보았다.

K 대학 학생들의 학문추구에 대한 정열과 열기, 그리고 목적을 달성 할 때까지 버텨내는 지구력과 강한 의지력에 저자는 감탄했다.

그 때 강의장 강당으로 수강 신청하러 찾아 와 보여준 학생들의 집념 어린 열정적 태도와 의지를 보면서 교수는 다음의 격언들을 떠올려 보았었다.

· 두드리면 열리리라. (If you knock on the door, the door will open.)
· 뜻이 있는 곳에 길이 있다. (Where there is a will, thers is a way.)
· 호랑이 굴에 가야 호랑이 새끼를 잡는다. (Nothing venture, nothing have.)

지금도 그 당시 수강 신청하기 위해 강의장 강당 앞에 줄을 서서 수강 신청 허락 사인(sign)을 해 줄 때까지 기다렸던 학생들의 집념과 지구력 그리고 강한 의지력은 학생들이 성장발전 해 나가면서 꿈과 목표를 이뤄나가는 데 값진 자산이며 자랑스러운 반석이 될 것이라고 생각한다.

5.5.4. 수강생들을 위한 메시지: K 대학 수강생들에게 주었던 메시지

그대들에겐 고도의 높은 이상이 있다.
그 이상을 찾아 오르는 길목에는 고민과 고독과 조우할 때가 있다.
이제 행복요소들을 찾았으니 고민과 고독이 엄습해 오면, 그들과 함께 친구가 되어 즐겨라.
이상을 찾아 정상을 향하는 길가에서 또 다른 험로로 위기를 맞을 때는 험로에 거꾸로 누워 파란 하늘을 바라보며, 대자연의 정기를 3분간만 받아라.
그리고 또다시 일어나 험로를 따라 정상을 향하라.
대자연의 아름다운 숲 속 길이 열리고, 풍부한 유 산소가 스며들 것이다.
정상을 향하는 험로 길목엔 언제나 대자연의 어머니가 옆에 계신다.
두려워 말고 저 높은 곳에 자리한 이상을 찾아 끝없이 나서라.
정상을 찾아 나선 학생들은 언제나 고난을 극복할 뿐만 아니라,
절망도 포기도 없다.
대자연에 동화되어 험로를 헤쳐 온 그대들에게 정상, 저 드높은 이상은 그대들을 맞아 뜨겁게

안아 포옹해 주리……
아! 드높은 이상을 가진 행복론 수강 학생들이여!
그대들 만의 이상을 향하여 무한히 뻗어 나가라……
행복의 샘터를 찾아서!
이상이 높은 만큼 고민과 고독의 골은 깊은 것……
이상을 찾아 불타는 열정과 젊음이 있는 한 그 골을 쉽게 벗어나리……

5.5.5. 행복한 마음의 발견: K 대학 캠퍼스 봄나들이 야외수업

K대학 4월 캠퍼스에 내리는 대자연의 빛은 찬란하기 그지없었다.
날씨도 화창하고 따뜻하여 기분이 상쾌하였다.
시야에 들어 오는 캠퍼스 풍경은 각가지 봄 꽃들로 그 화려함은 어디에 견줄 수가 없을 정도였다.
저자는 식당에서 점심식사를 하고 강의장 강당으로 산책 겸 걸어 내려갔다.
이 화려 히 아름다운 캠퍼스에 내리는 빛과 향기를 저자 홀로 즐긴다는 것은 우리 행복론 심포니 오케스트라 단원들과는 상반될지도 모른다는 생각이 들었다.
저자에게 문득 우리 행복론 수강생들에게 봄 나들이 야외수업을 해 주면 어떨까? 하는 마음이 발동했다.
강의를 시작하기 전에 수강생들에게 "캠퍼스의 화려하게 피어 나는 노란 개나리와 벚꽃, 그리고 백 목련과 자 목련 등의 자태와 향기를 느껴보셨습니까?" 하고 물었다. 저자는 수강생들의 답에서 대자연의 오묘한 빛과 향기를 활력 넘치게 느껴내는 기분을 찾아 볼 수가 없었다. 수강생들은 학교 공부에 바빠서 마음의 여유가 없기 때문에 대자연과 친구되는 것은 별로 인 듯 느껴졌다.
수강생들에게 "우리 다음 주에는 봄 나들이 야외수업을 하면 어떨까요?" 하고 물었더니 학생들은 한호의 소리를 내며 대단히 좋아했다.
학생들은 저자에게 "K대학에 입학하여 야외 수업은 처음이 될 것입니다." 라고 전해 주면서 홍미와 기대가 대단했다.

5.5.5.1. 캠퍼스 봄나들이 야외수업 안내

다음과 같이 캠퍼스 봄나들이 야외수업 안내를 했다.
주제는 2012 봄꽃연인과 열성의 불꽃을 사르며, 눈빛 속에 오간 tete-a-tete (마음 터놓고 하는 이야기)로 정하기로 했다.
그리고 부제로 생명력 넘치는 싱그러운 봄꽃연인과 터놓고 대화하기. 로 했다.

- 일시: 4월 19일 (목)
- 수업 장소: Campus내 대자연의 빛이 내리는 곳, 그 어디서나……
- 준비물 및 복장: 휴대용 방석(또는 돗자리, 신문지), Sunglass, 바지 복장 (피부가 잔디밭에 직접 접촉되지 않도록 주의 요망)

사진: K 대학 행복론 교과목, 캠퍼스 봄나들이 야외수업 후,
2012년 4월 19일, 9조 기념촬영

· 수업 시간: 13:20~14:00시 (40분간)
· 수업방법: Team장과 함께 첨부 야외수업 강의자료를 가지고 각자의 느낀 점들을 기록, 팀장이 수합하여 제출한다.
· 수업 후: 각자 기록한 "야외수업 강의자료" 와 "강의요약서"를 제출한다.
· 각 Team수업 후 단체사진을 촬영하여 e-mail로 제출한다.
· 강의실로 돌아 오기: 14:05시까지 자리 착석

5.5.5.2. 캠퍼스 봄나들이 야외수업 강의 자료 세부사항

야외수업 강의를 위한 세부내용은 다음과 같다.
행복론 Symphony Orchestra 단원들을 위한 캠퍼스 봄나들이 야외수업 강의 자료에 각자 느낀 점들을 기록하여 제출 해 주면 된다.
참고: 자유주제로 야외수업 강의자료지 뒷면에 시를 지으셔도 좋습니다.
성명: ___________학과: ____________학번: __________출석번호: ________
· 일자: 2012 년 4월19일 (목), 수업 후 강의실로 돌아 오기: 14:05시까지
· 장소: Campus내 대자연의 빛이 내리는 곳, 그 어디서나……
· 대자연의 향기 마음에 와 닿을 때, 봄꽃연인과 오간 tete-a-tete:

· 남녀학생이 1일 연인이 되어 함께 생각하며 느끼는 감정을 적어도 좋습니다.

· 강의 내용:

1) 코발트 색 하늘을 바라보고 하늘에 들려준 말은?
2) 유유자적하며 흐르는 새하얀 봄 구름에게 띄운 사랑의 메시지는?
3) 백로 노니는 숲을 바라보며 눈빛 맑은 봄꽃연인과 서로 나눈 말은?
4) 시야 속에서 자기가 사랑하며 아낄 수 있는 "캠퍼스 자기나무" 하나를 정한 후, 봄꽃연인과 함께 그 사랑하는 나무에게 전한 말은?
5) 봄꽃연인의 향기를 느끼며 그 연인에게 들려준 말은?
6) 살갗에 스치는 春風, 바람소리를 봄꽃연인과 함께 느끼며 나눈 대화는?
7) 싱그러운 대자연에 봄꽃연인과 함께 노출된 지금 느끼는 감정은?

팀 별로 야외수업을 하는 자리를 찾아 순회 관찰하는 중에 일부 수강생들은 캠퍼스에 찬란히 빛발하는 신비로운 대자연의 오묘함을 발견하고 교수에게 시(詩)를 지어 제출하고 싶다고 건의하는 학생들이 있었다. 이들이 대자연에 동화되어 자발적으로 시를 지어보고 싶어하는 분위기를 파악하고 필자, 교수는 흔쾌히 승낙을 했다. 시를 지어 제출한 수강생이 30여명 나왔다.

시 내용들이 서정적이고 대자연을 아름답게 노래한 내용들이 대부분이었다.

강의실로 돌아 온 수강생들에게 학생들이 지은 시를 낭독 해 주고 시를 감상 할 시간을 가졌었다.

시 낭독이 끝 날 때 마다 박수갈채가 수강생들 마음에 신선히 파문을 일으켰다.

캠퍼스 봄나들이 야외수업이 끝난 후 수강생들은 캠퍼스에 피어 있는 꽃들이 새롭게 보일 뿐만 아니라, 아름답게 보이기 시작한다고 했다.

이제 4월, 캠퍼스의 아름다움을 새롭게 발견하고, 다양한 꽃들이 조화를 이루며 발산하는 그윽한 향기를 느끼기 시작하였다고 하니 행복론 수강생들은 새롭게 발견한 캠퍼스의 아름다움에서 얼마나 학창생활이 행복 해 졌을까?

사진: K 대학 행복론 교과목, 캠퍼스 봄나들이 야외수업 후,
2012년 4월 19일, 2조 기념촬영

YHKIM 교수 행복론 Symphony Orchestra 단원들을 위한
캠퍼스 봄나들이 야외수업 강의 자료

캠퍼스 봄나들이 야외수업 주제:
2012 봄꽃연인과 열정의 불꽃을 사르며, 눈빛 속에 오간 tete-a-tete......
---생명력 넘치는 싱그러운 봄꽃연인과 터놓고 대화를 즐겨 보셔요---
남녀학생 1일 연인되어 함께 생각하며 느끼시는 감정을 적으셔도 좋습니다.
(참고: 자유주제로 뒷면에 시를 지으셔도 좋습니다.)
•일시: 2012 년 4월19일 (목), 수업 후 강의실로 돌아 오기: 14:05시까지
•장소: Campus내 대자연의 빛이 내리는 곳, 그 어디서나……

성명: ___________학과: ___________학번: ___________출석번호: _______
대자연의 향기 마음에 와 닿을 때, 봄꽃연인과 오간 tete-a-tete:
1. 코발트 색 하늘을 바라보고 하늘에 들려준 말은?

2. 유유자적하며 흐르는 새하얀 봄 구름에게 띄운 사랑의 메시지는?

3. 백로 노니는 숲을 바라보며 눈빛 맑은 봄꽃연인과 서로 나눈 말은?

4. 시야 속에서 자기가 사랑하며 아낄 수 있는 "캠퍼스 자기나무" 하나를 선정한 후, 봄꽃연인과 함께 그 사랑하는 나무에게 전한 말은?

5. 봄꽃연인의 향기를 느끼며 그 연인에게 들려준 말은?

6. 살갗에 스치는 春風, 바람소리를 봄꽃연인과 함께 느끼며 나눈 대화는?

7. 싱그러운 대자연에 봄꽃연인과 함께 노출된 지금 이 시간에 느끼는 감정은?

행복론 담당교수 YHKIM FormNo-041912

자료: 김영호 교수 행복론 교과목 강의 자료집에서 발췌

5.5.6. 공학철학 강의 중 핵심적 현장철학 메시지

현장 철학 메시지

공학인들은 그 어디에 있던지, 국. 내외 그 어디를 가던지, 가정이나 직장에서, 그리고 직위의 높고 낮음을 막론하고 아래 언급하는 18개 항목을 심신에 각인하고, 그 바탕에서 Humanism과 창의적 사고로 미래를 열어가도록 한다.

저자의 현장 철학 메시지 내용은 저자가 40여년의 공학활동 세월 속에서 실질적 경험(Practical

hands-on experiences)을 통 해 깨닫고 인지한 내용이기에 그 중요성을 감안하여 앞의 제2장 7항의 내용을 다시금 이곳에서 되풀이하며 강조하기로 한다.

- 공학활동 중에 직면하게 되는 문제점들에 대해, 자기 자신과의 싸움에서 이길 자신감이 있어야 한다.
- 사물을 대할 때 냉정한 마음을 잃으면 주관적 사고(思考)로 흐르게 되어 위험성이 뒤따르게 된다는 사실을 인식해야 한다.
- 현장에서 첫 사고가 유발될 때 근본원인(root cause)이 발견되지 않거나, 은폐될 때 더 큰 제2의 인재사고가 발생한다는 현장진리를 마음에 깊이 새겨야 한다.
- 과정을 일부 생략하면 생략된 부분은 다른 과정에 편중되고, 이 편중된 과정은 과부하 현상이 초래되어 끝내 지속성을 상실하게 되며 시간이 흐른 뒤 반드시 대형사고를 유발 시킨 다는 또 하나의 현장 진리를 마음에 깊이 아로새겨야 한다.
- 조직 구성원들에게 정상적 공학활동을 위해 과정중심적 思考를 중요시 할 수 있도록 분위기를 조성시켜 주어야 한다.
- 보이는 시계바늘 3개와 뒷면의 안 보이는 수많은 톱니바퀴들을 화합의 장으로 함께 볼 수 있는 눈을 가질 때 주위에 조화를 이룰 수 있게 되어 휴먼에러와 재해를 예방할 수 있게 한다.
- 공학활동을 위한 현장 생활에서의 각 조직 구성원들의 건전한 마음가짐은 가정을 밝게 하고 그 밝은 가정의 빛은 건전한 국가, 사회를 가꿔나가는 데에 초석이 된다는 사실을 재 인식하도록 한다.
- 공학활동 중에 발생한 문제의 근본원인 분석과 이 문제 해결을 위해서는 micro와 macro의 눈과 기계적인 카메라의 눈, 그리고 과학적이고 입체적인 사고의 눈으로 근본원인을 찾아내도록 한다.
- 자연과학측면에서는 비록 1%에 해당되는 사람들의 판단이 옳다고 하면 그 1% 판단을 따라야 하며, 이와 같은 과학측면의 안건들에 대하여는 과반수 찬성으로 의사결정을 해서는 안 된다는 사실을 명심하고 공정안전 응용설계 및 건설 업무에 임하도록 한다.
- 정상 절차상에 있어 어느 과정을 생략하거나 무시할 경우에는 그 결과는 대형 사고를 불러 온다는 사실을 마음속에 항상 깊이 새기도록 한다.

  즉, 과정을 일부 생략하면 생략된 부분은 다른 과정에 편중되고, 이 편중된 과정은 과부하 현상이 초래되어 끝내 지속성을 상실하게 되며 시간이 흐른 뒤 사고를 유발 시킨다는 진리를 마음 깊이 새기며 총체적 공정안전 응용설계 및 건설업무를 실행토록 한다.
- 공장은 비정상적인 운전조건 하에서 해당 각 기기장치들은 과열(Overheating), 진동(Vibration), 소음(Noise)이 발생된다는 사실에 비유하여, 1살짜리 아기가 감기 등의 비정상상태에 놓일 때, 이 3가지 현상이 나타난다는 사실과 같다는 측면에서 1살짜리 아기의 지능을 가지고 있다고 본다. 따라서 이들 현상들을 마음에 새기며 공장안전 응용설계, 건설, 시운전 및 성능보장, 그리고 생산활동을 정상화 시키는 데에 이러한 상태들을 응용 해 나가도록 한다.
- 특히 과열(Overheating), 진동(Vibration), 소음(Noise)등이 수반되는 기기장치 들을 안전설계 할 때 심도 있게 응용하도록 한다.
- 사고조사분석 및 총체적 문제해결 과정에서 주관적인 사람의 눈보다는 객관적인 기계의 눈이 더 정확한 사실들을 제공 해 준다는 경험적 사실들을 인지하도록 한다.
- 논리적이며 입체적이고 복합적인 思考의 눈으로 제반 문제점과 예측문제들을 살피고 분석해 내도록 한다.

- 모든 事故의 원인을 분석하고 그의 근본원인(Root cause, Contributing cause)을 찾아내어 事故의 재발을 예방하도록 한다. 즉 공장에서 첫 사고가 유발될 시 원인이 발견되지 않거나, 은폐될 때 더 큰 재해가 제2의 人災로 이어진다는 공장진리를 마음에 깊이 새기고 공정안전사고(Process Safety Accidents)에 대비 해 나가도록 한다.
- Process 상의 길이 아니면 가지를 말아야 하며, 또한 원리, 원칙에서 벗어나는 일은 행하지 않도록 한다. 이의 모순점들에 대하여는 관계 전문가들로 구성된 팀에서 상호 기술검토 후에 안전한 새 길을 모색하여 실행하도록 한다.
- 산업현장의 위험성 요소들을 찾아 평가(evaluation)할 때 냉정한 마음을 잃으면 주관적 사고로 흐르게 되어 재해를 부르게 된다는 사실을 인식해야 한다.
- 총체적으로 공장안전 응용설계 및 대단위 공장건설, 그리고 위험성 평가 및 사고조사분석에 있어서는 인문사회과학에서 발현되는 창의성을 도입하고 철학적 의사결정을 하도록 한다.
- 공학인들의 학문추구 목적과 철학은 끝내 인류에 공헌해야 한다는 것을 마음에 각인시키고 실행실천 해 나가도록 한다.

사진: 2012년 4월, K 대학 행복론 교과목 강의시간, 터만홀 강의실

사진: 2012년 4월, K 대학 행복론 교과목, 저자 강의 모습 (터만홀 강의실)

맺는 말

저자는 지난 40여년간의 국. 내외 세계적 규모의 대단위 화학공장: · 진해화학㈜ 제4비료공장, · 남해화학㈜ 제7비료공장, · 대만의 Formosa Group, Nan Ya Chemical Corp. · 인도의 OSWAL Chemical & Fertilizers Corp. · 인도의 GNVFC Fertilizers Co. Ltd · DuPont (Korea) Inc. 등을 위해 실질적 경험(Practical hands-on experiences)에 바탕 한 Technical Consulting과 Coaching업무를 수행 하는 과정에서 발생된 제반 사고와 문제점들을 거의 대부분 인문사회과학의 개념도입을 통해서 총체적으로 해결 해 왔습니다.

한편, 후학들의 육성을 위해:

· KAIST 인문사회과학 부에서 공학철학과 행복론,

· POSTECH Engineering 대학원에서 화학장치설계와 화학공정공학,

· 한양대 공학대학원에서 화학플랜트 설계특론 교과목들을 강의하기 위해 실질적 경험과 이론을 토대로 강의자료들을 개발하여 왔습니다.

인문사회과학의 융합,통섭의 개념도입은: · 생각하는 힘, · 사고력 확장, · 고정관념탈피, · 다차원적 사고 등으로부터 발현되는 창의성 창출을 위한 것이었습니다.

오랜 세월 동안 산업현장에서 실질적으로 경험한 내용들을 가지고 국. 내외 Consulting과 Coaching을 통해 문제를 해결하는 창의성을 발휘하게 되었습니다.

이 창의성에 바탕 하여 제반 문제들의 What을 발견하게 되었으며, 문제는 이디서 왜 오게 되었는지 Where & Why를 찾아 내게 된 결과, 문제해결 방법의 How를 인지하게 되었습니다.

공학활동 속에 인류에게 害를 끼칠 수 있는 제반 위험요소들을 예방하고 최소화하기 위해서 앞에서 언급한 Humanism에 바탕 한 S.T.E.S.H.를 개발하여 도입하고, 제2장에서 언급한 불변의 구 철학(球 哲學) 실현목적으로 Three plus Five theory를 개발 응용하게 되었습니다.

공학활동에 있어, 인문사회과학으로부터 창의성이 확보되고, Humanism이 바탕 될 때 공학은 비로서 지속적인 진화발전을 이룩할 수 있다고 봅니다.

이를 위해 공학에 인문사회과학을 융합,통섭 시키지 않고서는 공학은 창의성 창출이 한계에 부딪치게 되어 소멸하게 되는 위기에 놓이게 됩니다.

따라서, 공학은 인문사회과학과 융합,통섭될 때 창의성이 발현되고 지속적 진화발전을 할 수 있게 되며, 결과 인류에 공헌할 수 있기에 이 책을 펴내게 되었습니다.

참고문헌

1. 김영호 저서(2015) 우리들의 비전과 TARGET을 어떻게 정복할 것인가? (초판, 2015), 신광문화사
2. 김영호 저서(2016) 공학철학 (1판 2쇄, 2016), 도서출판 아진
3. 김영호 저서(2017) 화학공장의 건설과 관리(제5판, 2017), 도서출판 아진
4. 김영호 저서(2015) 화학공장의 응용설계와 건설(제3판), 도서출판 아진
5. 김영호 저(2015) 한양대학교 공학대학원 화학플랜트 설계특론 교과목 강의집
6. 김영호 저(2017) 한양대학교 공학대학원 화학플랜트 설계특론 교과목 강의집
7. 김영호 저(2015) POSTECH 포항공과대학교 엔지니어링 대학원 및 한양대학교 공학대학원 교재, 화학공장의 응용설계와 건설(제3판, 2015), 도서출판 아진
8. 김영호 저(2012) KAIST 행복론 교과목 강의 집, Vol. I~Vol. IV
9. 김영호 저(2012) KAIST 공학철학 교과목 강의집, Vol. I~Vol. IV
10. 김영호 저(2013) POSTECH 포항공과대학교, 엔지니어링 대학원, 화학장치설계 교과목 강의집, Vol. I~III
11. 김영호 저(2013) POSTECH 포항공과대학교, 엔지니어링 대학원, 화학공정공학 교과목 강의집, Vol. I~II
12. 김영호 저(2000) Taiwan, R.O.C. Formosa Group, NanYa Chem. Corp. Consulting Report Books, Vol. I~V
13. 김영호 저(2002) India, OSWAL Chemicals & Fertilizers Ltd. Consulting Report File
14. 김영호 저(2004) India, GNVFC Fertilizers Co., Ltd. PSRME Consulting Report File
15. 김영호 저(2005) Taiwan, R.O.C. Formosa Group, NanYa Chem. Corp. DNT Plant PSRME Safety Auditing File
16. 김영호 저(2010) 논문: 대단위 화학공장에서 공정안전의 총체적 관리를 위하여 무엇을 어떻게 새롭게 응용할 것인가? 2010 Mary Kay O' Conner Process Safety Center International Symposium, Texas A & M University, Texas, U.S.A.
17. 김영호 저(2001) 논문: 대단위 종합화학공장의 총괄적 관리에 대한 철학적 의사결정, 제6차 세계화학공학회 논문발표, 멜보른, 호주
18. 김영호 저(2013) 논문: 지진과 쓰나미에 대비한 총체적 화학공정시스템의 보호를 위한 새로운 개념연구, 제9차 세계화학공학회 논문발표, 서울, 대한민국
19. 김영호 저(2002) 논문: 대단위 화학공장에서의 총괄적 관리를 위해 무엇을 어떻게 실행할 것인가? 제15차 국제화학공정공학회 논문발표, 프라하, 체코

20. 김영호 저(2012) 논문: 대단위 화학공장을 위한 새로운 개념의 지진에 대비한 응용설계와 핵심관리, 국제학술지(GPEM) World Academic Publishing 출판
21. 김영호 저(2014) 논문: 화학공장과 화학공정산업에서 발생할 가능성이 있는 Process Troubles과 사고에 대비한 응용연구, 한국화학공학회 2014 춘계 심포지움
22. 김영호 저(2010) 논문: 대단위 화학공장에 있어서 지진에 대비한 새로운 개념 위에 응용설계와 핵심관리, 한국화학공학회 2010 춘계심포지움
23. 김영호 저(2005) 논문: 화학공장을 위한 새로운 개념의 공정응용설계, 한국화학공학회 2005 추계 심포 지움
24. 김영호 저(2013) 논문: 대한민국의 대단위 화학공장에서의 최근사고와 관련된 근본원인 분석과 문제점 해결, 한국화학공학회 2013 춘계심포지움
25. 김영호 저(2007) 논문: 대단위 화학공장에서의 자연재해와 지진에 대비한 응용설계와 관리, 한국화학공학회 2007 추계심포지움
26. 김영호 저(2017) 논문: 공학철학에 기반한 대단위 화학공장에서 발생하는 휴먼에러에 대한 연구, 한국화학공학회 2013 춘계심포지움
27. 김영호 저(2017) 논문: 인문사회과학에 기초하여, 황산공장 시운전 때 발생한 황산공장 냉각기 파열사고의 근본원인 분석, 한국화학공학회 2017 추계심포지움
28. 김영호 저(2018) 논문: 공학과 인문사회과학의 융합, 한국화학공학회 2018 춘계심포지움
29. 김영호 칼럼 글(2011): 조선일보, 지진이 몰고 올 '화학적 천재지변' 에 대비해야'
30. 김영호 칼럼 글(2010): 한국경제, '과학기술 글로벌 리더의 조건'
31. 김영호 글(1983): 가이드포스트(1983, 제18권 제12호): '폭발사고에서 얻은 지혜'
32. 김영호 시, 수필 자료집 (2008)
33. 김영호 시 모음집 (2011): '붉은 빛으로 다가오는 매혹의 빛이여'
34. 김영호 (1995): 남해화학㈜ 제직시, "제1DNT 공장 카본흡착탑 폭발사고 보고서 (남해디엔티-463)"
35. 남해화학㈜ 사업추진부 발행(1998): "Project Manual"
36. 한국과학기술정보연구원(KISTI) 발행(2017): "R&D 성공 실패사례 에세이"
37. 루이스 L. 부치아렐리 저(2015): 정영기 옮김, "공학철학", 도서출판 서광사
38. S.M.오너, T.C.헌트 저(1992): 곽신환, 윤찬원 옮김, "철학에의 초대", 서광사
39. 강영계 저(1997): "철학의 이해", 박영사
40. 새무얼 C. 플러먼 저(2007): 문은실 옮김, "교양있는 엔지니어", 생각의 나무
41. 에이나 외버렝겟 저(2009)/손화수 옮김, "행복은 철학이다", 꽃삽
42. 버트런트 러셀 저(2011)/이순희 옮김, "행복의 정복", ㈜사회평론
43. 데일 카네기 저(2011)/최염순 옮김, "카네기 행복론", ㈜씨앗을 뿌리는 사람
44. 필립 체스터필드 저/서범석 옮김, "소중한 내아들아", 플러스마인드
45. Charles E. Harris, Jr. 저 (2006)/김유신 외 옮김, "공학윤리(Engineering Ethics)", (주) 도서출판 북스힐
46. 차재호 외 공저(2003)/에너지총설(상), 한국에너지정보센터
47. 로버트 루트번스타인, 미셸 루트번스타인 지음(2016)/박종성 옮김, "생각의 탄생", 에코의서재
48. 김찬종, 채동현, 임채성 공저 (2007), "과학교육학개론", ㈜ 도서출판 북스힐

49. 샤를 페팽 지음(2017), "실패의 미덕", 마리서사
50. 시라토리 하루히코(2017), "지성만이 무기다", ㈜비즈니스북스
51. 자크 아탈리 지음(2018), "어떻게 미래를 예측할 것인가", ㈜ 북이십일 21세기북스
52. 김광식 지음(2018), "사고하는 힘 책 읽기가 답이다." 도서출판 더로드
53. 안현배 저(2018): "미술관에 간 인문학자", 어바웃어북
54. 이지성 저(2017): "생각하는 인문학", ㈜ 문학동네
55. 우무영 저(2018): "인문학이란 무엇인가?", 해드림출판사
56. 이은호 저(2018): "독서로 마음을 지키는 기술", 밥북

찾아보기

번호

3위일체 7
3-카테고리 7
6-philosophic and ethical criteria for decision-making 23
10 Essential Groups 45
21 Essential Elements 45
215년 안전문화 137

A

Acoustic sound detector 79
action in beliefs 6, 24
Advisory Service Contract 104
Analytical Method 29
Analytical Results 29
Applied Design 101

B

Black Money 27, 47
bottleneck 151
Brainstorming 191
but 14
By-pass 59

C

Calibration 48
camera eye 106
Camera sight 25
Cardinal Rules 140

Cavitation 76
Change of Investigation Contents and Conditions 29
chemical flushing 152
Chemical Process System Engineering 101
Chemical Safety 36
Classical Music 145, 198
Classroom Education 45
Coaching 13
Coating agent 52
Commissioning 101
Composite Fields 8, 91
Consilience 9
Consultancy Fees and Payment 103
Consulting 13
Contractor 46
Contractors Management 46
contributing cause 25,27
contribution to human beings 6, 24
Convergence 9
Core Management 153
Core Values 140
Corrosion engineer 55
Creative Globalization 11
creative/original idea 83
creative power 83
creative thinking ability 83
crisis management 72
Critical Conditions 46
Critical emergency 78
CSDS 36
Culture 41
Curriculum 39, 47

D

Data Sheet 36
demonstrational operation 49
descale 152

Design Changes 29
design specification 72
Detection 46
deterioration 116
development of aging 116
Direct Cause 41
Disasters 40
DuPont(Korea) 103

E

Earthquake Resistant Design Standard 49
Education and Training 45,47
Elements 45
emergency generator 73
Emergency Management 46
Emergency Planning and Control 46
emergency power failure 7
emergency shutdown 115
Emergency total shutdown 78
emphasizing and persuading in courage 6, 24
Engineering philosophy 15
Essential Elements 45
etc 31
Eternal Spherical Philosophy 17
ethical action 6, 23
evaluation 27, 29
Explosive 78
Extremely-toxic 78

F

Facilities 45
Farewell Gift 125
Feasibility Study 29

G

gas/fume scrubbing unit 114
Global disasters 24

Global Leader의 조건 29
Global Leader의 조건 요약 30
Ground shake 79

H

Hazard Detection 46
Hazardous Materials 78
Health 38
Heavy Equipment 45
honest and conscientious action 6
honest/conscientious action 24
How-to-do 73
Human destruction 40
Human Errors 6, 7, 9, 10, 20, 21, 40
Human Errors Free 46
Human Errors 분석 38
Human Errors예방 44, 45
Human Errors 주요원인 분석 38
human eye 106
Humanism 1, 19, 89
Humanities 7
Humanities & Social Sciences 81
Humanity 5
Human nature 12, 88
H.W. Heinrich Principle 40

I

incidents 41
Incidents 10
Incidents/Accidents 40
Incidents Investigation 29
Incidents Progress 40
Independent Consultant 138
Industrial complex 77
initial startup 119
In-plant Training 45

inspiration 15
Integration 9

J

joint venture company 97
jumping 13

K

keeping philosophic mind 6, 23
Key Summary 25

L

logo 99

M

Machinery & Instrument Equipment 97
macro eye 106
Maintenance 45
Maintenance history recording 55
Management of Changes 45
Managing Cores 45
Managing Philosophy 45
Man-made disasters 21
manufacturing process 45, 64, 117
Material Safety Data Sheet 36
Mechanical Integrity 45
micro eye 106
Micro와 Macro 25
miracle drug 28
Modification 101
momentum 13
Monitoring 46
MSDS 36

N

Natural Disasters 68
near accidents 37

near miss 37
New Grade Fertilizers 135
Noise 27
Normalization 101

O

objectively thinking eye 106
open-minded 145
Operating condition 56
operating log sheet 49
Operation 45
organizing manager 122
originality 83
overall field auditing 115
Overall Management 25
overall view eye 106
Overheating 27
overlooking 24

P

Performance Guarantee Test Document 29
performance guarantee test run 87, 109, 130
PFD 58
Philosophic Decision-making 25, 45
philosophic eye 106
P&ID 58
Pipe rack foundation 79
Poisonous 78
Policy 18
Pollutant Source 61
Practical Expert 196
Practical Hands-on Experience 9,12
Pre-commissioning 101
preventive maintenance 116
Preventive maintenance schedule 55
problem solution ability 83
Procedures 48

Process De-bottlenecking 101
Process Hazard Analysis 45
process improvement 152
process licensor 49
Process pollutant sources 53
Process Safety Accidents 27
Process Safety Risk Management 46
process symptom analysis 118
Process Upgrading 101
product management 108
product specification 48
profits and rights 29
PSRM 46
PSRME 101

Q

Quality Analysis 29
Quality control 52

R

rainstorm 50
R&D 81, 89
Readiness Demonstration 48
reasonably thinking eye 106
reasoning 115
Regulations on the hazardous materials 78
Richter scale 79
right principle 25
risk 39
Risks의 예방 67
Road Map 11
root cause 25, 27
Root Causes/Contributing Causes 41

S

Safety 38
Safety and Environmental 46

Safety Policy 41
Safety work permit 61
Scenario 12
Scenarios Study 15, 86
Science 4
scientifically considering eye 106
seeding 12
selection 29
Serious injury or Death 40
S.H.E. 5, 22
simultaneous berthing capacity 69
site survey 35
S.O.P. 51
SOP 38
specification 29, 39
Standard Operating Procedure 38
S.T.E.H.S. 6, 8, 91
S.T.E.S.H. 4, 6, 8, 21, 93
Storage and Transportation 46
Storage Farms 46
Store in the process unit 78
S.T.S. 4, 6, 10
S.T.S. 학습 모형발전 8
Sub-surface pressure sensors 79
symptoms 38, 45

T

Target 30
Technical and Business Proposal 29
technical evaluation 36
Technology 4, 45
Terroristic raid 50
The able and capable Engineers/Technicians 31
The Global Leaders 31
The Great Engineers 31
The Great Scholar 31
The Great Technicians 31

The Nobelist 31
The Worldwide Experts 31
thinking power 82, 83
Three plus Five Process 86
Top Managing Group 45
total safety management 117
Trial & Error Method 86
TRIP 59
Trouble-shooting 12, 101

U

unification 5
Unit Consumption 29
uranium 151
uranium rich phosphoric acid 133
useful life 39, 56, 116
Useful Life on Equipment and Spare Parts 29

V

Value of Communication 176
Vibration 27
Vision 11, 30

W

What & How 84
What & How Process 86
What-to-do 73
World-wide capacity 97

Y

Y.H.KIM' s 근본원칙 44
YHK' s 6-Philosophic Criteria 15
YHK' s 10 Essential Groups for PSTM 45
YHK' s Three plus Five theory 15, 39, 87

Z

Zero-defect 19, 21

ㄱ

가설-연역 추론 94
가스/흄 흡수시설 114
간과 24
간접원인 41
감성 11
감성영역 15, 84
개인결함요인 41
객관적으로 생각하는 눈 106
객관적인 기계의 눈 25, 27
거시적인 눈 106
검은 돈 27, 47
경영진 41
경영진의 위기 시나리오 38
계기 보정 48
계약내용 15
계약서 48
공과대학/대학원 47
공동화 76
공업단지 77
공장건설 및 공장시운전/성능보장 102
공장폭발 사고 초래 47
공정개선 152
공정설계 102
공정안전관리 및 진단 102
공정안전사고 27
공정 안전진단 101
공정오염원 53
공정제어관리 102
공학 4, 5, 8, 10
공학교육 커리큘럼 12
공학발전 한계성 12
공학사고 89
공학윤리 교과목 47
공학의 지속적 진화발전 8
공학의 진화 10
공학적 의사결정 51
공학철학 15, 47
공학철학 교과목 190
공학철학의 목적 21
공학철학 의식수준 취약 38
공학철학의 응용 20
공학철학적 사고 25
공학철학적/윤리적 판단오류 38
공학활동 12, 15, 33
공해와 기업 33
과열 27
과정 중심적 思考형 15
과학 4
과학적으로 숙고하는 눈 106
관리적 요인 41
교과과정 39, 47
교양 필수 교과목 47
교육 및 훈련 102
교육 훈련 47
교훈 요약 47
규격 29, 39
극기력 정신 148
극한상황 12
근무 3원칙 58
근본원인 25, 27
기계의 수명 56
기계적인 카메라의 눈 106
기기장치 97
기기장치 및 부품 수명 29, 39
기본설계사와 상세설계사의 명예실추 37
기본적 규칙 140
기술 4, 5
기술검토 36
기술 및 영업 제안서 29
기술자문 비 및 지불 103
기술자문 용역 계약 104
기술진 41

기업안전문화 수립 47
기업의 대응전략 34
기업의 세력약화 38
기회포착 150
기후변화 49, 68

ㄴ

내진설계 49
노화현상 116
노후화 22, 116

ㄷ

다독 14
다차원적 사고 11, 14
단적인 결합 9
대단위 산업단지 22
대량인명손실사고 37
대만 Formosa Group 102
대자연의 본성 178
대자연의 지혜 180
대 재앙 50
대형사고 40
도약 13
도포제 52
독립 컨설턴트 138
독창력 83
동시접안능력 69
동적(動的)취미 161
듀폰의 격언 139
듀폰의 신념 139

ㅁ

모멘트 13
묘약 28
무결점 21
문제해결능력 83
문학 15
문화 15, 41
물리적 변화 9
미세적인 눈 106

ㅂ

방식기사 55
배출시설 관리인 63
배출허용기준 53
병목현상 151
부식 52
부정적 관리 39
부정적 요인 27
부정적 이권 29
분별 있게 생각하는 눈 106
분석결과 29
분석방법 29
불변의 구 철학 17
브레인스토밍 191
비극적 영향초래 47
비상가동정지 115
비상발전기 73
비상상태 78
비상연락 계통도 35
비상 운전 정지 48
비상 전체가동정지 78
비상정전 7
비상조치 요령 35
비활성 Gas 60

ㅅ

사고 10, 40, 41
사고력 82, 83
사고력확장 14
사고원인 제공 47
사고일발 아차 사고 37
사고조사 29
사고조사 분석 39, 102

사고진행 40
사고형, 융합과 종합적 15
사랑과 관심 146
사회적 제반 사고 47
산업현장철학 26
생물학적 변화 9
생산공정 64
생산량 48
생산정상화 102
생태계 파괴 23, 50
선정 29
설계결함 47
설계규격 72
설계내용 29
설계 조건 56
성능보장서 29
성능보장시험 87, 109, 130
성능 보장 시험 절차 48
성능 시험 중지 48
성질의 혼합 9
세계적 규모 97
소음 27
손해 배상 48
수명 116
스파르타식 교육 146
시범운전 49
시범 운전 준비 48
시운전 119
시운전 및 성능보장 시험운전 101
신념 있는 행동 6, 24
신비종 135
신상필벌 규정 40
실무경험 12
실질적 경험 9
실질적 전문가 196
실험 분석 방법 49
실험 분석 항목 49

ㅇ

아르바이트 166
아름다움 미(美) 20
안전관리규정 및 원리원칙 미 준수 47
안전교육 및 훈련 57
안전 작업 허가서 61
안전진단 및 평가 102
야외수업 203
엔지니어링관리 102
역사는 공학이다 156
연구개발 81
열린 마음 145
영감 15
예방정비 116
예방 정비 계획 55
예술 15
오염물질 종류 48
오염원 61
올바름 선(善) 20
용기 있는 주장과 설득 6, 24
우라늄 151
우라늄추출생산 133
우라늄 함유 인산 133
운영방침 18
운전 기록지 49
운전 조건 56
원단위 29
원료 및 화학약품평가관리 102
원자력산업 49
원청 기술공급사 41
위기관리 72
위기극복 160
위기 시나리오 12
위험 39
위험성분석 49
위험요소 예방 23

위험요소 현황 22
위험한 상태 40
유독물 제품운송 35
유비무환 69
윤리 9
윤리경영 결여 47
윤리적 판단기준 6가지 5, 23
윤리적 행동 6, 23
융합 9
융합통섭 9
음성소득 47
음파 79
응용설계 101
의사결정 23, 24
의사결정의 금기사항 25
의사결정 판단오류 38
의사 소통의 가치 176
이성 10
인간애 7
인간의 눈 106
인간적 Humanism 21
인도 Gujarat 103
인도 OSWAL 103
인력관리 47
인류사회에 공헌 8
인류사회에 공헌하는 인재 47
인류애 7
인류에 공헌 6, 24
인류의 파괴 40
인명손실 23, 50
인명 자산 손실 유발 47
인문사회과학 5, 8
인문사회과학지원 10
인본주의 19
인성 12, 88
인재 21

ㅈ

자산손실 23, 50
자산손실사고 37
자살예방론 190
자연재해 68
작업자 41
재해 40
재해 물질 78
재해물질 규정 78
재해예방 43
전문성 취약 39
전쟁 8
전체가동정지 78
정비 내력 기록 55
정적(靜的)취미 161
정직과 양심 있는 행동 6, 24
제1의 전쟁 8
제2의 전쟁 8
제3의 전쟁 8
제조공정 117
제조기술관리 102
제품관리 108
제품규격 48
조건을 변경 29
조직위원회 관리자 122
종합적으로 보는 눈 106
종합학문 12
주관적인 공학인의 눈 25
주관적인 사람의 눈 27
중지, 성능 시험 48
증상 38
증상분석 118
지구적 재해 24
지속적 진화발전 8
지식 (앎) 20
지진계 79

지진파 79
직접원인 41
진동 27
진인사대천명 15, 20
진화발전 8, 31

ㅊ

창업회사의 명칭 99
창의력 창출형 15
창의성 10, 83
창의성 창출 8, 91
창의적 사고 83
창의적 착상 8
창작적/독창적 아이디어 83
철학 9, 15
철학의 응용 10
철학적 5, 23
철학적 마인드 유지 6, 23
철학적/윤리적 판단기준 6가지 44
철학적 의사결정 바탕 91
철학적인 눈 106
철학적 판단기준 15, 23
총괄적 안전 정책 41
총체적 공학 39
총체적 규격관리 102
총체적 안전 관리 117
총체적 안전관리 및 교육훈련 102
총체적 현장점검 115
최고 경영진 18
최소 재고수준 78
최소화 전략 45
추론 115

ㅌ

타당성 조사 29, 102
탐지기 79
태풍 50
테러습격 50
토론형 15
통섭 9
통합 9
통합성 5
특허 제공사 49

ㅍ

평가 27, 29
폭풍우 50
표준계산 방법 29
표준처리절차 38
품질 분석서 29
품질 조정 52
프로젝트관리 102

ㅎ

학점 이수 47
한계적 공학활동 11
한 · 미 합작회사 97
해안의 수압 감지장치 79
핵심관리 153
핵심세부전략 31
핵심영역 분석 41
핵심적 가치 140
핵심전략 30
행복론 190
현장검사 35
현장철학 결여 47
현장 철학 메시지 207
현장확인 점검형 15
협력사 (Contractor) 이익배분 불균형 47
협력사 경영진 41
혼합을 통한 재창조 9
화학공정설계관리 102
화학산업 49
화학장치설계관리 102

화학적 변화 9
환경관리 102
환경관리 대상분야 61
환경관리 직무 62
환경관리 활동 64
환경법 이해와 응용 34
환경분야 34
환경 영향 평가 66
환경오염 규제강화 34
환경 오염 및 파괴손실사고 37
환경 행정 관리자 63
휴먼 에러 20

正道 25

저자 약력

현재: · Y.H.KIM Eng. & Mfg. International Consultant, Representative
· 한양대학교, 공학대학원, "화학플랜트 설계특론" 교과목 교육전담, 겸임교수
· 서울대학교 엔지니어링개발연구센터 EDRC 전문위원

저자, 김영호

학력: · 한양대학교 공학대학원 화학공학과 공학석사
· 한양대학교 공과대학 화학공학과 공학사

전공: 화학공학: · 공정시스템 Eng. · 화학공장응용설계 · 화학장치설계
· 화학공정공학 · 공정안전 · 공장안전

저서: 대학/대학원 교재:
· 공학과 인문사회과학의 융합통섭 (2018, 초판), 도서출판 아진
· 화학공장의 응용설계와 건설 (2015, 제3판), 도서출판 아진
· 화학공장의 건설과 관리 (2017, 제5판) 도서출판 아진
· 우리들의 비전과 TARGET을 어떻게 정복할 것인가? (2015, 초판) 신광문화사
· 공학철학 (Engineering Philosophy) (2016, 초판 2쇄), 도서출판 아진

경력: · 한양대학교 공학대학원, 화학플랜트 설계특론 (Special Topics on Design of Chemical Plants) 교과목 교육전담
· POSTECH, 포항공과대학교 Engineering 대학원, 화학장치설계(Design of Chem. Equipment), 화학공정공학 (Chemical Process Engineering) 교과목 교육전담
· KAIST 인문사회과학과 대우교수, 공학철학, 행복론 교과목 교육전담
· 전남대학교 공과대학 화학공학과 객원교수
· 한국과학기술정보연구원(KISTI) 전문연구위원
· DuPont (Korea) Inc. Independent Consultant
· DuPont ICDR, Asia 및 호주 지역 교육이수 (중국 상해)
· 대만 Formosa Group, NanYa Chemical Corp. Senior Consultant
· 대만 Formosa Group, NanYa Chemical Corp. PSRME Consulting

· 인도 GNVFC Fertilizers Co., Ltd. PSRME Consulting
· 인도 OSWAL Chemical & Fertilizers Corp. Senior Consultant
· 한. 미 합작 남해화학㈜(제7비료공장): 미국 Flour, DPG, Chemico, Agrico사에서 교육이수
· 한. 미 합작 진해화학㈜(제4비료공장) 장학생 선발 입사
· 대학/연구소 특강 및 컨설팅: 서울대, KAIST, 포항공대, 연세대, 고려대, 한양대, 서강대, 전남대, 인하대, 부산대, 동국대, 주식회사 KCC 중앙연구소, 서울 삼청로타리클럽, 포스코 패밀리, 울산정밀화학센터, 한국가스공사 연구개발원, POSCO Engineering 연구센터 등
· 기업체 안전교육: LG화학 기술연구원, 대우조선, 삼성중공업, POSCO 광양제철, Lotte 대산유화, 한화석유화학, 풍산금속 등

수상: · 미국 마르퀴즈 세계인명사전 (Marquis Who' s Who In the World, 2011 Year, 28th Ed.) (2011 제28 판)에 등재
· 영국 IBC 국제인명센터(International Biographical Centre, Cambridge, England), Top 100 Engineers-2011에 등재
· 대만 Formosa Group, NanYa Chemical Corp. "Honored Service Award" 수상
· 대한민국 사단법인 한국화학공학회 (KIChE) 기술상 수상

논문발표:
· 제9차 화학공학 세계학회(9th World Congress of Chemical Engineering), 화학공정교육부문
· 제6차 화학공학 세계학회(6th World Congress of Chemical Engineering), 화학공정교육부문
· GPEM (The Global Perspectives on Engineering Management) World Academic Publishing
· 미국 MKOPSC (Mary Kay O' Connor Process Safety Center) 국제학회, 화학공정안전부문
· SICE-ICASE 2006 International Conference 국제학회, 화학공정안전부문
· 3rd PSE Asia 2005 International Symposium 국제학회, 화학공정안전부문
· CHISA 15th Int. Congress of Chemical and Process Engineering 국제학회, 화학공정안전부문
· 한국화학공학회(KIChE) Process System Engineering 부문 등에 총 46편

삶의 좌우명: · 진인사대천명(盡 人 事 待 天 命, Do your best and leave the rest to God.)
· 오늘은 내일의 원천이다.

E-mail: yhkim1116@hotmail.com, youngho1116@hanmail.net
Blog: http://blog.daum.net/greenishk

공학과 인문사회과학의 융합통섭

A-JIN

지은이와 협의 인지 생략

인　　쇄 : 2018년 08월 20일
발　　행 : 2018년 08월 28일
저　　자 : 김영호
발 행 처 : 도서출판 아진
16006
의왕시 이미로 40 (포일동 653)
인덕원 IT밸리 A동 1019호
TEL:02-737-0663 FAX:02-737-0664
Homepage:ajin.to E-mail:kgb@ajin.to
발 행 인 : 김 근 배
등록번호 : 제330-1995-56호
I S B N : 978-89-5761-518-8 93570

가격 20,000원